一流规划教材

研究生系列教材
力 学

格子Boltzmann方法
从入门到精通

LATTICE BOLTZMANN METHOD
FROM BEGINNER TO EXPERT

黄海波 刘 魁 编著

中国科学技术大学出版社

内 容 简 介

经过 30 年的发展,格子 Boltzmann 方法(LBM)已经成为强大的不可压缩流数值模拟工具,特别适用于流固耦合、多相流及颗粒流的模拟。本书首先介绍了连续 Boltzmann 方程的推导以及将其离散成格子 Boltzmann 方程的过程;然后讲解了进出口边界、曲面无滑移边界处理方法以及 LBM 流固耦合方法、气液多相流模型。书中同时提供了单相和多相 LBM 模拟程序。讲解深入浅出,可使读者快速掌握 LBM 原理及其编程技术,为模拟解决复杂流体力学问题打下基础。

图书在版编目(CIP)数据

格子 Boltzmann 方法:从入门到精通/黄海波,刘魁编著.—合肥:中国科学技术大学出版社,2023.3

中国科学技术大学一流规划教材

ISBN 978-7-312-05596-6

Ⅰ.格…　Ⅱ.①黄…②刘…　Ⅲ.流体动力学—计算方法　Ⅳ.O351.2

中国国家版本馆 CIP 数据核字(2023)第 024509 号

格子 Boltzmann 方法：从入门到精通

GEZI BOLTZMANN FANGFA：CONG RUMEN DAO JINGTONG

出版	中国科学技术大学出版社
	安徽省合肥市金寨路 96 号,230026
	http://press.ustc.edu.cn
	https://zgkxjsdxcbs.tmall.com
印刷	安徽国文彩印有限公司
发行	中国科学技术大学出版社
开本	787 mm×1092 mm　1/16
印张	14.25
字数	308 千
版次	2023 年 3 月第 1 版
印次	2023 年 3 月第 1 次印刷
定价	48.00 元

前　言

　　计算流体力学 (CFD) 在流体流动研究中占有十分重要的地位。格子 Boltzmann 方法 (LBM) 经过 30 年的发展，已经成为一种新颖而强大的 CFD 工具，特别适用于不可压缩流、流固耦合、多相流及颗粒流的模拟。与传统的基于宏观连续方程离散化的数值方法不同，LBM 离散的是连续 Boltzmann 方程，该方程包含微观或介观过程的基本物理性质。这使得 LBM 具有粒子属性，易于处理复杂运动壁面边界条件，易于实现大规模并行。

　　基于 LBM 的商业软件，如 PowerFLOW，以及开源软件，如 Palabos、OpenLB 等，不断涌现，应用在石油开采、航空航天、汽车、水利水电、海洋等诸多领域，展现出格子 Boltzmann 方法在工业应用设计领域的强大生命力。

　　格子 Boltzmann 编程比较简单，受到计算流体力学领域研究人员的欢迎。初学者直接从文献中获取相关理论知识会比较吃力，而且要找到适合初学者的格子 Boltzmann 程序代码也不是一件易事。目前，在全球范围内出版的关于格子 Boltzmann 的英文教材和专著有不少，并且其中一些也附有程序，但是可能由于语言障碍，有一部分初学者并不愿意深入阅读。在关于格子 Boltzmann 方法的中文出版物中，比较著名的有郭照立老师和何雅玲老师等编写的教材，这些典型教材各有优点，也都具有一定的学术专著性质。

　　本书则侧重于 LBM 的快速入门，以及从入门到精通的过程。不仅提供了详细的相关推导，而且提供了原始简单算例程序。通过简单算例的初步模拟并融会贯通，可以对基础程序进行改编，快速拓展至能够模拟复杂流动情形。笔者在中国科学技术大学近代力学系开展硕士研究生课程"格子 Boltzmann 方法"教学已经有十几年的历史。此外，笔者曾经在 Wiley 公司出版过英文专著 *Multiphase lattice Boltzmann method: theory and application*。这次与笔者的博士生刘魁一起，将讲义进行了整理。刘魁在格子 Boltzmann 方法入门以后，快速达到精通状态。他采用 LBM 模拟研究自主推进流固耦合问题后取得了显著研究成果, 研究生三年级就已经在流体力学顶级刊物 *Journal of Fluid Mechanics* 上发表了文章。这次借着编写教材的机会将讲义内容进一步拓展升华。

本书编写过程中得到了新加坡国立大学舒昌教授、汕头大学牛小东教授的大力支持; 也得到了研究生熊永丰、马余飞、曹瑞哲、卢叶涛的协助, 他们参与了一些段落、程序的整理和书写。在此一并表示感谢。

最后, 希望感兴趣的读者看完本书能够快速掌握 LBM 要领, 将 LBM 转化为开展流体力学相关科学研究的有效实用工具。这将是编者最大的欣慰。书中难免有纰漏、不当及错误之处, 恳请读者批评指正。

黄海波

2022 年 11 月

目　　录

第1章 绪 论

1.1　什么是格子 Boltzmann 方法

30 年来, 格子 Boltzmann 方法 (LBM) 已发展成为一种适于高效并行的计算流体力学模拟方法, 可以用于模拟单相和多相流体流动、不可压缩流动及可压缩流动。该方法在涉及界面动力学和复杂边界的流动模拟应用中尤其成功, 如气液两相流模型、悬浮颗粒流的模拟。与传统的基于宏观连续方程离散化的数值格式不同, LBM 离散的是连续 Boltzmann 方程, 该方程包含微观或介观过程的基本物理性质, 同时使宏观平均性质服从所需的宏观方程。LBM 具有以下优势: ① LBM 具有介观方法的特性, 它能融入额外的物理复杂性; ② LBM 具有粒子的性质, 通过在壁面的反弹可以实现无滑移、无穿透的物理边界条件, 因而易于处理复杂的壁面边界条件; ③ 模拟不可压缩流动时 LBM 不需要求解 Poisson 方程, 可大大提高计算效率; ④ 与传统多相流模拟方法相比, LBM 多相流模型能够融入非理想状态方程, 自动实现气液相变, 以及气泡的融合、分裂等, 无须追踪界面。此外, LBM 的 "粒子性质" 使其易于实现大规模并行。

格子 Boltzmann 方法的历史根源可以追溯到元胞自动机 (cellular automata), 它最初是由 Stanislaw Ulam 和 John von Neumann 在 20 世纪 40 年代提出的。元胞自动机由空间中的许多离散化元胞组成, 其中单个元胞以特定的状态存在 (比如 0 或 1), 并根据一个规则在每个时间步骤更新它们的状态, 该规则将元胞的某些邻居的状态作为输入。Sukop 等 (2006) 介绍了细胞自动机。Wolfram(1983, 2002) 系统地研究了简单的元胞自动机, 并介绍了一些早期的元胞自动机流体运动模拟, 以及第一篇能求解 Navier-Stokes 方程的格子气体元胞自动机 (LGCA) 的论文 (Frisch et al., 1986)。三角形网格的使用比较恰当地恢复了模拟流体所需的一些对称性。Rothman 等 (1997)、Wolf-Gladrow(2000)、Succi(2001)、Sukop 等 (2006) 都对这个模型和出现的扩展提供了有益的讲解。然而, 所有 LGCA 模型都存在固有缺陷, 尤其是对快速流和统计噪声都缺乏 Galileo 不变量 (Qian et al., 1992; Wolf-Gladrow, 2000)。这些都属于人们在气体模拟分子水平上所期望的随机波动, 显然是由基于粒子的布尔模型造成的。因此需要广泛的平均来恢复在宏观尺度上所期望的平滑行为。

McNamara 等 (1988) 向现代 LBM 迈出了第二重要的一步, 他们放弃了 LGCA 的单个粒子, 用平均但方向上仍然离散的分布函数取代它们。这完全消除了 LGCA 的统计噪声。Qian 等 (1992) 引入了一个主要的简化方法: Higuera 等 (1989) 的碰撞矩阵被单个弛缓时间取代, 从而得到 Bhatnagar-Gross-Krook (BGK) LBM 模型。此后, LBM 发展很快。Sukop 等 (2006) 表明, 1992 年该主题的论文不足 20 篇; 2013 年出版了 600 多篇。

后来 Lallemand 等 (2000) 和 Luo(1998) 表明 LBM 可以从连续的 Boltzmann 方程推导出来。因此, 它可以被认为是 Boltzmann 方程的一种特殊的离散形式 (Nourgaliev et al., 2003)。采用 Chapman-Enskog 展开 Wolf-Gladrow(2000) 从 LBM 出发恢复了宏观连续性方程和 N-S(Navier-Stokes) 方程。在不需要解 Poisson 方程的情况下, 可以直接从密度分布得到压力场。

LBM 的动力学性质可以解释它区别于其他数值方法的三个重要特征。其一, LBM 在相空间 (速度空间) 中的迁移算符 (或迁移过程) 是线性的。这一特征借鉴自动力学理论, 并与其他使用宏观表示方法中的非线性迁移项形成对比。简单迁移结合松弛过程 (或碰撞算子) 允许通过多尺度碰撞恢复非线性宏观迁移项。其二, 在 LBM 的近乎不可压缩极限下, 得到了不可压缩 N-S 方程。用状态方程计算了 LBM 的压力。在不可压缩 N-S 方程的直接数值模拟中, 压力满足以速度应变为源的 Poisson 方程。求解这个压力方程常常产生需要特殊处理的数值困难, 如迭代或松弛。其三, LBM 利用相空间中的最小速度集。在传统的 Maxwell-Boltzmann 平衡分布的动力学理论中, 相空间是一个完整的泛函空间。平均过程涉及整个速度相空间的信息。LBM 只采用一两个速度和少量的运动方向, 使微观分布函数与宏观量之间的变换大大简化, 并包含了简单的算术计算。

有人可能会问: 既然 Boltzmann 方程描述的是气体动力学, 包含状态方程, 那么为什么 LBM 也可以用来模拟液体流动? 主要是因为气体和液体运动的宏观方程 (Navier-Stokes 方程) 是统一的。LBM 在宏观上可以恢复到 Navier-Stokes 方程。另外, Reynolds 相似是流体力学中一个很重要的准则, 举例来说, 如果空气中圆柱绕流、水中圆柱绕流两个流动中 Reynolds 数 Re 相同, 比如说是 $Re = 100$ 的定常层流流动, 那它们的流动是动力学相似的。所谓的动力相似指的是: 分别以空气来流速度、水流来流速度作为特征速度进行速度场无量纲化以后, 两个速度场是一模一样的 (流场各处速度大小、方向完全相同)。无量纲压力场也是一样的。如果是湍流流动 ($Re = 10^5$), 那么它们统计平均之后的两个速度场应该是一样的。这样一来, 尽管 LBM 中只有理想气体状态方程, 它同样也可以模拟液体流动。

从数值分析的角度来看, LBM 与其他动力学方程一样, 是一种宏观方程的松弛方法,

它与显式的 "拟压缩方法"(Sterling et al., 1996) 有很多共同之处。我们在本书附录部分会详细地介绍传统的 "拟压缩方法"。读者可以通过附录中的拟压缩方法程序快速地了解有限体积方法和拟压缩方法的一些特点。

格子 Boltzmann 方程数值不稳定的根源可以从熵增的角度来理解。在连续 Boltzmann 方程中, Maxwell-Boltzmann 平衡态分布函数对应着最大熵状态。因此, 任何初始态都会向更大熵的状态演化。这也是 Boltzmann H 定理表述的内容, 它确保了熵增和稳定性。Frisch 等 (1987) 还导出了格子气方法的 H 定理。而在 LBM 中, 只使用少量有限的离散速度, 将平衡态分布函数截断到 $O(u^2)$ 量级就可以得到宏观上的 Navier-Stokes 方程。要保证宏观方程的正确形式, 平衡态分布函数的截断以及少量的离散速度, 这都会导致 H 定理不成立。因此, LBM 虽然具有动理学性质, 但也具有数值不稳定性。Chen 等 (1998) 提到, 如果从连续 Boltzmann 方程出发, 使用不同的有限差分离散, 数值稳定性可能得到不同改善。后来研究人员也发现多松弛因子的格子 Boltzmann 方法 (multiple-relaxation-time LBM, MRT LBM) 能够显著改善数值模拟的稳定性。

与其他 CFD 方法相比, LBM 的计算效率的一个局限性是, 格子 Boltzmann 方程的离散化被限制在均匀和规则的 Cartesian 网格上。为提高计算效率和精度, 非均匀网格下的格子 Boltzmann 方法也发展起来。Nannelli 等 (1992) 和 Amati 等 (1997) 提出了有限体积 LBM (FVLBM)。他们定义了一种非均匀的粗网格, 其单元通常包含几个原始的格子单元。网格 C 中平均值 $F_i \equiv V_C^{-1} \int_C f_i \mathrm{d}^3 x$ 的演化方程需要计算跨越 C 边界的通量, 其中 V_C 是体积。用分段常数或分段线性插值来计算通量。该 FVLBM 已被用于研究通过钝体的二维流动和三维槽道湍流 (Amati et al., 1997)。另一方面, 虽然大多数模拟结果与其他传统方法吻合较好, 但由于低阶插值格式的存在, 模拟结果不那么令人满意。

1.2　与传统计算流体力学的关系

格子 Boltzmann 方法是一种介观方法, 它离散的是 Boltzmann 方程。这使得该方法介于分子动力学这一类方法与基于连续介质宏观方程离散的方法之间。

以下先简单介绍分子动力学类的方法, 然后再介绍有限体积方法等基于宏观方程离散的方法。

1.2.1 分子动力学

分子动力学 (molecular dynamics, MD) 的核心是一种基本简单的微观方法, 它可以跟踪通常代表原子或分子的粒子位置。这些粒子通过分子间力 $\boldsymbol{f}_{ij}(t)$ 相互作用来再现实际的物理上接近时产生的力。已知所有其他粒子对第 i 个粒子的总作用力 $\boldsymbol{f}_i(t)$, 根据牛顿第二定律可知其加速度为

$$\frac{\mathrm{d}^2 \boldsymbol{x}_i}{\mathrm{d}t^2} = \frac{\boldsymbol{f}_i}{m_i} = \frac{1}{m_i} \sum_{j \neq i} \boldsymbol{f}_{ij} \tag{1.1}$$

然后通过对牛顿运动方程积分可以数值更新粒子位置 $\boldsymbol{x}_i$。虽然有很多积分算法可用, 但特别简单有效的是 Verlet 算法：

$$\boldsymbol{x}_i(t + \Delta t) = 2\boldsymbol{x}_i(t) - \boldsymbol{x}_i(t - \Delta t) + \frac{\boldsymbol{f}_i(t)}{m_i} \Delta t^2 \tag{1.2}$$

该方案使用粒子当前和之前的位置来找到它的下一时刻的位置。上面的 Verlet 公式中也可以等价地采用粒子的速度而不是它之前的位置。然而, 虽然分子动力学是模拟化学反应、蛋白质折叠和相变等微观现象的一种很好的方法, 但这种追踪单个分子的数值方法却过于微观了, 我们注意到 1 g 水包含超过 10^{22} 个分子！因此, MD 作为宏观 Navier-Stokes 方程求解器是非常不实用的, 应该选择更合适的方法 (Krüger et al., 2017)。

格子 Boltzmann 方法通过建立一个简化版的动理学方程可以避免在分子动力学模拟中跟踪每个分子, 同时也可以避免求解复杂的动理学方程, 如全 Boltzmann 方程。

1.2.2 有限体积法

有限体积法 (FVM) 是一种以代数方程的形式表示偏微分方程的方法。在有限体积法中, 使用散度定理将偏微分方程中包含散度项的体积积分转换为表面积分。然后将这些项转化为每个有限体积表面的通量。因为进入给定体积的通量与离开相邻体积的通量相同, 所以这些方法是保守的。有限体积法的另一个优点是它很容易被公式化以允许非结构化网格。该方法用于目前许多流行的 CFD 软件包。有限体积是指围绕着计算网格上每个节点的小体积。

我们从以下不可压缩流动 $\left(\dfrac{\partial u_j}{\partial x_j} = 0\right)$ 的动量方程开始：

$$\frac{\partial u_i}{\partial t} + \frac{\partial u_i u_j}{\partial x_j} = -\frac{\partial p}{\rho \partial x_i} + \nu \frac{\partial^2 u_i}{\partial x_j \partial x_j} + F_i \tag{1.3}$$

这里采用了爱因斯坦求和规则 $\left(\text{下标相同代表遍历求和, 如 } u_j \dfrac{\partial u_i}{\partial x_j} \text{ 在二维情形下代表}\right.$ $\left. x\dfrac{\partial u_i}{\partial x} + y\dfrac{\partial u_i}{\partial y}\right)$。 ν 为运动学黏性系数, F_i 是外力项。该方程在计算单元的控制体积上

积分:

$$\iiint\limits_{V}\left(\frac{\partial u_i}{\partial t}+\frac{\partial u_i u_j}{\partial x_j}\right)\mathrm{d}V=\iiint\limits_{V}\left(-\frac{\partial p}{\rho\,\partial x_i}+\nu\frac{\partial^2 u_i}{\partial x_j\,\partial x_j}+F_i\right)\mathrm{d}V \tag{1.4}$$

时间相关项和体力项假定在整个网格体积上是恒定的。散度定理适用于迁移项、压力梯度项和扩散项:

$$\frac{\partial u_i}{\partial t}V+\iint\limits_{A}u_iu_jn_j\mathrm{d}A=-\iint\limits_{A}\frac{p}{\rho}n_i\mathrm{d}A+\iint\limits_{A}\nu\frac{\partial u_i}{\partial x_j}n_j\mathrm{d}A+f_iV \tag{1.5}$$

其中, n_i 是控制体积表面的法线, V 是体积。如果控制体是一个多面体并且在每个面上假定值是恒定的, 那么面积积分可以写成每个面上的总和, 即

$$\frac{\partial u_i}{\partial t}V+\sum_n\left(u_iu_jn_jA\right)_n=-\sum_n\left(\frac{p}{\rho}n_iA\right)_n+\sum_n\left(\nu\frac{\partial u_i}{\partial x_j}n_jA\right)_n+F_iV \tag{1.6}$$

其中下标 n 表示任何给定面的值。

具体到二维均匀 Cartesian 网格下, 假设 $\boldsymbol{u}=(u,v)$, 则方程可以展开如下 (二维有限控制体为正方形, 有东、西、南、北 (e, w, s, n) 四个面): 在交错网格上, x 方向动量方程为

$$\frac{\partial u}{\partial t}\Delta x\Delta y-(uu\Delta y)_{\mathrm{w}}+(uu\Delta y)_{\mathrm{e}}-(uv\Delta x)_{\mathrm{s}}+(uv\Delta x)_{\mathrm{n}}$$
$$=+\left(\frac{p}{\rho}\Delta y\right)_{\mathrm{w}}-\left(\frac{p}{\rho}\Delta y\right)_{\mathrm{e}}-\left(\nu\frac{\partial u}{\partial x}\Delta y\right)_{\mathrm{w}}+\left(\nu\frac{\partial u}{\partial x}\Delta y\right)_{\mathrm{e}}$$
$$-\left(\nu\frac{\partial u}{\partial y}\Delta x\right)_{\mathrm{s}}+\left(\nu\frac{\partial u}{\partial y}\Delta x\right)_{\mathrm{n}}+F_x\Delta x\Delta y \tag{1.7}$$

y 方向的动量方程是

$$\frac{\partial v}{\partial t}\Delta x\Delta y-(vu\Delta y)_{\mathrm{w}}+(vu\Delta y)_{\mathrm{e}}-(vv\Delta x)_{\mathrm{s}}+(vv\Delta x)_{\mathrm{n}}$$
$$=+\left(\frac{p}{\rho}\Delta x\right)_{\mathrm{s}}-\left(\frac{p}{\rho}\Delta x\right)_{\mathrm{n}}-\left(\nu\frac{\partial v}{\partial x}\Delta y\right)_{\mathrm{w}}+\left(\nu\frac{\partial v}{\partial x}\Delta y\right)_{\mathrm{e}}$$
$$-\left(\nu\frac{\partial v}{\partial y}\Delta x\right)_{\mathrm{s}}+\left(\nu\frac{\partial v}{\partial y}\Delta x\right)_{\mathrm{n}}+F_y\Delta x\Delta y \tag{1.8}$$

此时的目标是确定 u, v 和 p(假设 ρ 是常数) 在各个网格面上的值, 并使用有限差分来逼近导数。对于这个例子, 我们将使用时间导数的后向差分和空间导数的中心差分。对于两个动量方程, 时间导数变为

$$\frac{\partial u_i}{\partial t}=\frac{u_i^n-u_i^{n-1}}{\Delta t} \tag{1.9}$$

这里上标 n 是当前时间索引, Δt 是时间步长。作为空间导数的一个例子, x-动量方程中西面 (w) 扩散项的导数变为

$$\left(\frac{\partial u}{\partial x}\right)_{\mathrm{w}}=\frac{u_{I,J}-u_{I-1,J}}{\Delta x} \tag{1.10}$$

其中 I 和 J 是网格单元的索引。

在附录 D 中，我们还介绍了人工可压缩性方法 (artificial compressibility method, ACM) 的程序，读者可以通过这个程序模拟方腔顶盖流动来了解一下有限体积法。

1.3　LBM 可模拟的流动问题、适用范围

格子 Boltzmann 方法可以用于不可压缩流动和可压缩流动的研究，本书主要介绍不可压缩流动。一方面，它的不可压缩流动的计算效率跟用拟压缩方法求解不可压缩方程差不多；另一方面，目前也有研究人员发展格子 Boltzmann 方法用于可压缩流动的研究。总体来说，LBM 用于不可压缩复杂流动模拟优势要大一些。这些不可压缩复杂流动包括但不仅限于扑翼自主推进、风力涡轮机、气动声学、海浪运动、多孔介质中的流动、带颗粒的两相流、多组分流、多相流、湍流、包含热和相变的流动。

现在 LBM 已经被应用到各种各样的学科研究中。例如，LBM 在材料科学和工程中的应用概述可以参见文献 (Raabe, 2004)。LBM 在生物物理学中的应用可参见文献 (Boyd et al., 2005) 和 (Sun et al., 2003)。LBM 与地球化学建模相结合用于石油注水开采和提高采收率过程模拟的综述参见文献 (Liu et al., 2021)，LBM 在流固耦合中的应用研究进展参见文献 (Wang et al., 2022)，LBM 在页岩气流动中的应用参见文献 (Wang et al., 2016)。

下面我们来重点介绍一下格子 Boltzmann 方法的一些经典应用：首先介绍一下 LBM 用于多孔介质内的单相流动，我们把一个真实岩样进行微层析成像断层扫描以后，可以在计算机内对它进行重构，重构后，可以切出一小块立方体作为该岩样的典型代表，用 LBM 方法来测试它的某个方向的渗透率。我们知道通常渗透率的测量是依据 Darcy 定律进行的，就是说应该在流动的 Reynolds 数非常低的情况下进行测量，以保证流体的惯性可以忽略，只是黏性起主导作用。如果 Reynolds 数较大，流体惯性就不可忽略，那么测出来的渗透率会小一些。

比如图 1.1 中，当立方体上下两端加入的压差较大的时候，里面流动的 Reynolds 数也较大，如 $Re = 152$，这时候会看到它的渗透率比 Stokes 流情形下略低。

比如说多孔介质中的气液两相流或者两组分油水的流动，用 LBM 都可以较好地进行模拟。作者曾经模拟过一个油水两相在岩样中驱替的过程，多孔介质的骨架是从断层扫描而来的，在计算机上重构以后作为油水两相 LBM 模拟平台的输入。驱替的实验是在美国犹他大学开展的。图 1.2(a) 和 (b) 分别展示了实验和 LBM 模拟中相同截面内瞬时油水两相分布。可以看到两相分布特征比较一致。这里真实的岩样实验中是含有空气的，但是

LBM 模拟只是油水两相模拟, 所以即使两者有一些差别也正常。

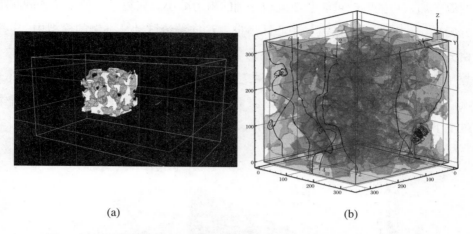

(a)   (b)

图 1.1 (a) 微层析成像断层扫描重构后切出的多孔介质立方体; (b) 惯性不可忽略时 ($Re = 152$), 多孔介质中的流线

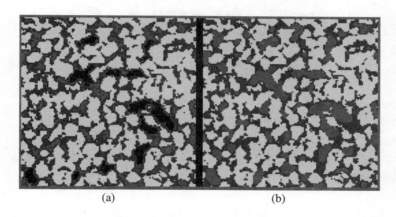

(a)   (b)

图 1.2 (a) 断层扫描下油水两相在岩样 (一个截面) 中的分布。岩样的真实大小只有 5 mm×5 mm×5 mm。(b) LBM 模拟的结果, 只模拟了油水两相在多孔介质中的流动及分布。图中黄色为骨架部分 (固体)。蓝色的是水, 红色的是油, 黑色部分是空气

在流固耦合模拟方面, LBM 也有很好的表现。LBM 中的直接模拟流固耦合方法主要有两种, 一种是动量交换方法, 另一种是浸没边界 (immersed boundary, IB) 方法。对这两种方法, 本书都会详细介绍。因为 LBM 可以比较简单地处理复杂运动壁面边界条件, 所以它可以有效地模拟悬浮颗粒两相流, 1994 年, Ladd(1994a,b) 就已经发表了两篇关于悬浮颗粒运动研究的 LBM 方法的论文。*Journal of Fluid Mechanics* 这两篇文章早已成为 LBM 模拟颗粒悬浮液领域的经典论文, 已被引用约 4 000 次。这两篇文章也推动了格子 Boltzmann 方法发展成为颗粒两相流模拟的有力工具。

这里我们先列举一个含颗粒的槽道湍流的 LBM 大涡模拟的算例 (图 1.3)。在槽道湍

流中, 为了克服湍流与壁面间的摩擦, 需要外界持续不断地提供泵送流动的能量。人们发现槽道湍流中加入一些颗粒可能会使流动受到的阻力减小。扁粒子、长条粒子的减阻作用可能部分归功于：它们减弱了流场中心区展向、法向湍流脉动。举例的模拟中, 这些颗粒是被网格分辨的。槽道湍流的计算域大小是 $4H \times 2H \times 2H$, H 长度用 64 个网格来分辨。椭球颗粒 (扁粒子、长条粒子) 的长、短轴之比为 3。颗粒的等效直径是 H 的 1/6.5。该槽道湍流以摩擦速度为特征速度定义的摩擦 Reynolds 数是 180。图 1.4是一个三维柔性拍动板通过上下拍动实现自主推进的模拟结果。图中展示的是尾迹中脱涡的情形。

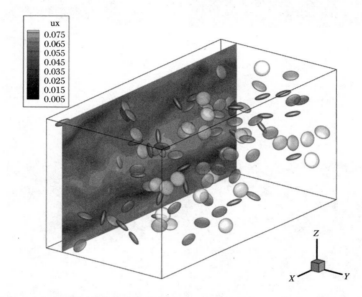

图 1.3 含扁颗粒的槽道湍流摩擦 Reynolds 数 $Re_\tau = 180$。该浓度下湍流减阻的效果约为 3%

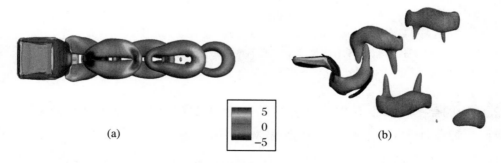

图 1.4 自主推进三维柔性拍动板尾迹中脱涡的情形 (Q 准则下 $Q=3$ 的等值面。等值面上着色显示的是展向涡的涡量)。板的展弦比是 1, 拍动 Reynolds 数 $Re = 100$, 板的无量纲刚度是 $K = 3$。(Zhang et al., 2020)

接下来, 我们列举几个 LBM 气液两相流的例子。图 1.5 列出了不同参数下实验观察与 LBM 预测的最终气泡形状的对照。这种问题中通常定义两个独立的无量纲数 Eötvös

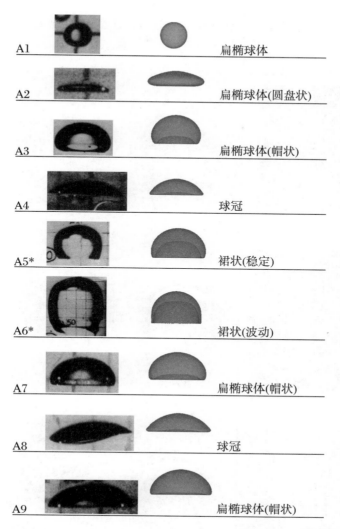

图 1.5 实验观察与 LBM 预测的最终气泡形状 (算例 A1~A9 对应各种 Eo 和 Mo, LBM 模拟密度比为 15.5)。左、中、右 3 列分别表示实验结果 (Bhaga et al., 1981)、LBM 结果和气泡形状的描述。标 * 的是密度比为 3 的算例。具体的 (Eo, Mo) 值为: A1 (17.7, 711), A2 (32.2, 8.2×10^{-4}), A3 (243, 266), A4 (115, 4.63×10^{-3}), A5 (339, 43.1), A6 (641, 43.1), A7 (116, 5.51), A8 (114, 8.6×10^{-4}), A9 (116, 0.103)

数和 Morton 数如下:

$$Eo = \frac{gD^2\rho}{\sigma} \tag{1.11}$$

$$Mo = \frac{g\eta^4}{\rho\sigma^3} \tag{1.12}$$

可以看到 LBM 的模拟密度比是 15.5, 但是和实验 (密度比为 1 000) 的结果对照还较好, 甚至与密度比大概为 3 的算例 (A5 和 A6) 的气泡形状对照也还行。可见气泡的形状可能对密度比并不敏感。更详细的 LBM 模拟的上升气泡形状和内部流线与实验结果的比较如图 1.6 所示。可以看出, 不论是气泡的形状还是流线的位置形状, 都与实验非常一致。

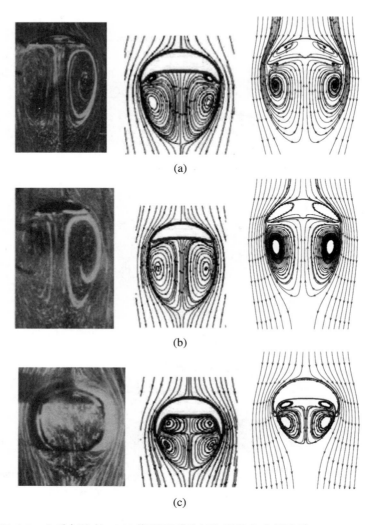

图 1.6 上升气泡的 LBM 模拟得到的气泡形状和内部流线 (Huang et al., *J. Comput. Phys.*, 2014, 269: 386-402)。这里与实验观察 (最左列)、文献中的模拟结果 (中间列) 进行了比较

Qian 等 (1997) 实验中, 液、气相密度分别为 $\rho_l = 0.758$ g/cm^3, $\rho_g = 0.00114$ g/cm^3; 液、气相动力学黏性系数分别为 $\nu_l = 0.0213$ g/(cm·s), $\nu_g = 0.000179$ g/(cm·s)。从图 1.7 可以看出, 在液滴演变方面, 我们的 LBM 结果与实验结果非常接近。然而, 数值结果和实验结果在时间上存在差异。产生这种差异的原因有两个方面：一方面, 实验中标记的时间可能有误, 因为实验中关于初始时间的描述有些不自洽; 另一方面, LBM 模拟中的密度比为 200, 不及真实的密度比, 且模拟中界面的扩散性参数大小也都可能对液滴碰撞演化产生影响 (融合后的新液滴中可能夹带了小气泡)。

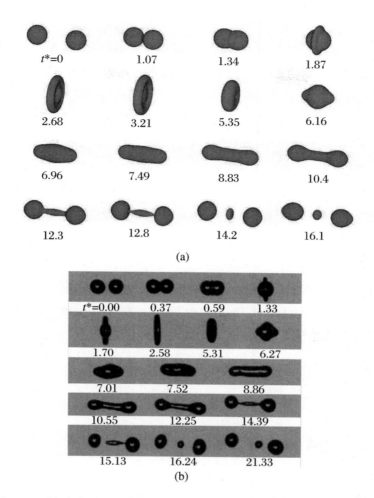

图 1.7　两个液滴迎面碰撞的快照 ($We = 61.4$, $Re = 296.5$)。(a)LBM 模拟结果; (b)(Qian et al., 1997) 实验结果

　　此外, LBM 在自由液面的模拟方面, 特别是自由面与固体的耦合模拟方面也有独特的优势, 比如说小球入水、舰艇在海洋表面的航行等。这方面也有大量的文献可供参考。

1.4　LBM 软件公司和开源软件

　　目前已经有不少流行的商业软件和开源软件是基于格子 Boltzmann 方法的, 例如 PowerFLOW、XFlow、Palabos、OpenLB 等。关于这些软件的介绍也能反映出 LBM 能模拟哪些复杂流动问题。

　　PowerFLOW　软件 (https://www.3ds.com/zh/products-services/simulia/products/

powerflow/) 通过利用独特的、固有的瞬态基于格子 Boltzmann 的物理 PowerFLOW CFD 解决方案执行准确预测现实世界流动的模拟。PowerFLOW 能够导入完全复杂的模型几何形状，并准确高效地执行空气动力学、气动声学和热管理模拟。

作为 SIMULIA 流体模拟产品组合的一部分，XFlow(https://www.3ds.com/products-services/simulia/products/xflow/) 为高保真 CFD 应用提供基于粒子的 Lattice-Boltzmann 技术。XFlow 最先进的技术使用户能够处理复杂的 CFD 工作流程，包括具有真实运动几何形状、复杂多相流、自由表面流和流固耦合的高频瞬态模拟。其自动网格生成和自适应细化功能最大限度地减少了用户输入操作，从而减少了网格划分和预处理阶段的时间和精力。这使工程师能够将大部分精力集中在设计迭代和优化上。

开源软件 Palabos 的网站上 (http://www.palabos.org/) 有一些关于自由面模拟的实例，比如说溃坝时的自由水面模拟，还有颗粒、气泡两相流的相关模拟以及血液流动中红细胞运动的模拟，还有多孔介质内气液两相、油水两相流动的模拟。

另一款知名的 LBM 开源软件 OpenLB（https://www.openlb.net/）主要展示的算例也是汽车外形绕流、血液流动、雾化、悬浮颗粒两相流等。

第 2 章　连续 Boltzmann 方程

自然界中大多数热力学系统都处于非平衡状态, 平衡状态通常是局部的和相对的。根据系统偏离平衡态的程度, 可以分为近平衡态和远离平衡态。对于远离平衡态的系统, 其演化过程十分复杂, 尽管目前已经发展了很多新方法、新工具来处理这类问题, 但其中还是有许多问题有待进一步深入探究。相比之下, 近平衡态问题较简单, 相关的理论也较为成熟。近平衡态统计理论可以处理发生在偏离平衡态不远的系统中的各种输运过程。为了阐明过程的基本特征, 系综理论要求给出非平衡态的分布函数, 进而由非平衡态分布函数确定宏观量的统计平均值。Boltzmann 最先导出了关于非平衡态分布函数的积分、微分方程, 称为 Boltzmann 方程。系统内的分子存在着频繁的碰撞, 系统从非平衡态向平衡态的过渡依赖于这些碰撞过程。因此, Boltzmann 方程包含一个与分子碰撞机制有关的项。下面我们通过研究分子基元之间的碰撞来推导 Boltzmann 方程。

2.1　从基元碰撞到 Boltzmann 方程

气体分子之间的碰撞机制十分复杂, 为了便于分析, 这里采用最简单的模型, 把分子简化为刚性球形颗粒, 如图 2.1 所示。由于气体的密度较小, 分子之间的平均距离约为分子直径的 10 倍, 3 个或者更多分子同时碰撞到一起的概率非常小, 因此可以只考虑两个分子之间的碰撞。假设两个分子的质量分别是 m_1, m_2, 碰撞前的速度分别为 v_1, v_2, 碰撞后的速度分别为 v_1', v_2', 并且假设碰撞是完全弹性的。根据动量守恒、能量守恒定律, 容易得到碰撞后的速度为

$$v_1' = v_1 + \frac{2m_2}{m_1 + m_2}[(v_2 - v_1) \cdot n]n$$

$$v_2' = v_2 - \frac{2m_1}{m_1 + m_2}[(v_2 - v_1) \cdot n]n$$

(2.1)

其中, n 为碰撞时由第一个分子的中心到第二个分子的中心方向上单位矢量, 称为碰撞方向 (见图 2.1)。图 2.1 为两个质量相同的分子发生完全弹性碰撞的示意图, 根据式 (2.1) 可以得到它们的切向速度保持不变, 法向速度相互交换。

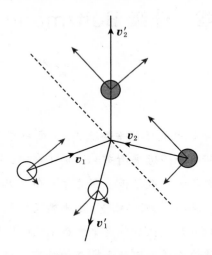

图 2.1 两个质量相同的分子发生完全弹性碰撞的示意图

把式 (2.1) 中的两式相减再取平方, 可以得到分子碰撞前后的速度满足

$$(\boldsymbol{v}_2' - \boldsymbol{v}_1')^2 = (\boldsymbol{v}_2 - \boldsymbol{v}_1)^2 \tag{2.2}$$

这意味着分子之间的相对速率不会因碰撞而改变。此外, 分子之间的相对速度满足

$$(\boldsymbol{v}_2' - \boldsymbol{v}_1') \cdot \boldsymbol{n} = -(\boldsymbol{v}_2 - \boldsymbol{v}_1) \cdot \boldsymbol{n} \tag{2.3}$$

这表明相对速度在碰撞方向 $\boldsymbol{n}$ 上的速度分量在碰撞后改变方向。

如果两分子碰撞前的速度为 $\boldsymbol{v}_1'$, $\boldsymbol{v}_2'$, 碰撞后的速度为 $\boldsymbol{v}_1$, $\boldsymbol{v}_2$, 且碰撞方向反向, 即 $\boldsymbol{n}' = -\boldsymbol{n}$, 则这样的碰撞称为反碰撞。根据对称性, 反碰撞后的速度为

$$\boldsymbol{v}_1 = \boldsymbol{v}_1' + \frac{2m_2}{m_1 + m_2}[(\boldsymbol{v}_2' - \boldsymbol{v}_1') \cdot (-\boldsymbol{n})](-\boldsymbol{n})$$

$$\boldsymbol{v}_2 = \boldsymbol{v}_2' - \frac{2m_1}{m_1 + m_2}[(\boldsymbol{v}_2' - \boldsymbol{v}_1') \cdot (-\boldsymbol{n})](-\boldsymbol{n}) \tag{2.4}$$

假设两分子的直径分别为 d_1, d_2, 则两分子中心之间的距离为 $d_{12} = \frac{1}{2}(d_1 + d_2)$。以第一个分子的中心为球心、以 d_{12} 为半径作一个球面, 在碰撞时, 第二个分子的中心必然在这个球面上, 如图 2.2 所示。 $\boldsymbol{v}_1 - \boldsymbol{v}_2$ 与 $\boldsymbol{n}$ 之间的夹角为 θ, 只有 $0 \leqslant \theta \leqslant \frac{\pi}{2}$, 这两个分子才会在 $\boldsymbol{n}$ 方向上碰撞。分子之间的相对速率为 $v_{\mathrm{r}} = |\boldsymbol{v}_2 - \boldsymbol{v}_1|$。在 $\mathrm{d}t$ 时间内, 能与第一个分子相碰撞且碰撞发生在以 $\boldsymbol{n}$ 为轴线的立体角 $\mathrm{d}\Omega$ 内的第二个分子必须位于以 $\boldsymbol{v}_2 - \boldsymbol{v}_1$ 为

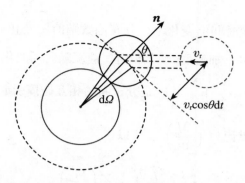

图 2.2　两个分子碰撞示意图。其中 n 为碰撞方向, v_r 为分子间相对速率,
θ 为相对速度 $v_1 - v_2$ 与 n 的夹角, $d\Omega$ 为立体角

轴、以 $v_r \cos\theta dt$ 为高、以 $d_{12}^2 d\Omega$ 为底的柱体内, 其体积为

$$d_{12}^2 v_r \cos\theta d\Omega dt$$

引入分布函数 $f(r, v, t)$, 它表示在时刻 t 位于体积元 dr 和速度间隔 dv 内的分子数为

$$f(r, v, t) dr dv$$

利用 $dr = d_{12}^2 v_r \cos\theta d\Omega dt$, 并令 $dv = dv_2$, 我们得到一个速度为 v_1 的分子与速度为 v_2、位于速度间隔 dv_2 内的分子在立体角 $d\Omega$ 内相碰的次数为

$$f_2 dv_2 d_{12}^2 v_r \cos\theta d\Omega dt$$

其中 f_2 是 $f_2(r, v_2, t)$ 的简写。将上面一个分子的碰撞次数乘 $dr dv_1$ 内的分子数 $f_1 dr dv_1$, 得到在 dt 时间内, 在体积元 dr 内, 速度为 v_1、位于速度间隔 dv_1 内的分子与速度为 v_2、位于速度间隔 dv_2 内的分子在立体角 $d\Omega$ 内的碰撞次数为

$$f_1 f_2 dv_1 dv_2 d_{12}^2 v_r \cos\theta d\Omega dt dr \tag{2.5}$$

我们称这个数为元碰撞数。

对于反碰撞, 与前面类似, 我们可以得到在 dt 时间内, 在体积元 dr 内, 速度为 v_1'、位于速度间隔 dv_1' 内的分子与速度为 v_2'、位于速度间隔 dv_2' 内的分子在以 $n' = -n$ 为轴线的立体角 $d\Omega$ 内的碰撞次数, 即元反碰撞数, 为

$$f_1' f_2' dv_1' dv_2' d_{12}^2 v_r' \cos\theta' d\Omega dt dr$$

其中 $v_r' \cos\theta' = (v_1' - v_2') \cdot n'$ 。

根据分布函数的定义, 相空间微元 $d\omega = dr dv$ 中在时间 dt 内分子数的增量为

$$f(r, v, t+dt) dr dv - f(r, v, t) dr dv = \frac{\partial f}{\partial t} dt dr dv$$

其中 $\dfrac{\partial f}{\partial t}$ 表示分布函数随时间的变化率。分布函数随时间变化有两个原因：首先是分子的运动，即分子具有的速度、加速度，使其位置、速度随时间变化，进而引起微元 $\mathrm{d}\omega$ 内分子数的改变，该贡献记为 $\left(\dfrac{\partial f}{\partial t}\right)_d$。其次是分子间的相互碰撞引起分子速度的改变，使 $\mathrm{d}\omega$ 内分子数发生改变，该贡献记为 $\left(\dfrac{\partial f}{\partial t}\right)_c$。所以

$$\frac{\partial f}{\partial t} = \left(\frac{\partial f}{\partial t}\right)_d + \left(\frac{\partial f}{\partial t}\right)_c$$

由分子运动引起的分布函数变化率 $\left(\dfrac{\partial f}{\partial t}\right)_d$ 可以在相空间 $(\boldsymbol{r}, \boldsymbol{v})$ 中推得。相空间微元 $\mathrm{d}\omega = \mathrm{d}\boldsymbol{r}\mathrm{d}\boldsymbol{v}$ 由 $(x, x+\mathrm{d}x), (y, y+\mathrm{d}y), \cdots, (v_y, v_y+\mathrm{d}v_y), (v_z, v_z+\mathrm{d}v_z)6$ 对平面组成。通过计算在 $\mathrm{d}t$ 时间内通过这 6 对平面所组成的边界的分子数目，就可以得到由运动引起的相空间微元 $\mathrm{d}\omega$ 内分子数的变化。仿照刘维定理的推导，我们得

$$\left(\frac{\partial f}{\partial t}\right)_d = -\frac{\partial}{\partial \boldsymbol{r}} \cdot (\boldsymbol{v}f) - \frac{\partial}{\partial \boldsymbol{v}} \cdot (\dot{\boldsymbol{v}}f)$$

由碰撞引起的分布函数变化率 $\left(\dfrac{\partial f}{\partial t}\right)_c$ 与碰撞机制密切相关。在前面采用的近似下，它由两个方面决定：碰撞和反碰撞。前面我们已经得到元碰撞数和元反碰撞数分别为 $f_1 f_2 \mathrm{d}\boldsymbol{v}_1 \mathrm{d}\boldsymbol{v}_2 d_{12}^2 v_r \cos\theta \mathrm{d}\Omega \mathrm{d}t \mathrm{d}\boldsymbol{r}$ 和 $f_1' f_2' \mathrm{d}\boldsymbol{v}_1' \mathrm{d}\boldsymbol{v}_2' d_{12}^2 v_r' \cos\theta' \mathrm{d}\Omega \mathrm{d}t \mathrm{d}\boldsymbol{r}$。注意到元碰撞使分子速度从 $\boldsymbol{v}_1$ 和 $\boldsymbol{v}_2$ 变成 $\boldsymbol{v}_1'$ 和 $\boldsymbol{v}_2'$，即速度间隔 $\mathrm{d}\boldsymbol{v}_1$ 和 $\mathrm{d}\boldsymbol{v}_2$ 内的分子数减小，因此元碰撞的贡献为负；元反碰撞使分子速度从 $\boldsymbol{v}_1'$ 和 $\boldsymbol{v}_2'$ 变为 $\boldsymbol{v}_1$ 和 $\boldsymbol{v}_2$，即速度间隔 $\mathrm{d}\boldsymbol{v}_1$ 和 $\mathrm{d}\boldsymbol{v}_2$ 内的分子数增加，因此元反碰撞的贡献为正。为了把所有的元碰撞数和元反碰撞数的贡献都考虑到，应对 $\mathrm{d}\boldsymbol{v}_2$ 和 $\mathrm{d}\Omega$ 求积分。因此，要先将元反碰撞数式中的 $\mathrm{d}\boldsymbol{v}_1'\mathrm{d}\boldsymbol{v}_2'$ 通过重积分变换公式变换成 $\mathrm{d}\boldsymbol{v}_1\mathrm{d}\boldsymbol{v}_2$，即

$$\mathrm{d}\boldsymbol{v}_1'\mathrm{d}\boldsymbol{v}_2' = |J|\mathrm{d}\boldsymbol{v}_1\mathrm{d}\boldsymbol{v}_2$$

其中，J 为雅可比行列式。根据式 (2.1) 可得

$$|J| = \left|\frac{\partial(v_{1x}', v_{1y}', v_{1z}', v_{2x}', v_{2y}', v_{2z}')}{\partial(v_{1x}, v_{1y}, v_{1z}, v_{2x}, v_{2y}, v_{2z})}\right| = 1$$

再根据式 (2.3) 可得

$$v_r'\cos\theta' = (\boldsymbol{v}_2' - \boldsymbol{v}_1') \cdot \boldsymbol{n}' = (\boldsymbol{v}_2 - \boldsymbol{v}_1) \cdot \boldsymbol{n} = v_r\cos\theta$$

最终可得在相空间微元 $\mathrm{d}\boldsymbol{r}\mathrm{d}\boldsymbol{v}_1$ 中，在 $\mathrm{d}t$ 时间内，因碰撞而增加的分子数为

$$\left(\frac{\partial f}{\partial t}\right)_c \mathrm{d}t\mathrm{d}\boldsymbol{r}\mathrm{d}\boldsymbol{v}_1 = \mathrm{d}t\mathrm{d}\boldsymbol{r}\mathrm{d}\boldsymbol{v}_1 \iint (f_1' f_2' - f_1 f_2)\mathrm{d}\boldsymbol{v}_2 d_{12}^2 v_r \cos\theta \mathrm{d}\Omega$$

消去上式两边的 $\mathrm{d}t\mathrm{d}\boldsymbol{r}\mathrm{d}\boldsymbol{v}_1$ 并作变量代换, 将 $\boldsymbol{v}_1$ 换成 $\boldsymbol{v}$, $\boldsymbol{v}_2$ 换成 $\boldsymbol{v}_1$, 可得

$$\left(\frac{\partial f}{\partial t}\right)_c = \iint (f'f_1' - ff_1)\mathrm{d}\boldsymbol{v}_1 d_{12}^2 v_r \cos\theta\mathrm{d}\varOmega$$

综合考虑分子运动和碰撞对分布函数 f 的影响, 可得出 f 满足方程

$$\frac{\partial f}{\partial t} = -\frac{\partial}{\partial \boldsymbol{r}}\cdot(\boldsymbol{v}f) - \frac{\partial}{\partial \boldsymbol{v}}\cdot(\dot{\boldsymbol{v}}f) + \iint (f'f_1' - ff_1)\mathrm{d}\boldsymbol{v}_1 \varLambda\mathrm{d}\varOmega \tag{2.6}$$

其中, $\varLambda = d_{12}^2 v_r \cos\theta$, $\int \mathrm{d}\boldsymbol{v}_1 = \iiint_{-\infty}^{\infty} \mathrm{d}v_{1x}\mathrm{d}v_{1y}\mathrm{d}v_{1z}$, $\mathrm{d}\varOmega = \int_0^{2\pi}\mathrm{d}\phi\int_0^{\frac{\pi}{2}}\sin\theta\mathrm{d}\theta$。方程 (2.6) 给出了分布函数 f 随 $\boldsymbol{r},\boldsymbol{v},t$ 的变化, 被称为 Boltzmann 方程。

假设单位质量的分子受到的外力为 $\boldsymbol{F}$, 常见的外力为重力和电磁力。重力显然与速度无关; 带电分子在磁场中运动会受到洛伦兹力 $\boldsymbol{F}_B = e\boldsymbol{v}\times\boldsymbol{B}$, 可见 $\boldsymbol{F}_B$ 方向与速度方向垂直, 因此洛伦兹力的某一方向分量 F_{Bi} 与该方向的速度 $v_i(i=x,y,z)$ 无关。所以, 对于重力和电磁力都有

$$\frac{\partial}{\partial \boldsymbol{v}}\cdot\boldsymbol{F} = \frac{\partial F_x}{\partial v_x} + \frac{\partial F_y}{\partial v_y} + \frac{\partial F_z}{\partial v_z} = 0 \tag{2.7}$$

这样, Boltzmann 方程 (2.6) 可进一步写为

$$\frac{\partial f}{\partial t} + \boldsymbol{v}\cdot\frac{\partial f}{\partial \boldsymbol{r}} + \boldsymbol{F}\cdot\frac{\partial f}{\partial \boldsymbol{v}} = \iint (f'f_1' - ff_1)\,\mathrm{d}\boldsymbol{v}_1\varLambda\mathrm{d}\varOmega \tag{2.8}$$

2.2　Boltzmann 方程的重要特性: H 定理

Boltzmann 定义了关于分布函数 f 的泛函 H, 即

$$H(t) := \iint \mathrm{d}\boldsymbol{v}\mathrm{d}\boldsymbol{r}f(\boldsymbol{r},\boldsymbol{v},t)\ln f(\boldsymbol{r},\boldsymbol{v},t) \tag{2.9}$$

可见 f 随时间的变化将导致 H 随时间变化, 对式 (2.9) 求导可得 H 的变化率为 (注意到 t 与 $\boldsymbol{r}, \boldsymbol{v}$ 独立, 因此 $\dfrac{\mathrm{d}}{\mathrm{d}t}$ 可移入积分内)

$$\frac{\mathrm{d}H}{\mathrm{d}t} = \iint \mathrm{d}\boldsymbol{v}\mathrm{d}\boldsymbol{r}\frac{\partial f(\boldsymbol{r},\boldsymbol{v},t)}{\partial t}[1+\ln f(\boldsymbol{r},\boldsymbol{v},t)] \tag{2.10}$$

式中 $\dfrac{\partial f}{\partial t}$ 可以由 Boltzmann 方程 (2.8) 确定。把方程 (2.8) 代入式 (2.10), 有

$$\begin{aligned}
\frac{\mathrm{d}H}{\mathrm{d}t} = &-\iint (1+\ln f)\boldsymbol{v}\cdot\nabla f\mathrm{d}\boldsymbol{v}\mathrm{d}\boldsymbol{r}\\
&-\iint (1+\ln f)\boldsymbol{F}\cdot\nabla_{\boldsymbol{v}}f\mathrm{d}\boldsymbol{v}\mathrm{d}\boldsymbol{r}
\end{aligned}$$

$$- \iiint (1 + \ln f)(f f_1 - f' f_1')\mathrm{d}\boldsymbol{v}\mathrm{d}\boldsymbol{v}_1 \Lambda \mathrm{d}\Omega \mathrm{d}\boldsymbol{r} \tag{2.11}$$

利用高斯定理可以将上式右边第一项化为

$$- \int (1 + \ln f)\boldsymbol{v} \cdot \nabla f \mathrm{d}\boldsymbol{r} = - \int \nabla \cdot (\boldsymbol{v} f \ln f)\mathrm{d}\boldsymbol{r} = - \oint \mathrm{d}\boldsymbol{S} \cdot \boldsymbol{v} f \ln f \tag{2.12}$$

式中 $\oint \mathrm{d}\boldsymbol{S}$ 表示沿封闭壁面的积分。因为壁面是不可穿透的,即 $\mathrm{d}\boldsymbol{S} \cdot \boldsymbol{v} = 0$,所以第一项结果为零。方程 (2.11) 右边第二项可以变为

$$- \int (1 + \ln f)\boldsymbol{F} \cdot \nabla_{\boldsymbol{v}} f \mathrm{d}\boldsymbol{v}$$
$$= - \int \frac{\partial}{\partial \boldsymbol{v}} \cdot (\boldsymbol{F} f \ln f)\mathrm{d}\boldsymbol{v} - \int \left[\frac{\partial}{\partial v_x}(F_x f \ln f) + \frac{\partial}{\partial v_y}(F_y f \ln f) + \frac{\partial}{\partial v_z}(F_z f \ln f) \right] \mathrm{d}v_x \mathrm{d}v_y \mathrm{d}v_z \tag{2.13}$$

因为 $f|_{v_i = \infty} = f|_{v_i = -\infty} = 0 (i = x, y, z)$ 所以 $\int_{-\infty}^{\infty} \frac{\partial}{\partial v_i}(F_i f \ln f)\mathrm{d}v_i = [F_i f \ln f]_{-\infty}^{\infty} = 0$, 因此第二项结果也为零。这样, 方程 (2.11) 被化简为

$$\frac{\mathrm{d}H}{\mathrm{d}t} = - \iiint (1 + \ln f)(f f_1 - f' f_1')\mathrm{d}\boldsymbol{v}\mathrm{d}\boldsymbol{v}_1 \Lambda \mathrm{d}\Omega \mathrm{d}\boldsymbol{r} \tag{2.14}$$

交换积分变量 $\boldsymbol{v}_1$, $\boldsymbol{v}$, 得到

$$\frac{\mathrm{d}H}{\mathrm{d}t} = - \iiint (1 + \ln f_1)(f f_1 - f' f_1')\mathrm{d}\boldsymbol{v}\mathrm{d}\boldsymbol{v}_1 \Lambda \mathrm{d}\Omega \mathrm{d}\boldsymbol{r} \tag{2.15}$$

将以上两式相加并除以 2, 可得

$$\frac{\mathrm{d}H}{\mathrm{d}t} = -\frac{1}{2} \iiint (2 + \ln f f_1)(f f_1 - f' f_1')\mathrm{d}\boldsymbol{v}\mathrm{d}\boldsymbol{v}_1 \Lambda \mathrm{d}\Omega \mathrm{d}\boldsymbol{r} \tag{2.16}$$

再在上式积分中交换 $\boldsymbol{v}$, $\boldsymbol{v}'$ 以及 $\boldsymbol{v}_1$, $\boldsymbol{v}_1'$, 得到

$$\frac{\mathrm{d}H}{\mathrm{d}t} = -\frac{1}{2} \iiint (2 + \ln f' f_1')(f' f_1' - f f_1)\mathrm{d}\boldsymbol{v}'\mathrm{d}\boldsymbol{v}_1' \Lambda' \mathrm{d}\Omega \mathrm{d}\boldsymbol{r} \tag{2.17}$$

又因为

$$\mathrm{d}\boldsymbol{v}'\mathrm{d}\boldsymbol{v}_1' = \mathrm{d}\boldsymbol{v}\mathrm{d}\boldsymbol{v}_1, \quad \Lambda' = \Lambda$$

所以

$$\frac{\mathrm{d}H}{\mathrm{d}t} = -\frac{1}{2} \iiint (2 + \ln f' f_1')(f' f_1' - f f_1)\mathrm{d}\boldsymbol{v}\mathrm{d}\boldsymbol{v}_1 \Lambda \mathrm{d}\Omega \mathrm{d}\boldsymbol{r} \tag{2.18}$$

把方程 (2.16) 与 (2.18) 相加并除以 2, 得

$$\frac{\mathrm{d}H}{\mathrm{d}t} = -\frac{1}{4} \iiint [\ln(f f_1) - \ln(f' f_1')](f f_1 - f' f_1')\mathrm{d}\boldsymbol{v}\mathrm{d}\boldsymbol{v}_1 \Lambda \mathrm{d}\Omega \mathrm{d}\boldsymbol{r} \tag{2.19}$$

上式右边积分中 $\Lambda \geqslant 0$, 所以被积函数的形式等价于

$$g(a, b) = (a - b)(\ln a - \ln b) \quad (a > 0, b > 0) \tag{2.20}$$

因为 $a-b$ 与 $\ln a - \ln b$ 总是同号, 所以 $g(a,b) \geqslant 0$, 当且仅当 $a=b$ 时等号成立。注意到方程 (2.19) 右边的负号, 可得

$$\frac{\mathrm{d}H}{\mathrm{d}t} \leqslant 0 \tag{2.21}$$

当且仅当

$$ff_1 = f'f_1' \tag{2.22}$$

时等号成立。以上两式就是 H 定理的数学表达式。

H 定理表明, 随着时间的变化, H 总是趋于减少。这一性质与熵相似 (孤立系统的熵总是趋于增加), 因此 H 定理其实就是热力学熵增加原理在统计物理学中的形式。当 H 减少到它的极小值 $\left(\dfrac{\mathrm{d}H}{\mathrm{d}t} = 0\right)$ 时, 系统达到平衡状态。此时 $f_1 f_2 = f_1' f_2'$, 这意味着任何单元的正碰撞和反碰撞都互相抵消, 从而保持平衡。像这样一个元过程与相应的元反过程相互抵消的状态被称为细致平衡。$f_1 f_2 = f_1' f_2'$ 称为细致平衡条件, 是系统达到平衡态的充分必要条件。系统的平衡必须由细致平衡来保证, 这一命题称为细致平衡原理。

根据 H 定理还可以得到, 当系统处于平衡状态时, 分布函数 f 不再随时间变化, 即 $\dfrac{\partial f}{\partial t} = \left(\dfrac{\partial f}{\partial t}\right)_d + \left(\dfrac{\partial f}{\partial t}\right)_c = 0$。根据细致平衡时正碰撞和反碰撞相抵消得碰撞项 $\left(\dfrac{\partial f}{\partial t}\right)_c = 0$, 进而可得由运动引起的分布函数的变化率也为零, 即 $\left(\dfrac{\partial f}{\partial t}\right)_d = -\boldsymbol{v} \cdot \dfrac{\partial f}{\partial \boldsymbol{r}} - \boldsymbol{F} \cdot \dfrac{\partial f}{\partial \boldsymbol{v}} = 0$, 这表明单位时间内因运动而进入相空间微元 $\mathrm{d}\boldsymbol{r}\mathrm{d}\boldsymbol{v}$ 的分子数与离开该微元的分子数相同。总的来说, 系统要维持平衡状态, 由运动和碰撞这两个因素造成的影响必须各自相互抵消。

2.3　碰撞过程的不变量

前面我们已经得到, 当系统处于平衡态时, $f_1 f_2 = f_1' f_2'$, 两边取对数, 可得

$$\ln f_1 + \ln f_2 = \ln f_1' + \ln f_2' \tag{2.23}$$

这表明, 在平衡状态下, $\ln f$ 在碰撞前后保持不变, 是一个碰撞不变量或守恒量。容易看出方程 (2.23) 有 5 个特解, 分别是

$$\ln f = 1, mv_x, mv_y, mv_z, \frac{1}{2}mv^2 \tag{2.24}$$

实际上, 这 5 个特解分别对应着碰撞过程中的粒子数守恒、动量 (3 个分量) 守恒和能量守恒, 它们是基本的碰撞不变量。

2.4　Maxwell 平衡态分布函数

我们已经知道碰撞过程中 5 个基本的不变量是 $\psi_0 = 1$, $(\psi_1, \psi_2, \psi_3) = \boldsymbol{v}$, $\psi_4 = \boldsymbol{v}^2$。一般的碰撞不变量 $\ln f$ 可以表示为它们的线性组合, 即

$$\ln f = a + \boldsymbol{b} \cdot \boldsymbol{v} + c\boldsymbol{v}^2 \tag{2.25}$$

所以

$$f = \exp(a + \boldsymbol{b} \cdot \boldsymbol{v} + c\boldsymbol{v}^2) \tag{2.26}$$

其中 a, b, c 是组合系数, 且 c 必须是负数, 这是因为 $|\boldsymbol{v}| = \infty$ 时必须有 $f = 0$, 即速率无穷大的概率为零。根据系统的宏观量, 即分子数密度 n、平均速度 $\boldsymbol{u}$ 和平均动能 E(与系统的温度 T 有关), 可以确定这些系数, 分别有

$$n = \int f \mathrm{d}\boldsymbol{v} \tag{2.27}$$

$$\boldsymbol{u} = \frac{1}{n} \int \boldsymbol{v} f \mathrm{d}\boldsymbol{v} \tag{2.28}$$

$$E = \frac{1}{n} \int \frac{1}{2} m(\boldsymbol{v} - \boldsymbol{u})^2 f \mathrm{d}\boldsymbol{v} \tag{2.29}$$

最终得到平衡态分布函数为

$$f^{\mathrm{eq}} = n \left(\frac{1}{2\pi kT} \right)^{\frac{3}{2}} \exp\left[-\frac{1}{2kT}(\boldsymbol{v} - \boldsymbol{u})^2 \right] \tag{2.30}$$

称为 Maxwell 分布。如果系统无宏观速度梯度且无外力场作用, 那么 $n, \boldsymbol{u}, T$ 都是常数, 系统处于绝对平衡态; 如果系统的宏观性质不均匀, 那么 $n, \boldsymbol{u}, T$ 可能是空间坐标的函数, 相应的关系应满足运动项为零的条件, 即 $\left(\dfrac{\partial f}{\partial t} \right)_d = 0$。

第 3 章 连续 Boltzmann 方程与流体力学方程

前面我们已经得到连续 Boltzmann 方程, 进而证明了 H 定理, 同时得出了碰撞过程中的一些不变量或守恒量。这些守恒量对应着基本的守恒律, 分别是质量守恒、动量守恒和能量守恒。注意到在流体力学中, 描述流体运动的控制方程也是通过这些守恒律推导得到的, 可以推测连续 Boltzmann 方程与流体力学方程应该有很强的内在联系。在一般的统计物理教材中通常都有关于 Boltzmann 方程到流体力学方程的推导 (周子舫和曹烈兆, 2015), 下面我们对此作一个简要介绍。

假设 ψ 是守恒量, 即 ψ 满足

$$\psi_1 + \psi_2 = \psi_1' + \psi_2' \tag{3.1}$$

上式左右两边分别代表碰撞前后的量。那么对于 ψ, 可以得到

$$\int \psi \left(\frac{\partial f}{\partial t} \right)_c \mathrm{d}\boldsymbol{v} = 0 \tag{3.2}$$

其中 $\left(\dfrac{\partial f}{\partial t} \right)_c$ 为 Boltzmann 方程 (2.8) 右边的碰撞项。类似于 H 定理的证明方法, 式 (3.2) 的证明如下:

把 $\left(\dfrac{\partial f}{\partial t} \right)_c$ 的表达式代入, 得

$$\int \psi \left(\frac{\partial f}{\partial t} \right)_c \mathrm{d}\boldsymbol{v} = \int \psi_1 \left(\frac{\partial f_1}{\partial t} \right)_c \mathrm{d}\boldsymbol{v}_1 = \iiint \psi_1 \left(f_1' f_2' - f_1 f_2 \right) \Lambda \mathrm{d}\Omega \mathrm{d}\boldsymbol{v}_1 \mathrm{d}\boldsymbol{v}_2 \tag{3.3}$$

将上式中 $\boldsymbol{v}_1$ 与 $\boldsymbol{v}_2$ 互换, 得

$$\int \psi \left(\frac{\partial f}{\partial t} \right)_c \mathrm{d}\boldsymbol{v} = \iiint \psi_2 \left(f_1' f_2' - f_1 f_2 \right) \Lambda \mathrm{d}\Omega \mathrm{d}\boldsymbol{v}_1 \mathrm{d}\boldsymbol{v}_2 \tag{3.4}$$

将 (3.3) 和 (3.4) 两式相加并除以 2, 得

$$\int \psi \left(\frac{\partial f}{\partial t} \right)_c \mathrm{d}\boldsymbol{v} = \frac{1}{2} \iiint \left(\psi_1 + \psi_2 \right) \left(f_1' f_2' - f_1 f_2 \right) \Lambda \mathrm{d}\Omega \mathrm{d}\boldsymbol{v}_1 \mathrm{d}\boldsymbol{v}_2 \tag{3.5}$$

将上式中 $\boldsymbol{v}_1, \boldsymbol{v}_2$ 与 $\boldsymbol{v}_1', \boldsymbol{v}_2'$ 互换, 并考虑到 $\Lambda = \Lambda'$ 和 $\mathrm{d}\boldsymbol{v}_1 \mathrm{d}\boldsymbol{v}_2 = \mathrm{d}\boldsymbol{v}_1' \mathrm{d}\boldsymbol{v}_2'$, 可得

$$\int \psi \left(\frac{\partial f}{\partial t} \right)_c \mathrm{d}\boldsymbol{v} = -\frac{1}{2} \iiint \left(\psi_1' + \psi_2' \right) \left(f_1' f_2' - f_1 f_2 \right) \Lambda \mathrm{d}\Omega \mathrm{d}\boldsymbol{v}_1 \mathrm{d}\boldsymbol{v}_2 \tag{3.6}$$

将 (3.5) 和 (3.6) 两式相加并除以 2, 得

$$\int \psi \left(\frac{\partial f}{\partial t} \right)_c \mathrm{d}\boldsymbol{v} = \frac{1}{4} \iiint (\psi_1 + \psi_2 - \psi_1' - \psi_2')(f_1' f_2' - f_1 f_2) \Lambda \mathrm{d}\Omega \mathrm{d}\boldsymbol{v}_1 \mathrm{d}\boldsymbol{v}_2 \tag{3.7}$$

因为有式 (3.1), 所以式 (3.7) 右边的积分为 0。这样式 (3.2) 便得到了证明。

下面考虑在 Boltzmann 方程 (2.8) 的两边同时乘 ψ, 并对速度空间进行积分, 可得

$$\int \psi \left(\frac{\partial f}{\partial t} + \boldsymbol{v} \cdot \frac{\partial f}{\partial \boldsymbol{r}} + \boldsymbol{F} \cdot \frac{\partial f}{\partial \boldsymbol{v}} \right) \mathrm{d}\boldsymbol{v} = \int \psi \left(\frac{\partial f}{\partial t} \right)_c \mathrm{d}\boldsymbol{v} \tag{3.8}$$

这被称为 Boltzmann 方程的矩方程。上面已经证明式 (3.2), 即矩方程 (3.8) 右边的项为 0。因此, 方程 (3.8) 变为

$$\int \psi \left(\frac{\partial f}{\partial t} + \boldsymbol{v} \cdot \frac{\partial f}{\partial \boldsymbol{r}} + \boldsymbol{F} \cdot \frac{\partial f}{\partial \boldsymbol{v}} \right) \mathrm{d}\boldsymbol{v} = 0 \tag{3.9}$$

上式左边第一项为

$$\begin{aligned}
\int \psi \frac{\partial f}{\partial t} \mathrm{d}\boldsymbol{v} &= \int \left[\frac{\partial (\psi f)}{\partial t} - f \frac{\partial \psi}{\partial t} \right] \mathrm{d}\boldsymbol{v} \\
&= \frac{\partial}{\partial t} \int (\psi f) \mathrm{d}\boldsymbol{v} - \int f \frac{\partial \psi}{\partial t} \mathrm{d}\boldsymbol{v} \\
&= \frac{\partial (n\overline{\psi})}{\partial t} - n \frac{\partial \overline{\psi}}{\partial t}
\end{aligned} \tag{3.10}$$

其中 $\overline{[\cdot]}$ 表示相应物理量的速度平均值, 例如

$$\overline{\psi} = \frac{1}{n} \int \psi f \mathrm{d}\boldsymbol{v} \tag{3.11}$$

考虑到 ψ 只与速度 $\boldsymbol{v}$ 有关, 与时间 t 无关, 式 (3.10) 可变为

$$\int \psi \frac{\partial f}{\partial t} \mathrm{d}\boldsymbol{v} = \frac{\partial (n\overline{\psi})}{\partial t} \tag{3.12}$$

式 (3.9) 左边第二项为

$$\begin{aligned}
\int \psi \boldsymbol{v} \cdot \frac{\partial f}{\partial \boldsymbol{r}} \mathrm{d}\boldsymbol{v} &= \int \frac{\partial}{\partial \boldsymbol{r}} \cdot (\psi \boldsymbol{v} f) \mathrm{d}\boldsymbol{v} - \int f \boldsymbol{v} \cdot \frac{\partial \psi}{\partial \boldsymbol{r}} \mathrm{d}\boldsymbol{v} - \int \psi f \nabla \cdot \boldsymbol{v} \mathrm{d}\boldsymbol{v} \\
&= \frac{\partial}{\partial \boldsymbol{r}} \cdot (n\overline{\psi \boldsymbol{v}})
\end{aligned} \tag{3.13}$$

其中已考虑到 $\nabla \cdot \boldsymbol{v} = 0$, 且 ψ 与位置 $\boldsymbol{r}$ 无关。式 (3.9) 左边第三项为

$$\int \psi \boldsymbol{F} \cdot \frac{\partial f}{\partial \boldsymbol{v}} \mathrm{d}\boldsymbol{v} = \int \boldsymbol{F} \cdot \frac{\partial (f\psi)}{\partial \boldsymbol{v}} \mathrm{d}\boldsymbol{v} - \int f \boldsymbol{F} \cdot \frac{\partial \psi}{\partial \boldsymbol{v}} \mathrm{d}\boldsymbol{v} \tag{3.14}$$

因为当 $\boldsymbol{v} = \pm\infty$ 时 $f = 0$, 所以上式右边第一项 $\int \boldsymbol{F} \cdot \frac{\partial (f\psi)}{\partial \boldsymbol{v}} \mathrm{d}\boldsymbol{v} = 0$, 因此

$$\int \psi \boldsymbol{F} \cdot \frac{\partial f}{\partial \boldsymbol{v}} \mathrm{d}\boldsymbol{v} = -\int f \boldsymbol{F} \cdot \frac{\partial \psi}{\partial \boldsymbol{v}} \mathrm{d}\boldsymbol{v} = -n \boldsymbol{F} \cdot \overline{\frac{\partial \psi}{\partial \boldsymbol{v}}} \tag{3.15}$$

由式 (3.10)~ 式 (3.15), 方程 (3.9) 改写为

$$\frac{\partial(n\overline{\psi})}{\partial t} + \frac{\partial}{\partial \boldsymbol{r}} \cdot (n\overline{\psi\boldsymbol{v}}) - na \cdot \overline{\frac{\partial \psi}{\partial \boldsymbol{v}}} = 0 \tag{3.16}$$

这就是守恒量 ψ 的输运方程, 被称为 Maxwell 输运方程。

我们已经知道碰撞过程中的守恒量为质量、动量和能量, 即 ψ 可以取为 $m, m\boldsymbol{v}, \frac{1}{2}m\boldsymbol{v}^2$, 把它们分别代入方程 (3.16) 便可得到相应的输运方程。

(1) 令 $\psi = m$, 代入方程 (3.16), 得

$$\frac{\partial \rho}{\partial t} + \nabla \cdot (\rho \boldsymbol{u}) = 0 \tag{3.17}$$

这就是连续性方程, 其中 $\rho = nm$ 为气体的密度, $\boldsymbol{u} = \frac{1}{n}\int \boldsymbol{v} f \mathrm{d}\boldsymbol{v}$ 为平均速度。

(2) 令 $\psi = m\boldsymbol{v}$, 代入方程 (3.16), 得

$$\frac{\partial}{\partial t}(\rho \boldsymbol{u}) + \frac{\partial}{\partial \boldsymbol{r}} \cdot \int m\boldsymbol{v}\boldsymbol{v} f \mathrm{d}\boldsymbol{v} - \rho \boldsymbol{F} = 0 \tag{3.18}$$

考虑到分子热运动速度为 $\boldsymbol{c} = \boldsymbol{v} - \boldsymbol{u}$, 代入式 (3.18) 左边第二项的积分, 可得

$$\begin{aligned}
\int m\boldsymbol{v}\boldsymbol{v} f \mathrm{d}\boldsymbol{v} &= \int mf(\boldsymbol{c}+\boldsymbol{u})(\boldsymbol{c}+\boldsymbol{u})\mathrm{d}\boldsymbol{v} \\
&= m\int f\boldsymbol{c}\boldsymbol{c}\mathrm{d}\boldsymbol{v} + m\int f\boldsymbol{u}\boldsymbol{u}\mathrm{d}\boldsymbol{v} + 2m\int f\boldsymbol{c}\boldsymbol{u}\mathrm{d}\boldsymbol{v} \\
&= -\boldsymbol{\sigma} + \rho \boldsymbol{u}\boldsymbol{u}
\end{aligned} \tag{3.19}$$

上式中考虑到了分子热运动速度是随机的, 其统计平均值为 0, 所以 $\int f\boldsymbol{c}\boldsymbol{u}\mathrm{d}\boldsymbol{v} = \boldsymbol{u}\int f\boldsymbol{c}\mathrm{d}\boldsymbol{v} = 0$。此外, $\boldsymbol{\sigma} = -m\int f\boldsymbol{c}\boldsymbol{c}\mathrm{d}\boldsymbol{v}$ 为应力张量。将式 (3.19) 代入式 (3.18), 得

$$\frac{\partial}{\partial t}(\rho \boldsymbol{u}) + \nabla \cdot (\rho \boldsymbol{u}\boldsymbol{u}) = \nabla \cdot \boldsymbol{\sigma} + \rho \boldsymbol{F} \tag{3.20}$$

上式就是流体力学中的动量方程。

(3) 令 $\psi = \frac{1}{2}m\boldsymbol{v}^2$, 代入方程 (3.16), 得到

$$\frac{\partial}{\partial t}\int \frac{1}{2}m\boldsymbol{v}^2 f\mathrm{d}\boldsymbol{v} + \frac{\partial}{\partial \boldsymbol{r}} \cdot \int \frac{1}{2}m\boldsymbol{v}^2 \boldsymbol{v} f\mathrm{d}\boldsymbol{v} - \boldsymbol{F} \cdot \int f m\boldsymbol{v}\mathrm{d}\boldsymbol{v} = 0 \tag{3.21}$$

上式中左边第一项的积分可以化简为

$$\begin{aligned}
\int \frac{1}{2}m\boldsymbol{v}^2 f\mathrm{d}\boldsymbol{v} &= \int \frac{1}{2}m(\boldsymbol{c}+\boldsymbol{u}) \cdot (\boldsymbol{c}+\boldsymbol{u}) f\mathrm{d}\boldsymbol{v} \\
&= \int \frac{1}{2}m\boldsymbol{c}^2 f\mathrm{d}\boldsymbol{v} + \int \frac{1}{2}m\boldsymbol{u}^2 f\mathrm{d}\boldsymbol{v} + \int \frac{1}{2}m\boldsymbol{u} \cdot \boldsymbol{c} f\mathrm{d}\boldsymbol{v} \\
&= \rho\varepsilon + \frac{1}{2}\rho \boldsymbol{u}^2
\end{aligned} \tag{3.22}$$

其中 $\varepsilon = \frac{1}{n}\int \frac{1}{2}\boldsymbol{c}^2 f\mathrm{d}\boldsymbol{v}$ 为分子平均内能。注意到上式中也用到了分子平均热运动速度为 0。

式 (3.21) 中左边第二项的积分可以化简为

$$\int \frac{1}{2}mv^2 \boldsymbol{v} f \mathrm{d}\boldsymbol{v} = \int \frac{1}{2}m\left(\boldsymbol{c}^2 + 2\boldsymbol{c} \cdot \boldsymbol{u} + \boldsymbol{u}^2\right)(\boldsymbol{c} + \boldsymbol{u}) f \mathrm{d}\boldsymbol{v}$$
$$= \int \frac{1}{2}mc^2 \boldsymbol{c} f \mathrm{d}\boldsymbol{v} + \int m(\boldsymbol{c} \cdot \boldsymbol{u}) \boldsymbol{c} f \mathrm{d}\boldsymbol{v} + \underline{\int \frac{1}{2}m\boldsymbol{u}^2 \boldsymbol{c} f \mathrm{d}\boldsymbol{v}}$$
$$+ \int \frac{1}{2}mc^2 \boldsymbol{u} f \mathrm{d}\boldsymbol{v} + \underline{\int m(\boldsymbol{c} \cdot \boldsymbol{u}) \boldsymbol{u} f \mathrm{d}\boldsymbol{v}} + \int \frac{1}{2}m\boldsymbol{u}^2 \boldsymbol{u} f \mathrm{d}\boldsymbol{v} \tag{3.23}$$

再次用到了分子平均热运动速度为零的性质，所以上式中下画线的部分为 0，因此式 (3.23) 变为

$$\int \frac{1}{2}mv^2 \boldsymbol{v} f \mathrm{d}\boldsymbol{v} = \boldsymbol{q} + \rho\left(\varepsilon + \frac{1}{2}\boldsymbol{u}^2\right)\boldsymbol{u} - \boldsymbol{\sigma} \cdot \boldsymbol{u} \tag{3.24}$$

其中 $\boldsymbol{q} = \int \frac{1}{2}mc^2 \boldsymbol{c} f \mathrm{d}\boldsymbol{v}$ 为热流矢量。

综上，式 (3.21) 被化简为

$$\frac{\partial}{\partial t}\left(\rho\varepsilon + \frac{1}{2}\rho\boldsymbol{u}^2\right) + \nabla \cdot \left[\boldsymbol{q} + \rho\left(\varepsilon + \frac{1}{2}\boldsymbol{u}^2\right)\boldsymbol{u} - \boldsymbol{\sigma} \cdot \boldsymbol{u}\right] - \rho\boldsymbol{F} = 0 \tag{3.25}$$

或

$$\frac{\partial}{\partial t}\left(\rho\varepsilon + \frac{1}{2}\rho\boldsymbol{u}^2\right) + \nabla \cdot \left[\rho\left(\varepsilon + \frac{1}{2}\boldsymbol{u}^2\right)\boldsymbol{u}\right] = -\nabla \cdot \boldsymbol{q} + \nabla \cdot (\boldsymbol{\sigma} \cdot \boldsymbol{u}) + \rho\boldsymbol{F} \tag{3.26}$$

这便是流体力学中的能量方程。

除了上面的推导方法，我们还可以用如下的方式来实现由 Boltzmann 方程推导出流体力学方程。我们已经知道 Boltzmann 方程为

$$\partial_t f + v\,\partial_x f + F\,\partial_v f = \varOmega(f) \tag{3.27}$$

其中碰撞项 $\varOmega(f)$ 通常难以处理，可以采用 BGK 近似 (下一章中会详细介绍) 将其简化为

$$\varOmega(f) = \frac{1}{\tau_0}\left(f^{\mathrm{eq}} - f\right) \tag{3.28}$$

其中 τ_0 为松弛时间，平衡态分布函数 f^{eq} 为

$$f^{\mathrm{eq}}(v) = \frac{n}{(2\pi\theta)^{3/2}}\mathrm{e}^{-(\boldsymbol{v}-\boldsymbol{u})^2/(2\theta)} \tag{3.29}$$

其中 $\theta = kT$ 为温度。采用 BGK 近似后，Boltzmann 方程变为

$$\partial_t f + v\,\partial_x f + F\,\partial_v f = \frac{1}{\tau_0}\left(f^{\mathrm{eq}} - f\right) \tag{3.30}$$

因此，我们可以通过平衡态分布函数及其导数来近似分布函数：

$$f = f^{\mathrm{eq}} - \tau_0\left(\partial_t f + v\,\partial_x f + F\,\partial_v f\right) \tag{3.31}$$

宏观量可以通过分布函数的矩给出:

$$\int \mathrm{d}v f = n$$
$$\int \mathrm{d}v f v_\alpha = n u_\alpha \tag{3.32}$$
$$\int \mathrm{d}v f v^2 = n u^2 + 3 n \theta$$

利用附录 F 中的高斯积分公式, 我们可以得到平衡态分布函数的几个速度矩分别为

$$\int \mathrm{d}v f^{\mathrm{eq}} = n$$
$$\int \mathrm{d}v f^{\mathrm{eq}} (v_\alpha - u_\alpha) = 0$$
$$\int \mathrm{d}v f^{\mathrm{eq}} (v_\alpha - u_\alpha)(v_\beta - u_\beta) = n\theta \delta_{\alpha\beta} \tag{3.33}$$
$$\int \mathrm{d}v f^{\mathrm{eq}} (v_\alpha - u_\alpha)(v_\beta - u_\beta)(v_\gamma - u_\gamma) = 0$$
$$\int \mathrm{d}v f^{\mathrm{eq}} (v_\alpha - u_\alpha)(v_\beta - u_\beta)(\boldsymbol{v} - \boldsymbol{u})^2 = 5 n\theta^2 \delta_{\alpha\beta}$$

利用以上关系, 直接对 Boltzmann 方程进行积分可得到质量守恒方程

$$\partial_t \int \mathrm{d}v f + \partial_\alpha \int \mathrm{d}v f v_\alpha + F \int \mathrm{d}v \, \partial_v f = \frac{1}{\tau_0} \int \mathrm{d}v (f^{\mathrm{eq}} - f)$$
$$\Rightarrow \partial_t n + \partial_\alpha (n u_\alpha) = 0 \tag{3.34}$$

即连续性方程。

在 Boltzmann 方程两边乘 v_α 并积分, 得

$$\partial_t \int \mathrm{d}v f v_\alpha + \partial_\beta \int \mathrm{d}v f v_\alpha v_\beta + F_\beta \int \mathrm{d}v \, \partial_{v_\beta} f v_\alpha = \frac{1}{\tau_0} \int \mathrm{d}v (f^{\mathrm{eq}} - f) v_\alpha$$
$$\Rightarrow \partial_t (n u_\alpha) + \partial_\beta \int \mathrm{d}v f v_\alpha v_\beta - n F_\alpha = 0 \tag{3.35}$$

利用式 (3.31) 可以将上式左边第二项的积分变为

$$\int \mathrm{d}v f v_\alpha v_\beta = \int \mathrm{d}v f^{\mathrm{eq}} v_\alpha v_\beta - \tau_0 \Big\{ \partial_t \int \mathrm{d}v f^{\mathrm{eq}} v_\alpha v_\beta$$
$$+ \partial_\gamma \int \mathrm{d}v f^{\mathrm{eq}} v_\alpha v_\beta v_\gamma - n F_\alpha u_\beta - n u_\alpha F_\beta \Big\} + O(\partial^2) \tag{3.36}$$

如果上式右边只保留第一项, 即

$$\int \mathrm{d}v f v_\alpha v_\beta \approx \int \mathrm{d}v f^{\mathrm{eq}} v_\alpha v_\beta \tag{3.37}$$

利用式 (3.33):

$$\int \mathrm{d}v f^{\mathrm{eq}} (v_\alpha - u_\alpha)(v_\beta - u_\beta) = n\theta \delta_{\alpha\beta}$$
$$= \int \mathrm{d}v f^{\mathrm{eq}} v_\alpha v_\beta - \int \mathrm{d}v f^{\mathrm{eq}} v_\alpha u_\beta - \int \mathrm{d}v f^{\mathrm{eq}} v_\beta u_\alpha + \int \mathrm{d}v f^{\mathrm{eq}} u_\alpha u_\beta$$
$$= \int \mathrm{d}v f^{\mathrm{eq}} v_\alpha v_\beta - n u_\alpha u_\beta \tag{3.38}$$

所以有

$$\int \mathrm{d}v f^{\mathrm{eq}} v_\alpha v_\beta = n\theta \delta_{\alpha\beta} + nu_\alpha u_\beta \tag{3.39}$$

将上式代入式 (3.35) 中, 可得

$$\partial_t (nu_\alpha) + \partial_\beta (nu_\alpha u_\beta) = -\partial_\alpha(n\theta) + nF_\alpha \tag{3.40}$$

利用连续性方程 (3.34), 上式变为

$$\partial_t u_\alpha + u_\beta \partial_\beta u_\alpha = -\frac{1}{n}\partial_\alpha(n\theta) + F_\alpha \tag{3.41}$$

这正是 Euler 方程, 是无黏性的。为了引入黏性的作用, 需要考虑方程 (3.36) 右边的其他项:

$$\begin{aligned}
\partial_t &\left(\int \mathrm{d}v f^{\mathrm{eq}} v_\alpha v_\beta \right) \\
&= \partial_t (nu_\alpha u_\beta + n\theta\delta_{\alpha\beta}) \\
&= \partial_t (nu_\alpha) u_\beta + nu_\alpha \partial_t u_\beta + \partial_t n\theta\delta_{\alpha\beta} + n\partial_t\theta\delta_{\alpha\beta} \\
&= -\partial_\gamma(nu_\alpha u_\gamma) u_\beta - \partial_\alpha(n\theta)u_\beta + nF_\alpha u_\beta \\
&\quad - nu_\alpha u_\gamma \partial_\gamma u_\beta - u_\alpha \partial_\beta(n\theta) + nu_\alpha F_\beta \\
&\quad - \partial_\gamma(nu_\gamma)\theta\delta_{\alpha\beta} - nu_\gamma \partial_\gamma(\theta\delta_{\alpha\beta}) - \frac{2}{3}\partial_\gamma u_\gamma\theta \\
&= -\partial_\gamma(nu_\alpha u_\beta u_\gamma) - \partial_\beta(n\theta)u_\alpha - \partial_\alpha(n\theta)u_\beta + n(F_\alpha u_\beta + u_\alpha F_\beta) \\
&\quad - \partial_\gamma(n\theta u_\gamma)\delta_{\alpha\beta} - \frac{2}{3}n\theta\partial_\gamma u_\gamma \tag{3.42}
\end{aligned}$$

$$\begin{aligned}
\partial_\gamma &\int \mathrm{d}v f^{\mathrm{eq}} v_\alpha v_\beta v_\gamma \\
&= \partial_\beta(n\theta u_\alpha) + \partial_\alpha(n\theta u_\beta) + \partial_\gamma(n\theta u_\gamma)\delta_{\alpha\beta} + \partial_\gamma(nu_\alpha u_\beta u_\gamma) \tag{3.43}
\end{aligned}$$

因此, 方程 (3.36) 右边大括号内的几项之和为

$$\begin{aligned}
\partial_t &\int \mathrm{d}v f^{\mathrm{eq}} v_\alpha v_\beta + \partial_\gamma \int \mathrm{d}v f^{\mathrm{eq}} v_\alpha v_\beta v_\gamma - nF_\alpha u_\beta - nu_\alpha F_\beta \\
&= n\theta(\partial_\alpha u_\beta + \partial_\beta u_\alpha) - \frac{2}{3}n\theta\partial_\gamma u_\gamma \tag{3.44}
\end{aligned}$$

把上式代入式 (3.36), 再代入式 (3.35), 可得

$$n\partial_t u_\alpha + nu_\beta \partial_\beta u_\alpha = -\partial_\alpha(n\theta) + nF_\alpha + \partial_\beta\left[\eta\left(\partial_\beta u_\alpha + \partial_\alpha u_\beta - \frac{2}{3}\partial_\gamma u_\gamma\delta_{\alpha\beta}\right)\right] \tag{3.45}$$

上式正是动量方程, 其中 $\eta = n\theta\tau_0$ 为黏性系数。

在 Boltzmann 方程两边乘 $(\boldsymbol{v} - \boldsymbol{u})^2$ 并积分, 得

$$\int \mathrm{d}v \, \partial_t f(v-u)^2 + \int \mathrm{d}v \, \partial_\alpha f v_\alpha(v-u)^2 + F_\alpha \int \mathrm{d}v \, \partial_{v_\alpha} f(v-u)^2$$

$$= \frac{1}{\tau_0} \int dv \left(f^{\mathrm{eq}} - f \right) (v - u)^2 \tag{3.46}$$

可以化简为

$$\partial_t \int dv f (v-u)^2 + \int dv f 2 (v_\alpha - u_\alpha) \partial_t u_\alpha + \partial_\alpha \int dv f v_\alpha (v-u)^2 + \int dv f v_\alpha 2 (v_\beta - u_\beta) \partial_\alpha u_\beta$$
$$= 0 \tag{3.47}$$

如果只考虑零阶近似, 即 $f \approx f^{\mathrm{eq}}$, 上式第一项为

$$\partial_t \int dv f^{\mathrm{eq}} (v-u)^2 = \partial_t (n\theta \delta_{\gamma\gamma}) \tag{3.48}$$

注意 $\delta_{\gamma\gamma} = \delta_{xx} + \delta_{yy} + \delta_{zz} = 3$。对于式 (3.47) 中的第二项, 因为 $v_\alpha - u_\alpha$ 为分子热运动速度, 其平均值为零, 所以该项为零。式 (3.47) 中的第三项为

$$\int dv f^{\mathrm{eq}} v_\alpha (v-u)^2 = \int dv f^{\mathrm{eq}} (v_\alpha - u_\alpha) (v-u)^2 + \int dv f^{\mathrm{eq}} u_\alpha (v-u)^2$$
$$= n u_\alpha \theta \delta_{\gamma\gamma} = 3 n u_\alpha \theta \tag{3.49}$$

式 (3.47) 中的最后一项为

$$\int dv f^{\mathrm{eq}} v_\alpha 2 (v_\beta - u_\beta) \partial_\alpha u_\beta = 2 \left(\int dv v_\alpha v_\beta f^{\mathrm{eq}} - \int dv v_\alpha u_\beta f^{\mathrm{eq}} \right) \partial_\alpha u_\beta$$
$$= 2 \left(n u_\alpha u_\beta + n\theta \delta_{\alpha\beta} - n u_\alpha u_\beta \right) \partial_\alpha u_\beta$$
$$= 2 n\theta \partial_\alpha u_\alpha \tag{3.50}$$

把以上几式代入式 (3.47) 中, 可得零阶近似的能量方程为

$$\partial_t \theta + u_\alpha \partial_\alpha \theta = -\frac{2}{3} \partial_\alpha u_\alpha \theta + O\left(\partial^2 \right) \tag{3.51}$$

要想获得更高阶的方程, 需要像前面推导动量方程那样, 考虑式 (3.31) 右边的其他项, 过程较为烦琐, 因此这里不再详细叙述。最终可以推导出能量方程为

$$\partial_t \theta + u_\alpha \partial_\alpha \theta = -\frac{2}{3} \partial_\alpha u_\alpha \theta + \frac{1}{n} \partial_\alpha \left(\frac{5n\theta}{3} \partial_\alpha \theta \right)$$
$$+ \tau_0 \partial_\alpha u_\beta \left(\partial_\alpha u_\beta + \partial_\beta u_\alpha - \frac{2}{3} \partial_\gamma u_\gamma \delta_{\alpha\beta} \right) \tag{3.52}$$

　　通过以上推导, 我们证明了由连续 Boltzmann 方程可以推导出流体力学的基本方程组。实际上, 虽然 Boltzmann 方程和流体力学方程组基于的尺度不同, 但它们都是对流体系统守恒特性的描述, 因此在一定条件下, 它们肯定是一致的 (郭照立, 郑楚光, 2009)。在流体力学方程组中, 一些输运系数 (比如流体的动力学黏性系数 μ、热传导系数 λ) 是由实验来确定的。而对于 Boltzmann 方程, 可以通过分子之间相互作用模型给出这些输运系数。这是 Boltzmann 方程的主要优势之一 (何雅玲, 王勇, 李庆, 2009)。

第 4 章   连续 Boltzmann 方程的离散

在前面的章节中，我们完成了一些基本理论工作，即推导出了连续 Boltzmann 方程，并且证明了它可以恢复到宏观流体力学方程。然而，要想利用连续 Boltzmann 方程进行数值计算，还需要将其离散。注意到 Boltzmann 方程中存在着复杂的碰撞项，不利于处理。因此在离散之前，需要先简化原有的碰撞项。通常可以采用最简单的 BGK 模型。然后，我们把连续 Boltzmann 方程在速度、时间和空间上离散，以获得格子 Boltzmann 方程。格子 Boltzmann 方程中应用最广泛的模型是 $DnQm$ 模型。当然，格子 Boltzmann 方程也可以恢复到宏观方程。在本章的最后，我们还将详细介绍 LBM 中的外力项。

4.1   BGK 近似

前面我们已经得到连续 Boltzmann 方程 (2.8)，但是，直接求解该方程是非常困难的。主要是因为方程中与分子碰撞相关的非线性的复杂积分项 $\left(\dfrac{\partial f}{\partial t}\right)_c = \iint (f'f_1' - ff_1)\mathrm{d}\boldsymbol{v}_1 \Lambda \mathrm{d}\Omega$ 难以处理，这很大程度限制了 Boltzmann 方程的应用。因此，需要一些相对简单的碰撞模型来解决这一问题，以增加 Boltzmann 方程的实用性。这些简化的碰撞模型 $\Omega(f)$ 必须满足 Boltzmann 方程中碰撞项的基本性质。

(1) 类似于方程 (3.2)，对于碰撞守恒量 ψ，$\Omega(f)$ 应当满足

$$\int \psi \Omega(f)\mathrm{d}\boldsymbol{v} = 0 \tag{4.1}$$

(2) 能反映系统趋于平衡态的性质。根据 H 定理，$\Omega(f)$ 应当满足

$$\int (1+\ln f)\Omega(f)\mathrm{d}\boldsymbol{v} \leqslant 0 \tag{4.2}$$

再根据式 (4.1)，式 (4.2) 可以写为

$$\int \ln f \Omega(f)\mathrm{d}\boldsymbol{v} \leqslant 0 \tag{4.3}$$

满足上述条件的最简单的也最著名的碰撞模型最早是由 Bhatnagar、Gross 和 Krook 等提出的, 因此被称为 BGK 模型。该模型认为碰撞会促使分布函数 f 趋向于平衡态分布函数 f^{eq}, 即 Maxwell 分布 (式 (2.30)), 且碰撞导致的变化量与 f 偏离 f^{eq} 的程度成正比, 即

$$\Omega_{\text{BGK}}(f) = \nu_0 \left(f^{\text{eq}} - f\right) = \frac{1}{\tau_0}\left(f^{\text{eq}} - f\right) \tag{4.4}$$

其中 ν_0 为平均碰撞频率, $\tau_0 = \dfrac{1}{\nu_0}$ 为松弛时间。

将式 (4.4) 代入式 (2.8), 即可得到用 BGK 模型近似的 Boltzmann 方程为

$$\frac{\partial f}{\partial t} + \boldsymbol{v} \cdot \frac{\partial f}{\partial \boldsymbol{r}} + \boldsymbol{F} \cdot \frac{\partial f}{\partial \boldsymbol{v}} = \frac{1}{\tau_0}\left(f^{\text{eq}} - f\right) \tag{4.5}$$

称为 Boltzmann-BGK 方程。BGK 模型把系统向平衡态的过渡描述为一个简单的松弛过程, 这样使得 Boltzmann 方程中的非线性碰撞项线性化, 可以大大简化方程的求解, 所以被广泛应用。然而, 如此简化的模型也必定存在一些缺陷, 比如, BGK 模型中的 Prandtl 数 (Pr) 恒为 1, 而对于 Boltzmann 方程中碰撞项, $Pr \approx \dfrac{2}{3}$。尽管如此, 对于偏离平衡态不远的近平衡态问题, 采用 BGK 近似通常是可以满足精度要求的 (郭照立和郑楚光, 2009)。

4.2　连续 Boltzmann 方程到格子 Boltzmann 方程

格子 Boltzmann 方程是连续 Boltzmann 方程的有限差分形式 (He et al., 1997c)。下面我们介绍如何基于 Boltzmann-BGK 方程 (4.5) 推导出格子 Boltzmann 方程 (lattice Boltzmann equation, LBE)。

首先需要说明的是, 在前面的章节中分布函数是基于数密度 n 来定义的, 记为 f^n, 以下我们基于密度 ρ 重新定义分布函数为 $f^\rho = m f^n$。没有歧义且为了简洁, 我们把 f^ρ 还记为 f, 它依然满足 Boltzmann-BGK 方程 (4.5):

$$\frac{\partial f}{\partial t} + \boldsymbol{\xi} \cdot \frac{\partial f}{\partial \boldsymbol{r}} = \frac{1}{\tau_0}\left(f^{\text{eq}} - f\right) \tag{4.6}$$

这里暂时不考虑外力 $\boldsymbol{F}$。Maxwell 平衡态分布函数相应地变为

$$f^{\text{eq}} = \frac{\rho}{(2\pi RT)^{D/2}} \exp\left[-\frac{(\boldsymbol{\xi} - \boldsymbol{u})^2}{2RT}\right] \tag{4.7}$$

其中 D 为空间维度。

为了数值求解方程 (4.6) 得到分布函数 f, 我们首先要对其进行速度离散, 然后再进行空间离散和时间离散。对于分子来说, 其热运动是无规则的, 因此其速度可能朝向各个方

向, 即在相空间中分子速度是无穷维的。这显然会给方程 (4.6) 的求解带来很大的阻碍, 但是, 如此纷繁复杂的粒子运动细节并不会显著影响流体的宏观运动, 因此我们可以把速度空间离散为有限的维度 $e_0, e_1, \cdots, e_N$, 共 $N+1$ 个维度。每个维度对应的离散分布函数为 $f_i(r, t)$, 其中 $i = 0, 1, \cdots, N$。经过上述速度离散, 方程 (4.6) 变为

$$\frac{\partial f_i}{\partial t} + e_{i\alpha} \frac{\partial f_i}{\partial r_\alpha} = \frac{1}{\tau_0} \left(f_i^{\mathrm{eq}} - f_i \right) \tag{4.8}$$

其中 f_i^{eq} 为速度离散的平衡态分布函数, 可以通过对式 (4.7) 进行 Taylor 展开得到:

$$\begin{aligned}
f^{\mathrm{eq}} &= \frac{\rho}{(2\pi RT)^{D/2}} \exp\left[-\frac{(\boldsymbol{\xi} - \boldsymbol{u})^2}{2RT} \right] \\
&= \frac{\rho}{(2\pi RT)^{D/2}} \exp\left(-\frac{\boldsymbol{\xi}^2}{2RT} \right) \exp\left(\frac{2\boldsymbol{\xi} \cdot \boldsymbol{u} - \boldsymbol{u}^2}{2RT} \right) \\
&= \frac{\rho}{(2\pi RT)^{D/2}} \exp\left(-\frac{\boldsymbol{\xi}^2}{2RT} \right) \left[1 + \left(\frac{\boldsymbol{\xi} \cdot \boldsymbol{u}}{RT} - \frac{\boldsymbol{u}^2}{2RT} \right) + \frac{1}{2} \left(\frac{2\boldsymbol{\xi} \cdot \boldsymbol{u} - \boldsymbol{u}^2}{2RT} \right)^2 \right] + O\left(\boldsymbol{u}^3 \right) \\
&= \frac{\rho}{(2\pi RT)^{D/2}} \exp\left(-\frac{\boldsymbol{\xi}^2}{2RT} \right) \left[1 + \frac{\boldsymbol{\xi} \cdot \boldsymbol{u}}{RT} - \frac{\boldsymbol{u}^2}{2RT} + \frac{(\boldsymbol{\xi} \cdot \boldsymbol{u})^2}{2(RT)^2} \right] + O\left(\boldsymbol{u}^3 \right)
\end{aligned} \tag{4.9}$$

这里假设流体速度较低, 因此只展开到二阶。在上式中引入离散速度, 可得

$$f_i^{\mathrm{eq}} = \rho \omega_i \left[1 + \frac{\boldsymbol{e}_i \cdot \boldsymbol{u}}{RT} + \frac{(\boldsymbol{e}_i \cdot \boldsymbol{u})^2}{2(RT)^2} - \frac{\boldsymbol{u}^2}{2RT} \right] \tag{4.10}$$

其中, $\omega_i = \dfrac{1}{(2\pi RT)^{D/2}} \exp\left(-\dfrac{\boldsymbol{e}_i^2}{2RT} \right)$ 为权系数。

完成速度离散之后, 我们还要对方程 (4.8) 进行时间和空间离散, 为此先引入变量 ζ, 使得

$$\frac{\mathrm{d} f_i}{\mathrm{d} \zeta} = \frac{\partial f_i}{\partial t} \frac{\mathrm{d} t}{\mathrm{d} \zeta} + \frac{\partial f_i}{\partial r_\alpha} \frac{\mathrm{d} r_\alpha}{\mathrm{d} \zeta} = -\frac{f_i(\zeta) - f_i^{\mathrm{eq}}(\zeta)}{\tau_0} \tag{4.11}$$

其中

$$\frac{\mathrm{d} t}{\mathrm{d} \zeta} = 1, \quad \frac{\mathrm{d} r_\alpha}{\mathrm{d} \zeta} = e_{i\alpha} \tag{4.12}$$

对上式积分可得特征方程:

$$t = \zeta + t_0, \quad \boldsymbol{r} = \boldsymbol{e}_i \zeta + \boldsymbol{r}_0 \tag{4.13}$$

在数学上, 根据常数变易法, 形如

$$\frac{\mathrm{d} y(\zeta)}{\mathrm{d} \zeta} = g(\zeta) y(\zeta) + h(\zeta) \tag{4.14}$$

的常微分方程的通解为

$$y(\zeta) = \mathrm{e}^{G(\zeta)} \left[C + \int_{\zeta_0}^{\zeta} \mathrm{e}^{-G(\zeta')} h(\zeta') \mathrm{d} \zeta' \right] \tag{4.15}$$

其中 $G(\zeta) = \int_{\zeta_0}^{\zeta} g(\zeta') \mathrm{d}\zeta'$，$C$ 和 ζ_0 为常数。把方程 (4.11) 写为与方程 (4.14) 类似的形式：

$$\frac{\mathrm{d}f_i(\zeta)}{\mathrm{d}\zeta} = -\frac{1}{\tau_0}f_i(\zeta) + \frac{f_i^{\mathrm{eq}}}{\tau_0} \tag{4.16}$$

利用方程 (4.15)，且在一个 $\delta t(\zeta = \zeta_0 + \delta t)$ 内进行积分，得

$$f_i(\zeta_0 + \delta t) = \mathrm{e}^{-\delta t/\tau_0}\left[C + \frac{1}{\tau_0}\int_{\zeta_0}^{\zeta_0+\delta t} \mathrm{e}^{\zeta'/\tau_0} f_i^{\mathrm{eq}}(\zeta')\,\mathrm{d}\zeta'\right] \tag{4.17}$$

令 $C = f_i(\zeta_0)$，且把变量 ζ 换回 $(\boldsymbol{r}, t)$，得

$$f_i(\boldsymbol{r} + \boldsymbol{e}_i\delta t, t + \delta t) = \mathrm{e}^{-\delta t/\tau_0} f_i(\boldsymbol{r}, t)$$
$$+ \mathrm{e}^{-\delta t/\tau_0}\frac{1}{\tau_0}\int_t^{t+\delta t} \mathrm{e}^{(t'-t)/\tau_0} f_i^{\mathrm{eq}}[\boldsymbol{r} + \boldsymbol{e}_i(t'-t), t']\,\mathrm{d}t' \tag{4.18}$$

这就是**格子 Boltzmann-BGK(LBGK) 方程**的积分解。

为了便于数值计算，我们需要将方程 (4.18) 中的积分离散。如果采用一阶精度的矩形公式 $\left(\int_t^{t+\delta t} g(t')\mathrm{d}t' \approx g(t)\delta t\right)$，则可得

$$f_i(\boldsymbol{r} + \boldsymbol{e}_i\delta t, t + \delta t) = \mathrm{e}^{-\delta t/\tau_0} f_i(\boldsymbol{r}, t) + \frac{\mathrm{e}^{-\delta t/\tau_0}}{\tau_0} f_i^{\mathrm{eq}}(\boldsymbol{r}, t)\delta t \tag{4.19}$$

把上式中的指数项展开并保留到 δt 的一阶，得

$$f_i(\boldsymbol{r} + \boldsymbol{e}_i\delta t, t + \delta t) = \left(1 - \frac{\delta t}{\tau_0}\right)f_i(\boldsymbol{r}, t) + \frac{\delta t}{\tau_0}f_i^{\mathrm{eq}}(\boldsymbol{r}, t) + O(\delta t^2)$$

$$= \left(1 - \frac{1}{\tau}\right)f_i(\boldsymbol{r}, t) + \frac{1}{\tau}f_i^{\mathrm{eq}}(\boldsymbol{r}, t) + O(\delta t^2) \tag{4.20}$$

其中 $\tau = \dfrac{\tau_0}{\delta t}$ 为无量纲的松弛时间。这正是标准的 **LBGK 方程**，但它在时间上仅为一阶精度。

为了提高精度，计算方程 (4.18) 中的积分时可以采用梯形公式 $\left(\int_t^{t+\delta t} g(t')\mathrm{d}t' \approx [g(t) + g(t+\delta t)]\dfrac{\delta t}{2}\right)$，得到

$$f_i(\boldsymbol{r} + \boldsymbol{e}_i\delta t, t + \delta t) = \mathrm{e}^{-\delta t/\tau_0} f_i(\boldsymbol{r}, t)$$
$$+ \mathrm{e}^{-\delta t/\tau_0}\frac{\delta t}{2\tau_0}\left[\mathrm{e}^{\delta t/\tau_0} f_i^{\mathrm{eq}}(\boldsymbol{r} + \boldsymbol{e}_i\delta t, t + \delta t) + f_i^{\mathrm{eq}}(\boldsymbol{r}, t)\right] \tag{4.21}$$

同样把上式中的指数项展开并保留到 δt 的二阶，得

$$f_i(\boldsymbol{r} + \boldsymbol{e}_i\delta t, t + \delta t) = \left(1 - \frac{\delta t}{\tau_0} + \frac{\delta t^2}{2\tau_0^2}\right)f_i(\boldsymbol{r}, t) + O(\delta t^3)$$

$$+ \left(1 - \frac{\delta t}{\tau_0}\right)\frac{\delta t}{2\tau_0}\left[\left(1 + \frac{\delta t}{\tau_0}\right)f_i^{\mathrm{eq}}(\boldsymbol{r} + \boldsymbol{e}_i\delta t, t + \delta t) + f_i^{\mathrm{eq}}(\boldsymbol{r}, t)\right]$$

$$= \left(1 - \frac{\delta t}{\tau_0} + \frac{\delta t^2}{2\tau_0^2}\right) f_i(\boldsymbol{r},t) + O\left(\delta t^3\right)$$

$$+ \frac{\delta t}{2\tau_0} \left[f_i^{\mathrm{eq}}\left(\boldsymbol{r} + \boldsymbol{e}_i\delta t, t + \delta t\right) + \left(1 - \frac{\delta t}{\tau_0}\right) f_i^{\mathrm{eq}}(\boldsymbol{r},t)\right] \tag{4.22}$$

注意到上式比较复杂, 等号右边含有 $t + \delta t$ 时刻的量, 是隐式的。我们想要将其化简为像式 (4.20) 那样的简单形式, 因此, 定义一个新的变量

$$\bar{f}_i = f_i - \frac{\Omega_i \delta t}{2} = f_i + \frac{(f_i - f_i^{\mathrm{eq}})\delta t}{2\tau_0} \tag{4.23}$$

因为 BGK 碰撞算子 Ω_i 满足质量守恒和动量守恒 (式 (4.1)), 所以 f_i 和宏观量之间的关系同样适用于 $\bar{f}_i$, 即

$$\sum_i \bar{f}_i = \sum_i f_i - \sum_i \frac{\Omega_i \delta t}{2} = \sum_i f_i = \rho$$
$$\sum_i \bar{f}_i \boldsymbol{e}_i = \sum_i f_i \boldsymbol{e}_i - \sum_i \frac{\Omega_i \boldsymbol{e}_i \delta t}{2} = \sum_i f_i \boldsymbol{e}_i = \rho \boldsymbol{u} \tag{4.24}$$

经过式 (4.23) 的变换, 式 (4.22) 变为

$$\bar{f}_i(\boldsymbol{r} + \boldsymbol{e}\delta t, t + \delta t) = \bar{f}_i(\boldsymbol{r},t) - \delta t \frac{\bar{f}_i(\boldsymbol{r},t) - f_i^{\mathrm{eq}}(\boldsymbol{r},t)}{\bar{\tau}_0} + O\left(\delta t^3\right)$$
$$= \left(1 - \frac{1}{\bar{\tau}}\right) \bar{f}_i(\boldsymbol{r},t) + \frac{1}{\bar{\tau}} f_i^{\mathrm{eq}}(\boldsymbol{r},t) + O\left(\delta t^3\right) \tag{4.25}$$

其中, $\bar{\tau}_0 = \tau_0 + \dfrac{\delta t}{2}$ 为修正的松弛时间, $\bar{\tau} = \dfrac{\bar{\tau}_0}{\delta t}$ 为无量纲的修正松弛时间。这就是具有**二阶精度的 LBGK 方程**。

除了用上述方法, 还可以采用如下更简便的方法来推导格子 Boltzmann 方程。根据特征线方程 $\left(\dfrac{\mathrm{d}\boldsymbol{r}}{\mathrm{d}t} = \boldsymbol{e}_i\right)$, 时间上增加 δt 时, 空间上的增量为 $\boldsymbol{e}_i\delta t$。因此, 直接对方程 (4.11) 左边沿着特征线进行数值积分, 得

$$f_i\left(\boldsymbol{r} + \boldsymbol{e}_i\delta t, t + \delta t\right) - f_i(\boldsymbol{r},t) = -\int_0^{\delta t} \frac{1}{\tau_0} \left[f_i(\boldsymbol{r},t) - f_i^{\mathrm{eq}}(\boldsymbol{r},t)\right] \tag{4.26}$$

注意到, 上式右边若使用的是矩形积分公式, 则可得 $\dfrac{\delta t}{\tau_0} \left[f_i(\boldsymbol{r},t) - f_i^{\mathrm{eq}}(\boldsymbol{r},t)\right]$。移项, 可得

$$f_i\left(\boldsymbol{r} + \boldsymbol{e}_i\delta t, t + \delta t\right) = \left(1 - \frac{\delta t}{\tau_0}\right) f_i(\boldsymbol{r},t) + \frac{\delta t}{\tau_0} f_i^{\mathrm{eq}}(\boldsymbol{r},t)$$
$$= \left(1 - \frac{1}{\tau}\right) f_i(\boldsymbol{r},t) + \frac{1}{\tau} f_i^{\mathrm{eq}}(\boldsymbol{r},t) \tag{4.27}$$

这与式 (4.20) 完全相同。

若对方程 (4.26) 右边进行积分时采用梯形公式, 这里我们还假设方程右边存在外力项 F_i, 可得

$$f_i\left(\boldsymbol{r} + \boldsymbol{e}_i\delta t, t + \delta t\right) - f_i(\boldsymbol{r},t) = -\frac{\delta t}{2\tau_0} \left[f_i\left(\boldsymbol{r} + \boldsymbol{e}_i\delta t, t + \delta t\right) - f_i^{\mathrm{eq}}\left(\boldsymbol{r} + \boldsymbol{e}_i\delta t, t + \delta t\right)\right]$$

$$-\frac{\delta t}{2\tau_0}\left[f_i(\boldsymbol{r},t)-f_i^{\mathrm{eq}}(\boldsymbol{r},t)\right]$$

$$+\frac{\delta t}{2}\left[F_i(\boldsymbol{r}+\boldsymbol{e}_i\delta t,t+\delta t)+F_i(\boldsymbol{r},t)\right] \tag{4.28}$$

为了将上式化简, 与式 (4.23) 类似, 定义的变量

$$\bar{f}_i=f_i-\frac{\Omega_i\delta t}{2}-\frac{\delta t}{2}F_i=f_i+\frac{(f_i-f_i^{\mathrm{eq}})\delta t}{2\tau_0}-\frac{\delta t}{2}F_i \tag{4.29}$$

这样式 (4.28) 变为

$$\bar{f}_i(\boldsymbol{r}+\boldsymbol{e}_i\delta t,t+\delta t)-\bar{f}_i(\boldsymbol{r},t)=-\frac{\delta t}{\tau_0+\delta t/2}\left[\bar{f}_i(\boldsymbol{r},t)-f_i^{\mathrm{eq}}(\boldsymbol{r},t)\right]+\frac{\tau_0 F_i\delta t}{\tau_0+\delta t/2}$$

$$=-\frac{1}{\tau+1/2}\left[\bar{f}_i(\boldsymbol{r},t)-f_i^{\mathrm{eq}}(\boldsymbol{r},t)\right]+\frac{\tau F_i\delta t}{\tau+1/2} \tag{4.30}$$

上式中令 $\bar{\tau}=\tau+\dfrac{1}{2}$, 可得

$$\bar{f}_i(\boldsymbol{r}+\boldsymbol{e}_i\delta t,t+\delta t)=\bar{f}_i(\boldsymbol{r},t)-\frac{1}{\bar{\tau}}\left[\bar{f}_i(\boldsymbol{r},t)-f_i^{\mathrm{eq}}(\boldsymbol{r},t)\right]+\left(1-\frac{1}{2\bar{\tau}}\right)F_i\delta t \tag{4.31}$$

注意到, 如果外力 $F_i=0$, 则可得到与方程 (4.25) 相同的形式。

4.3 格子 Boltzmann 方程的模型: DnQm 模型

在上一节中我们推导出了格子 Boltzmann 方程, 即 LBGK 方程, 其中用到了离散速度, 把在相空间中连续的速度离散到有限的几个方向。离散速度的设置不是唯一的, 但是要满足物理上的守恒律, 且个数不宜太多, 以免增加计算成本。最具有代表性、应用最广泛的模型是 Qian 等提出的 DnQm 模型, 其中 n 是空间维数, m 是离散速度数, 比如 D2Q9 就代表在二维空间中、9 个离散速度的模型。在这一系列模型中, 平衡态分布函数可以统一表示为

$$f_i^{\mathrm{eq}}=\rho\omega_i\left[1+\frac{\boldsymbol{e}_i\cdot\boldsymbol{u}}{c_{\mathrm{s}}^2}+\frac{(\boldsymbol{e}_i\cdot\boldsymbol{u})^2}{2c_{\mathrm{s}}^4}-\frac{\boldsymbol{u}^2}{2c_{\mathrm{s}}^2}\right] \tag{4.32}$$

其中 $c_{\mathrm{s}}=\sqrt{RT}$ 为格子声速, ω_i 为权系数。令 $c=\dfrac{\delta h}{\delta t}$, 其中 $\delta h=\delta x=\delta y$ 为空间网格步长, δt 为时间步长。

常用的 DnQm 模型参数总结如下, 在图 4.1中给出了一些模型的示意图:

D1Q3:

$$\boldsymbol{e}=c[0,1,-1],\quad c_{\mathrm{s}}=\frac{c}{\sqrt{3}},\quad \omega_i=\begin{cases}2/3,&e_i^2=0\\1/6,&e_i^2=c^2\end{cases}$$

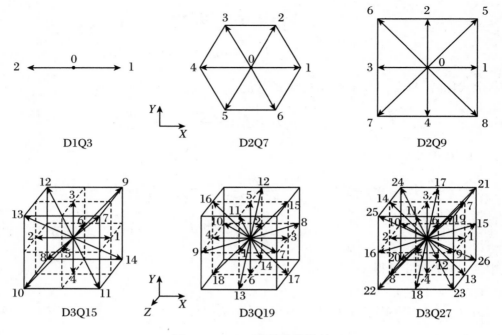

图 4.1 DnQm 离散速度模型

D1Q5:

$$\boldsymbol{e} = c[0, 1, -1, 2, -2], \quad c_\mathrm{s} = c, \quad \omega_i = \begin{cases} 1/2, & e_i^2 = 0 \\ 1/6, & e_i^2 = c^2 \\ 1/12, & e_i^2 = 4c^2 \end{cases}$$

D2Q7:

$$\boldsymbol{e}_0 = \boldsymbol{0}, \quad \boldsymbol{e}_i = c\left(\cos\theta_i, \sin\theta_i\right)^\mathrm{T}, \quad \theta_i = (i-1)\pi/3, \quad i = 1, 2, \cdots, 6$$

$$c_\mathrm{s} = \frac{c}{2}, \quad \omega_i = \begin{cases} 2/3, & e_i^2 = 0 \\ 1/12, & e_i^2 = c^2 \end{cases}$$

D2Q9:

$$\boldsymbol{e} = c\begin{bmatrix} 0 & 1 & 0 & -1 & 0 & 1 & -1 & -1 & 1 \\ 0 & 0 & 1 & 0 & -1 & 1 & 1 & -1 & -1 \end{bmatrix}$$

$$c_\mathrm{s} = \frac{c}{\sqrt{3}}, \quad \omega_i = \begin{cases} 4/9, & e_i^2 = 0 \\ 1/9, & e_i^2 = c^2 \\ 1/36, & e_i^2 = 2c^2 \end{cases}$$

D3Q15:

$$\boldsymbol{e} = c\begin{bmatrix} 0 & 1 & -1 & 0 & 0 & 0 & 0 & 1 & -1 & 1 & -1 & 1 & -1 & -1 & 1 \\ 0 & 0 & 0 & 1 & -1 & 0 & 0 & 1 & -1 & 1 & -1 & -1 & 1 & 1 & -1 \\ 0 & 0 & 0 & 0 & 0 & 1 & -1 & 1 & -1 & -1 & 1 & 1 & -1 & 1 & -1 \end{bmatrix}$$

$$c_{\mathrm{s}} = \frac{c}{\sqrt{3}}, \quad \omega_i = \begin{cases} 2/9, & e_i^2 = 0 \\ 1/9, & e_i^2 = c^2 \\ 1/72, & e_i^2 = 3c^2 \end{cases}$$

通过图 4.1可以直观地看到该模型的离散速度矢量起始点在正方体体心, 终点在体心 (1 个)、面心 (6 个)、顶点 (8 个), 共 15 个分量。

D3Q19:

如图 4.1 所示, 离散速度矢量的起始点在正方体体心, 终点在体心 (1 个)、面心 (6 个)、棱中心 (12 个), 共 19 个分量。

$$c_{\mathrm{s}} = \frac{c}{\sqrt{3}}, \quad \omega_i = \begin{cases} 1/3, & e_i^2 = 0 \\ 1/18, & e_i^2 = c^2 \\ 1/36, & e_i^2 = 2c^2 \end{cases}$$

D3Q27:

如图 4.1 所示, 离散速度矢量的起始点在正方体体心, 终点在体心 (1 个)、面心 (6 个)、顶点 (8 个)、棱中心 (12 个), 共 27 个分量。

$$c_{\mathrm{s}} = \frac{c}{\sqrt{3}}, \quad \omega_i = \begin{cases} 8/27, & e_i^2 = 0 \\ 2/27, & e_i^2 = c^2 \\ 1/54, & e_i^2 = 2c^2 \\ 1/216, & e_i^2 = 3c^2 \end{cases}$$

我们在附录 E 中举了一个具体的例子, 就是从数学上严格地推导 D2Q7 离散速度模型 (He et al., 1997c)。感兴趣的读者可以翻看本书的附录。

4.4 离散 Boltzmann 方程到流体力学方程组

前面我们已经证明, 连续 Boltzmann 方程与流体力学方程组是一致的, 下面我们接着讨论离散的 Boltzmann 方程 (LBGK 方程) 与流体力学方程组的关系。

利用离散分布函数 f_i, 我们同样可以恢复宏观变量

$$\begin{aligned} \rho &= \sum_i f_i \\ \rho \boldsymbol{u} &= \sum_i f_i \boldsymbol{e}_i \\ p &= c_{\mathrm{s}}^2 \rho \end{aligned} \tag{4.33}$$

定义克罗内克符号

$$\delta_{\alpha\beta} = \begin{cases} 1, & \alpha = \beta \\ 0, & \alpha \neq \beta \end{cases}$$

其中, α, β 为空间坐标方向, 在三维空间中可以取 x, y, z。

声速和权系数有如下关系:

$$c_{\mathrm{s}}^2 \delta_{\alpha\beta} = \sum_i \omega_i e_{i\alpha} e_{i\beta} \tag{4.34}$$

对于 D2Q9 模型, 当 $\alpha = \beta$ 时

$$\begin{aligned} c_{\mathrm{s}}^2 \delta_{\alpha\beta} = c_{\mathrm{s}}^2 &= \sum_{i=0}^8 \omega_i e_{ix} e_{ix} \\ &= 0 + \frac{1}{9}c^2 + 0 + \frac{1}{9}c^2 + 0 \\ &\quad + \frac{1}{36}c^2 + \frac{1}{36}c^2 + \frac{1}{36}c^2 + \frac{1}{36}c^2 = \frac{1}{3}c^2 \end{aligned} \tag{4.35}$$

当 $\alpha \neq \beta$ 时

$$\begin{aligned} c_{\mathrm{s}}^2 \delta_{\alpha\beta} &= \sum_{i=0}^8 \omega_i e_{ix} e_{iy} \\ &= 0 + \frac{1}{9}c \times 0 + \frac{1}{9} \times 0 \times c + \frac{1}{9}(-c) \times 0 + \frac{1}{9} \times 0 \times (-c) \\ &\quad + \frac{1}{36}c^2 - \frac{1}{36}c^2 + \frac{1}{36}c^2 - \frac{1}{36}c^2 = 0 \end{aligned} \tag{4.36}$$

D2Q9 模型的一至四阶格子张量为

$$\sum_{i=0}^8 e_{i\alpha} = 0 \tag{4.37}$$

$$\sum_{i=1}^8 e_{i\alpha} e_{i\beta} = 6c^2 \delta_{\alpha\beta} \tag{4.38}$$

$$\sum_{i=0}^8 e_{i\alpha} e_{i\beta} e_{i\gamma} = 0 \tag{4.39}$$

$$\sum_{i=1}^8 e_{i\alpha} e_{i\beta} e_{i\gamma} e_{i\delta} = 4c^4 (\delta_{\alpha\beta} \delta_{\gamma\delta} + \delta_{\alpha\gamma} \delta_{\beta\delta} + \delta_{\alpha\delta} \delta_{\beta\gamma}) - 6c^4 \delta_{\alpha\beta\gamma\delta} \tag{4.40}$$

可以注意到奇数阶的格子张量总是为零, 这是速度模型的对称性导致的, 进一步可以认为是物理上流体介质的旋转各向同性导致的。利用上述结果, 可以进一步求得在 D2Q9 模型中

$$G_\alpha = \sum_{i=0}^8 \omega_i e_{i\alpha} = 0 \tag{4.41}$$

$$G_{\alpha\beta} = \sum_{i=0}^{8} \omega_i e_{i\alpha} e_{i\beta} = \frac{1}{9} \sum_{i=1}^{4} e_{i\alpha} e_{i\beta} + \frac{1}{36} \sum_{i=5}^{8} e_{i\alpha} e_{i\beta} = c_{\rm s}^2 \delta_{\alpha\beta} \tag{4.42}$$

$$G_{\alpha\beta\gamma} = \sum_{i=0}^{8} \omega_i e_{i\alpha} e_{i\beta} e_{i\gamma} = 0 \tag{4.43}$$

$$G_{\alpha\beta\gamma\delta} = \sum_{i=0}^{8} \omega_i e_{i\alpha} e_{i\beta} e_{i\gamma} e_{i\delta} = \frac{1}{9} \sum_{i=1}^{4} e_{i\alpha} e_{i\beta} e_{i\gamma} e_{i\delta} + \frac{1}{36} \sum_{i=5}^{8} e_{i\alpha} e_{i\beta} e_{i\gamma} e_{i\delta}$$
$$= c_{\rm s}^4 \left(\delta_{\alpha\beta}\delta_{\gamma\delta} + \delta_{\alpha\gamma}\delta_{\beta\delta} + \delta_{\alpha\delta}\delta_{\beta\gamma} \right) \tag{4.44}$$

前面我们已经得到的离散的 Boltzmann 方程, 即 LBGK 方程 (4.20), 可以改写为

$$f_i(\boldsymbol{r} + \boldsymbol{e}_i \delta t, t + \delta t) = f_i(\boldsymbol{x}, t) - \frac{1}{\tau} \left[f_i(\boldsymbol{r}, t) - f_i^{\rm eq}(\boldsymbol{r}, t) \right] \tag{4.45}$$

记全微分 $D_t^n \equiv (\partial_t + e_{i\gamma}\, \partial_\gamma)^n$, 则对上式左边项应用多元函数的 Taylor 展开, 得

$$f_i(\boldsymbol{r} + \boldsymbol{e}_i \delta t, t + \delta t) = \sum_{n=0}^{\infty} \frac{1}{n!} \delta t^n D_t^n f_i(\boldsymbol{r}, t) \tag{4.46}$$

将式 (4.46) 代入式 (4.45), 并保留到二阶小量 $O((\delta t)^2)$, 得到

$$\delta t \left(\frac{\partial}{\partial t} + e_{i\alpha} \frac{\partial}{\partial r_\alpha} \right) f_i + \frac{(\delta t)^2}{2} \left(\frac{\partial}{\partial t} + e_{i\alpha} \frac{\partial}{\partial r_\alpha} \right)^2 f_i + O((\delta t)^2) = -\frac{1}{\tau} (f_i - f_i^{\rm eq}) \tag{4.47}$$

下面介绍的 Chapman-Enskog 展开是一种多重尺度展开方法。多重尺度展开方法是联系微观与宏观的一个桥梁。它是数学物理中常用的一种渐近展开方法。多重尺度展开的必要性从物理上可以这样理解: 我们日常生活中观察到的很多现象都是包含多重尺度的。比如空气中传热传质过程, 可能既包括扩散又包括迁移。扩散靠分子之间的碰撞来传递热量, 它是一个较慢的过程; 迁移则通过大尺度的涡来传递热量, 它影响的范围较大且是一个较快的过程。

接下来我们就通过多重尺度展开的方法将介观尺度的格子 Boltzmann 方程和宏观尺度的 N-S 方程联系起来。我们知道 N-S 方程是建立在连续性假设基础上的, 只能适用于特征长度远大于分子尺度的问题, 也就是要求 Knudsen 数 $Kn \ll 1$。Knudsen 数定义为分子间平均自由程和宏观流动特征长度之比

$$Kn = \frac{\lambda}{L} \tag{4.48}$$

因为声速和分子平均速度在同一量级上, 所以 Knudsen 数也可以表示为分子间平均碰撞时间和声速时间尺度的比值, 即

$$Kn = \frac{T_\lambda}{T_L} \tag{4.49}$$

这就是说宏观流动远远慢于介观尺度的迁移和碰撞, 因此我们在时间上进行多尺度分析, 取慢变量 $t_2 = \epsilon t_1$, 则有

$$t = t_1 + t_2 + \cdots \tag{4.50}$$

$$\partial_t = \partial_{t_1} + \epsilon \partial_{t_2} + \cdots \tag{4.51}$$

$$f_i = f_i^{(0)} + \epsilon f_i^{(1)} + \epsilon^2 f_i^{(2)} + \cdots \tag{4.52}$$

零阶近似 $f_i^{(0)}$ 其实就是 f_i^{eq}，因此质量守恒和动量守恒可以表示为

$$\Pi^0 = \sum_{i=0}^{8} f_i^{(0)} = \rho, \quad \Pi_\alpha^0 = \sum_{i=0}^{8} e_{i\alpha} f_i^{(0)} = \rho u_\alpha \tag{4.53}$$

上两式在文献中也经常被称为可解性条件。

利用式 (4.32)、式 (4.43) 和式 (4.44) 可以得到平衡态分布函数的更高阶矩

$$\begin{aligned}
\Pi_{\alpha\beta}^0 &= \sum_{i=0}^{8} f_i^{(0)} e_{i\alpha} e_{i\beta} \\
&= \rho \left[\left(1 - \frac{u^2}{2c_s^2}\right) \sum_{i=0}^{8} \omega_i e_{i\alpha} e_{i\beta} + \frac{u_\gamma u_\delta}{2c_s^4} \sum_{i=0}^{8} \omega_i e_{i\alpha} e_{i\beta} e_{i\gamma} e_{i\delta} \right] \\
&= \rho \left[\left(1 - \frac{u^2}{2c_s^2}\right) c_s^2 \delta_{\alpha\beta} + \frac{u_\gamma u_\delta}{2c_s^4} c_s^4 \left(\delta_{\alpha\beta}\delta_{\gamma\delta} + \delta_{\alpha\gamma}\delta_{\beta\delta} + \delta_{\alpha\delta}\delta_{\beta\gamma}\right) \right] \\
&= \rho \left[c_s^2 \delta_{\alpha\beta} - \frac{u^2}{2}\delta_{\alpha\beta} + \frac{1}{2}\left(u_\gamma u_\gamma \delta_{\alpha\beta} + 2u_\alpha u_\beta\right) \right] \\
&= \rho u_\alpha u_\beta + c_s^2 \rho \delta_{\alpha\beta}
\end{aligned} \tag{4.54}$$

$$\begin{aligned}
\Pi_{\alpha\beta\gamma}^0 &= \sum_{i=0}^{8} f_i^{(0)} e_{i\alpha} e_{i\beta} e_{i\gamma} \\
&= \rho \frac{u_\delta}{c_s^2} \sum_{i=0}^{8} \omega_i e_{i\alpha} e_{i\beta} e_{i\gamma} e_{i\delta} \\
&= \rho \frac{u_\delta}{c_s^2} c_s^4 \left(\delta_{\alpha\beta}\delta_{\gamma\delta} + \delta_{\alpha\gamma}\delta_{\beta\delta} + \delta_{\alpha\delta}\delta_{\beta\gamma}\right) \\
&= \rho c_s^2 u_\delta \left(\delta_{\alpha\beta}\delta_{\gamma\delta} + \delta_{\alpha\gamma}\delta_{\beta\delta} + \delta_{\alpha\delta}\delta_{\beta\gamma}\right)
\end{aligned} \tag{4.55}$$

余下的所有高阶量 $\sum_{m=1}^{\infty} f_i^{(m)} = 0$ 则共同组成了 f_i^{neq}，我们不妨假设各个高阶近似的零阶矩和一阶矩分别等于零，即

$$\sum_{i=0}^{8} f_i^{(m)} = 0, \quad \sum_{i=0}^{8} e_i f_i^{(m)} = 0 \quad (m > 0) \tag{4.56}$$

显然这是一个更强的条件，能够大大简化下面的推导，但它实际上不是必需的。

令 $\epsilon = \delta t$，将式 (4.51) 和式 (4.52) 代入式 (4.47)，得到

$$\begin{aligned}
&\epsilon \left(\partial_{t_1} + \epsilon \partial_{t_2} + e_{i\alpha} \partial_\alpha\right) \left(f_i^{(0)} + \epsilon f_i^{(1)} + \epsilon^2 f_i^{(2)}\right) + \frac{\epsilon^2}{2} \left(\partial_{t_1} + \epsilon \partial_{t_2} + e_{i\alpha} \partial_\alpha\right)^2 \left(f_i^{(0)} + \epsilon f_i^{(1)}\right) \\
&= -\frac{1}{\tau}\left(f_i^{(0)} + \epsilon f_i^{(1)} + \epsilon^2 f_i^{(2)} - f_i^{\mathrm{eq}}\right)
\end{aligned} \tag{4.57}$$

保留至二阶小量 $O(\epsilon^2)$，令 ϵ 的各阶系数为零，得到

$$O(\epsilon^0): \quad (f_i^{(0)} - f_i^{\mathrm{eq}})/\tau = 0 \tag{4.58}$$

$$O(\epsilon^1): \quad (\partial_{t_1} + e_{i\alpha}\, \partial_\alpha) f_i^{(0)} + \frac{1}{\tau} f_i^{(1)} = 0 \tag{4.59}$$

$$O(\epsilon^2): \quad \partial_{t_2} f_i^{(0)} + \left(1 - \frac{1}{2\tau}\right)(\partial_{t_1} + e_{i\alpha}\, \partial_\alpha) f_i^{(1)} + \frac{1}{\tau} f_i^{(2)} = 0 \tag{4.60}$$

将式 (4.59) 对于 i 求和, 得到

$$\partial_{t_1}\rho + \partial_\beta\,(\rho u_\beta) = 0 \tag{4.61}$$

将式 (4.60) 对于 i 求和, 得到

$$\partial_{t_2}\rho = 0 \tag{4.62}$$

将式 (4.62) 乘 ϵ 再和式 (4.61) 相加, 得到连续性方程

$$\partial_t\rho + \partial_\beta\,(\rho u_\beta) = 0 \tag{4.63}$$

将式 (4.59) 乘 $e_{i\alpha}$ 并对于 i 求和, 得到

$$\partial_{t_1}\rho u_\alpha + \partial_\beta \Pi_{\alpha\beta}^0 = 0 \tag{4.64}$$

式 (4.55) 已经给出了零阶动量通量张量 $\Pi_{\alpha\beta}^0$ 的值, 式 (4.64) 变成

$$\partial_{t_1}\rho u_\alpha + \partial_\beta\,(\rho c_{\rm s}^2 \delta_{\alpha\beta} + \rho u_\beta u_\alpha) = 0 \tag{4.65}$$

将式 (4.60) 乘 $e_{i\alpha}$ 并对 i 求和, 得到

$$\partial_{t_2}\rho u_\alpha + \left(1 - \frac{1}{2\tau}\right)\partial_\beta \Pi_{\alpha\beta}^{(1)} = 0 \tag{4.66}$$

$\Pi_{\alpha\beta}^{(1)}$ 是一阶动量通量张量。结合式 (4.55) 和式 (4.59), 可知

$$
\begin{aligned}
\Pi_{\alpha\beta}^{(1)} &= \sum_i e_{i\alpha} e_{i\beta} f_i^{(1)} = -\tau \sum_i e_{i\alpha} e_{i\beta} D_{t_1} f_i^{(0)} \\
&= -\tau \left[\partial_{t_1} \Pi_{\alpha\beta}^{(0)} + \partial_\gamma \left(\sum_i e_{i\alpha} e_{i\beta} e_{i\gamma} f_i^{(0)} \right) \right] \\
&= -\tau \left[\partial_{t_1} \Pi_{\alpha\beta}^{(0)} + c_{\rm s}^2 \left(\delta_{\alpha\beta}\, \partial_\gamma \rho u_\gamma + \partial_\beta \rho u_\alpha + \partial_\alpha \rho u_\beta \right) \right]
\end{aligned} \tag{4.67}
$$

式 (4.67) 方括号中的第一项, 利用式 (4.55)、式 (4.61) 和式 (4.65), 可以写为

$$
\begin{aligned}
\partial_{t_1} \Pi_{\alpha\beta}^{(0)} &= c_{\rm s}^2 \delta_{\alpha\beta}\, \partial_t \rho + u_\alpha\, \partial_t\,(\rho u_\beta) + u_\beta\, \partial_t\,(\rho u_\alpha) - u_\alpha u_\beta\, \partial_t \rho \\
&= c_{\rm s}^2 \delta_{\alpha\beta}\, \partial_t \rho - u_\alpha \left[c_{\rm s}^2\, \partial_\beta \rho + \partial_\gamma\,(\rho u_\beta u_\gamma) \right] \\
&\quad - u_\beta \left[c_{\rm s}^2\, \partial_\alpha \rho + \partial_\gamma\,(\rho u_\alpha u_\gamma) \right] - u_\alpha u_\beta\, \partial_t \rho \\
&= c_{\rm s}^2 \delta_{\alpha\beta}\,(-\partial_\gamma \rho u_\gamma) - c_{\rm s}^2\,(u_\alpha\, \partial_\beta \rho + u_\beta\, \partial_\alpha \rho) + O\,(u^3)
\end{aligned} \tag{4.68}
$$

忽略高阶小量 $O(u^3)$, 式 (4.67) 方括号中的第二项可以写成

$$c_{\rm s}^2\,(\delta_{\alpha\beta}\, \partial_\gamma \rho u_\gamma + \partial_\beta \rho u_\alpha + \partial_\alpha \rho u_\beta)$$

$$= c_{\rm s}^2 \delta_{\alpha\beta} \left(\partial_\gamma \rho u_\gamma \right) + c_{\rm s}^2 \left(u_\alpha \partial_\beta \rho + u_\beta \partial_\alpha \rho \right) + \rho c_{\rm s}^2 \left(\partial_\beta u_\alpha + \partial_\alpha u_\beta \right) \tag{4.69}$$

将式 (4.67)、式 (4.68) 和式 (4.69) 代入式 (4.66), 得到

$$\partial_{t_2} \rho u_\alpha - \tau \left(1 - \frac{1}{2\tau} \right) \partial_\beta \left[\rho c_{\rm s}^2 \left(\partial_\beta u_\alpha + \partial_\alpha u_\beta \right) \right] = 0 \tag{4.70}$$

将式 (4.70) 乘 ϵ 再和式 (4.65) 相加, 如果我们取运动黏度 $\nu = c_{\rm s}^2 (\tau - 0.5) \delta t$ 的话, 就可得到动量方程

$$\partial_t \rho u_\alpha + \partial_\beta \left(\rho u_\beta u_\alpha \right) + \partial_\alpha p - \nu \partial_\beta \left[\rho \left(\partial_\alpha u_\beta + \partial_\beta u_\alpha \right) \right] = 0 \tag{4.71}$$

在 Mach 数 (Ma) 很小的情况下, 密度可视作常数, 式 (4.63) 和式 (4.71) 就是不可压缩 N-S 方程。Chapman-Enskog 展开证明了只需要选取合适的松弛时间 τ, 离散 Boltzmann 方程的解应当与 N-S 方程是一致的。需要注意的一点是, 在格子 Boltzmann 方法中压力与密度是成正比的 ($p = \rho c_{\rm s}^2$), 如果把流动当成完全不可压缩的, 即 $\rho = \rho_0$, 则会导致压力为常数, 这显然是不对的。实际上, 我们把除压力项之外的其他项中的密度当作常数, 当然 Ma 要较小。因此可以说, 格子 Boltzmann 方法其实就是一种人工可压缩方法。还应注意到我们这里的碰撞算子只是选用了很简单粗糙的 BGK 模型, 因此 Chapman-Enskog 展开也保证了 BGK 模型的可用性, 这是令人十分振奋的。当然, 如果我们选择别的速度模型或者别的碰撞算子模型, 只要抓住了多尺度分析的核心, Chapman-Enskog 展开就都应当是成立的。

4.5 LBM 中的外力

前面我们推导格子 Boltzmann 方程 (4.20), 即 LBGK 方程时没有考虑外力项, 但是一般来说, 系统会受到外部作用力, 比如重力、非惯性系中的惯性力等。下面我们来介绍如何在格子 Boltzmann 方程中施加外力。

外力的存在会使 LBGK 方程 (4.20) 右边增加一个与外力有关的源项 S_i, 得到

$$f_i(\boldsymbol{r} + \boldsymbol{e}_i \delta t, t + \delta t) = f_i(\boldsymbol{r}, t) - \frac{1}{\tau} \left[f_i(\boldsymbol{r}, t) - f_i^{\rm eq}(\boldsymbol{r}, t) \right] + S_i(\boldsymbol{r}, t) \tag{4.72}$$

最常用的外力源项表达式为

$$S_i = \omega_i \frac{e_{i\alpha} F_\alpha \delta t}{c_{\rm s}^2} \tag{4.73}$$

可以验证上式中 S_i 满足

$$\sum_i S_i = 0, \quad \sum_i e_{i\beta} S_i = F_\beta \tag{4.74}$$

由于以上关系式, 考察 Chapman-Enskog 展开, 可以知道 S_i 能够顺利恢复到宏观 N-S 方程中的体积力项而不会对质量守恒造成影响。

在 LBE 中加入正确的体积力源项的方法由 He 等 (1998) 提出。下面的 Boltzmann 方程中左边

$$\frac{\partial f}{\partial t} + \boldsymbol{\xi} \cdot \nabla f + \boldsymbol{F} \cdot \nabla_{\boldsymbol{\xi}} f = -\frac{f - f^{\text{eq}}}{\tau} \tag{4.75}$$

与体积力相关项是 $\boldsymbol{F} \cdot \nabla_{\boldsymbol{\xi}} f$, 其中涉及 f 对速度的梯度, 这无法直接计算, 因为 f 对微观速度的依赖性未知。考虑到平衡态分布函数 f^{eq} 是 f 的主要部分并且 f^{eq} 的梯度贡献了 f 梯度的主要部分。我们已经知道平衡态分布函数为

$$f^{\text{eq}} = \frac{\rho}{(2\pi RT)^{D/2}} \exp\left[-\frac{(\boldsymbol{\xi} - \boldsymbol{u})^2}{2RT}\right] \tag{4.76}$$

对其求梯度得（注：一个函数 $f = \mathrm{e}^{-x^2/a}$ 对 x 求导是 $f' = \dfrac{-2x}{a}\mathrm{e}^{-x^2/a} = \dfrac{-2x}{a}f$）

$$\nabla_{\boldsymbol{\xi}} f \approx \nabla_{\boldsymbol{\xi}} f^{\text{eq}} = -\frac{\boldsymbol{\xi} - \boldsymbol{u}}{RT} f^{\text{eq}} \tag{4.77}$$

因此

$$\boldsymbol{F} \cdot \nabla_{\boldsymbol{\xi}} f \approx -\boldsymbol{F} \cdot \frac{\boldsymbol{\xi} - \boldsymbol{u}}{c_{\text{s}}^2} f^{\text{eq}} \tag{4.78}$$

其中 $c_{\text{s}} = \sqrt{RT}$。考虑到 Boltzmann 方程离散效应, 体积力源项应该是

$$S_i = \left(1 - \frac{1}{2\tau}\right) \frac{1}{\rho c_{\text{s}}^2} F_\gamma \delta t (e_{i\gamma} - u_\gamma) f_i^{\text{eq}} \tag{4.79}$$

速度可以如下计算:

$$u_\alpha = \frac{1}{\rho} \sum_i f_i e_{i\alpha} + \frac{F_\alpha \delta t}{2\rho} \tag{4.80}$$

在接下来的小节中, 我们简要回顾和分析 5 种外力项方案。

4.5.1　外力项方案

文献中已经提出了许多外力项方案。下面回顾分析 5 种外力项方案, 即文献 (Shan et al., 1993)、(Luo, 1998)、(He et al., 1998)、(Ladd et al., 2001) 与 (Guo et al., 2002c)、(Kupershtokh et al., 2009) 给出的方案, 它们分别被标记为方案 I ～ V 。

1. 方案 I

该方案由 Shan 等 (1993) 提出。在后面的 Shan-Chen 两相流模型 (8.2.1小节) 中还会提到。Shan 等 (1993) 认为经过碰撞步骤，流体粒子的动量计算为

$$\rho u_\alpha = \sum_i f_i e_{i\alpha} \tag{4.81}$$

假设动量 $F\tau$ 来自外力作用，流体粒子的动量经过一段时间 $\delta t = \tau$ 将达到新的平衡态。根据牛顿运动定律，"平衡"速度 u^{eq} 的分量根据以下公式计算：

$$u_\alpha^{\text{eq}} = u_\alpha + \frac{F_\alpha \tau}{\rho} \tag{4.82}$$

这里注意密度等于单位体积的质量。SC 模型中，须将该速度代入 f_i^{eq} 公式中计算 f_i^{eq}，这样就完成了外力融入 LBE 的计算中。然而，在该模型中流体的实际速度不是由 $\boldsymbol{u}^{\text{eq}}$ 定义的，而是由 $\boldsymbol{u}^*$ 定义的，根据文献 (Shan et al., 1995)，它可以如下计算：

$$u_\alpha^* = u_\alpha + \frac{F_\alpha \delta t}{2\rho} \tag{4.83}$$

再次强调，f_i^{eq} 计算公式中使用的是"平衡"速度 u_α^{eq} 而不是"物理"速度 u_α^*。

2. 方案 II

Luo(1998) 描述了另一个加入外力项的方法。

$$S_i = \omega_i \left[\frac{1}{c_{\text{s}}^2}(e_{i\gamma} - u_\gamma) + \frac{1}{c_{\text{s}}^4} e_{i\alpha} u_\alpha e_{i\gamma} \right] F_\gamma \tag{4.84}$$

这里的速度就是 f_i 的一阶矩。

我们还注意到文献 (Junk et al., 2005) 引入加权的外力项。在其策略中，$S_i = \lambda S_i(\boldsymbol{x}, t) + (1 - \lambda)S_i(\boldsymbol{x} + \boldsymbol{e}_i \delta t, t + \delta t)$。但是，如何为特定的流动问题选择 λ 在文献 (Junk, 2005) 中没有明确说明。在实际测试中，通常采用 $\lambda = 1$(Junk et al., 2005)。如果 $\lambda = 1$，则与方案 II 相同。在这里，我们不打算讨论 Junk 等 (2005) 的策略以及参数 λ 的影响，因为 λ 的选择似乎是任意的。

3. 方案 III

上面提到的 He 等 (1998) 的方案思路很简单。在 Boltzmann 方程的左侧，有一个外力项 $\boldsymbol{F} \cdot \nabla_{\boldsymbol{\xi}} f$。假设 f^{eq} 是 f 的主要部分，f 的梯度也主要由 f^{eq} 的梯度来贡献。然后我们发现 (He et al., 1998) $\boldsymbol{F} \cdot \nabla_{\boldsymbol{\xi}} f \approx \boldsymbol{F} \cdot \nabla_{\boldsymbol{\xi}} f^{\text{eq}} = -\boldsymbol{F} \cdot \dfrac{\boldsymbol{\xi} - \boldsymbol{u}}{c_{\text{s}}^2} f^{\text{eq}}$。注意这里 $\boldsymbol{\xi} = (\xi_x, \xi_y, \xi_z)$。

考虑到离散效应，相应的外力项公式是 (He et al., 1998)

$$S_i = \left(1 - \frac{1}{2\tau}\right) \frac{1}{\rho c_{\text{s}}^2} F_\gamma (e_{i\gamma} - u_\gamma) f_i^{\text{eq}} \tag{4.85}$$

并且速度应该如下计算：

$$u_\alpha = \sum_i f_i e_{i\alpha} + \frac{F_\alpha \delta t}{2\rho} \tag{4.86}$$

4. 方案IV

Ladd 等 (2001) 提出外力项应该像平衡态分布函数那样展开成速度的级数：

$$S_i = \omega_i \left[A + B_\gamma \frac{1}{c_s^2}(e_{i\gamma}) + C_{\alpha\gamma}\frac{1}{2c_s^4}(e_{i\alpha}e_{i\gamma} - c_s^2\delta_{\alpha\gamma}) \right] \tag{4.87}$$

并且速度应该定义成 $u_\alpha = \sum_i f_i e_{i\alpha} + \frac{F_\alpha \delta t}{2\rho}$。其中系数 $A, B_\gamma,\ C_{\alpha\gamma}$ 可以通过 Chapman-Enskog 展开来确定。

通过一个详细的从 LBE 到 N-S 方程的推导，文献 (Guo et al., 2002c) 表明正确的外力项公式应该是

$$S_i = \left(1 - \frac{1}{2\tau}\right) w_i \left[\frac{1}{c_s^2}(e_{i\gamma} - u_\gamma) + \frac{1}{c_s^4}e_{i\alpha}u_\alpha e_{i\gamma}\right] F_\gamma \tag{4.88}$$

5. 方案V

Kupershtokh 等 (2009) 提出 "精确差分方法 (exact difference method)"，认为外力项应该写作

$$S_i = f_i^{\text{eq}}(\rho, \boldsymbol{u}^{\text{eq}} + \delta\boldsymbol{u}) - f_i^{\text{eq}}(\rho, \boldsymbol{u}^{\text{eq}}) \tag{4.89}$$

其中

$$\delta\boldsymbol{u} = \frac{\boldsymbol{F}\delta t}{\rho} \tag{4.90}$$

该方案中，真实流体速度 $u_\alpha^* = \sum_i f_i e_{i\alpha} + \frac{F_\alpha \delta t}{2\rho}$ 与平衡速度 $u_\alpha^{\text{eq}} = \sum_i f_i e_{i\alpha}$ 并不相同 (Kupershtokh et al., 2009)。

4.5.2　5 种方案的评述

从上面的介绍中，我们可以看出，有 3 个参数可能会因外力的存在而改变，即平衡速度、物理速度和 LBE 中的外力项。表 4.1中显示了 5 种方案的概述。在方案 II、III 和IV中，真实流体速度和平衡速度相同，但对于方案 I 和V，速度略有不同。方案 I 是 LBE 中唯一不需要显式外力项的方案。

我们在下面展示方案 I 、II 和V是相同的，方案III和IV是几乎相同的，仅有很小差别。因此，前 3 种方案和后两种方案分别分为两组，A 组和 B 组。

表 4.1　各种外力项方案的概括

方案	平衡速度 u_α^{eq}	物理速度 u_α^*	需显式外力项 S_i？	分类
I	$\sum_i f_i e_{i\alpha} + \dfrac{\tau F_\alpha}{\rho}$	$\sum_i f_i e_{i\alpha} + \dfrac{F_\alpha \delta t}{2\rho}$	否	A
II	$\sum_i f_i e_{i\alpha}$	$\sum_i f_i e_{i\alpha}$	是	A
III	$\sum_i f_i e_{i\alpha} + \dfrac{F_\alpha \delta t}{2\rho}$	$\sum_i f_i e_{i\alpha} + \dfrac{F_\alpha \delta t}{2\rho}$	是	B
IV	$\sum_i f_i e_{i\alpha} + \dfrac{F_\alpha \delta t}{2\rho}$	$\sum_i f_i e_{i\alpha} + \dfrac{F_\alpha \delta t}{2\rho}$	是	B
V	$\sum_i f_i e_{i\alpha}$	$\sum_i f_i e_{i\alpha} + \dfrac{F_\alpha \delta t}{2\rho}$	是	A

4.5.3　5 种方案的分析

首先我们比较方案 I 与方案 II。

在原始的 SC 模型中, 通过定义 $\boldsymbol{u}^{\text{eq}} = \boldsymbol{u} + \dfrac{1}{\rho}\tau\boldsymbol{F} = \dfrac{1}{\rho}(\sum_i f_i e_i + \tau\boldsymbol{F})$ 来融入外力项, 并且在碰撞步骤中, 将 $\boldsymbol{u}^{\text{eq}}$ 代入 f_i^{eq} 中。因此, LBE 可以重写为

$$
\begin{aligned}
f_i(\boldsymbol{x}+\boldsymbol{e}_i\delta t, t+\delta t) &= f_i(\boldsymbol{x},t) - \frac{\delta t}{\tau}[f_i(\boldsymbol{x},t) - f_i^{\text{eq}}(\boldsymbol{u}^{\text{eq}})] \\
&= f_i(\boldsymbol{x},t) - \frac{\delta t}{\tau}[f_i(\boldsymbol{x},t) - f_i^{\text{eq}}(\boldsymbol{u})] + \left\{ \frac{\delta t}{\tau}[f_i^{\text{eq}}(\boldsymbol{u}^{\text{eq}}) - f_i^{\text{eq}}(\boldsymbol{u})] \right\}
\end{aligned}
\tag{4.91}
$$

在上述等式中, 方括号中的项可被视为正常 LBE 中的源项。因此, 在 SC 模型中, 显式源项为

$$
\begin{aligned}
S_i &= \frac{\delta t}{\tau}[f_i^{\text{eq}}(\boldsymbol{u}^{\text{eq}}) - f_i^{\text{eq}}(\boldsymbol{u})] \\
&= \frac{\delta t}{\tau}\left\{ w_i\rho\left[1 + \frac{1}{c_s^2}e_{i\alpha}\left(u_\alpha + \frac{F_\alpha\tau}{\rho}\right) + \frac{1}{2c_s^4}e_{i\alpha}\left(u_\alpha + \frac{F_\alpha\tau}{\rho}\right)e_{i\beta}\left(u_\beta + \frac{F_\beta\tau}{\rho}\right) \right.\right. \\
&\quad \left.\left. - \frac{1}{2c_s^2}\left(u_\alpha + \frac{F_\alpha\tau}{\rho}\right)^2 \right] - w_i\rho\left[1 + \frac{1}{c_s^2}e_{i\alpha}u_\alpha + \frac{1}{2c_s^4}e_{i\alpha}u_\alpha e_{i\beta}u_\beta - \frac{1}{2c_s^2}u_\alpha u_\alpha \right] \right\} \\
&= w_i\left[\frac{1}{c_s^2}(e_{i\alpha} - u_\alpha) + \frac{1}{c_s^4}e_{i\beta}u_\beta e_{i\alpha} \right]F_\alpha\delta t + w_i\rho\frac{\delta t}{\tau}\left[\frac{1}{2c_s^4}e_{i\alpha}e_{i\beta}\frac{F_\alpha F_\beta}{\rho^2}\tau^2 - \frac{1}{2c_s^2}\left(\frac{F_\alpha\tau}{\rho}\right)^2 \right]
\end{aligned}
\tag{4.92}
$$

如果忽略 $O\left(\dfrac{\delta t}{\tau}\left(\dfrac{F_\alpha F_\beta \tau^2}{\rho}\right)\right)$ 及其高阶项, 则方案 I 和方案 II 是完全相同的。我们注意

到, 通过基于速度空间中的 Hermite 正交多项式展开 Boltzmann 方程中的分布函数, Shan 等 (2006a) 导出了 $f_i^{\text{eq}}(\boldsymbol{u}^{\text{eq}})$ 的正确形式。根据他们的研究, 为了获得二阶精度, 校正后的 $f_i^{\text{eq}}(\boldsymbol{u}^{\text{eq}})'$ 应该是 $f_i^{\text{eq}}(\boldsymbol{u}^{\text{eq}}) - w_i\rho\dfrac{\delta t}{\tau}\left[\dfrac{1}{2c_{\text{s}}^4}e_{i\alpha}e_{i\beta}\dfrac{F_\alpha F_\beta}{\rho^2}\tau^2 - \dfrac{1}{2c_{\text{s}}^2}\left(\dfrac{F_\alpha\tau}{\rho}\right)^2\right]$。我们观察到这种修正与目前的简单分析一致, 因为通过这种修正, 可以消除等式 (4.92) 中的 $O\left(\dfrac{\delta t}{\tau}\left(\dfrac{F_\alpha F_\beta\tau^2}{\rho}\right)\right)$ 这一项。

在数值模拟中, 我们发现 $O\left(\dfrac{\delta t}{\tau}\left(\dfrac{F_\alpha F_\beta\tau^2}{\rho}\right)\right)$ 这一项对于单相流影响非常小。然而, 在 SC 多相流模拟中, $O\left(\dfrac{\delta t}{\tau}\left(\dfrac{F_\alpha F_\beta\tau^2}{\rho}\right)\right)$ 这一项非常重要, 从 $\sum_i S_i e_{i\alpha}e_{i\beta} = u_\alpha F_\beta + u_\beta F_\alpha + \dfrac{\delta t}{\tau}\left(F_\alpha F_\beta\dfrac{\tau^2}{\rho}\right)$ 出发, 通过 Chapman-Enskog 展开, 我们可以很容易地看到所得到的 N-S 方程, 方程的右侧 (RHS) 有一个额外的力 $O\left(\nabla\cdot\dfrac{\delta t}{\tau}\left(F_\alpha F_\beta\dfrac{\tau^2}{\rho}\right)\right)$。换句话说, 原始 SC 多相模型真正模拟的是方程 (8.66), 该方程的右边具有一个非物理的额外非线性力项。

我们继续比较方案 V 和方案 II。在方案 V 中, 源项由下式给出:

$$
\begin{aligned}
S_i &= f_i^{\text{eq}}(\rho, \boldsymbol{u} + \delta\boldsymbol{u}) - f_i^{\text{eq}}(\rho, \boldsymbol{u}) \\
&= \omega_i\rho\left[1 + \frac{1}{c_{\text{s}}^2}e_{i\alpha}\left(u_\alpha + \frac{F_\alpha\delta t}{\rho}\right) + \frac{1}{2c_{\text{s}}^4}e_{i\alpha}\left(u_\alpha + \frac{F_\alpha\delta t}{\rho}\right)e_{i\beta}\left(u_\beta + \frac{F_\beta\delta t}{\rho}\right)\right. \\
&\quad \left. - \frac{1}{2c_{\text{s}}^2}\left(u_\alpha + \frac{F_\alpha\delta t}{\rho}\right)^2\right] - \omega_i\rho\left[1 + \frac{1}{c_{\text{s}}^2}e_{i\alpha}u_\alpha + \frac{1}{2c_{\text{s}}^4}e_{i\alpha}u_\alpha e_{i\beta}u_\beta - \frac{1}{2c_{\text{s}}^2}u_\alpha u_\alpha\right] \\
&= \omega_i\left[\frac{1}{c_{\text{s}}^2}(e_{i\alpha} - u_\alpha) + \frac{1}{c_{\text{s}}^4}e_{i\beta}u_\beta e_{i\alpha}\right]F_\alpha\delta t + \omega_i\rho\left\{\frac{1}{2c_{\text{s}}^4}e_{i\alpha}e_{i\beta}\frac{F_\alpha F_\beta}{\rho^2}\delta t^2 - \frac{1}{2c_{\text{s}}^2}\left(\frac{F_\alpha\delta t}{\rho}\right)^2\right\}
\end{aligned}
\tag{4.93}
$$

类似于等式 (4.92) 的情况, 如果省略 $O\left(\dfrac{F_\alpha F_\beta\delta t^2}{\rho}\right)$ 项, 则我们观察到该公式与文献 (Luo, 1998) 中提出的公式相同。因此, 对于该方案, 我们遇到了与上面分析的 SC 模型相同的问题, 也就是, 它在 N-S 方程中包含不希望有的额外非线性力。因此, 如果省略方案 I 和方案 V 中 $O\left(\dfrac{F_\alpha F_\beta\delta t^2}{\rho}\right)$ 这一项, 则方案 I、II 和 V 是相同的。

接下来, 我们将比较 B 组中的方案 III 和方案 IV。在方案 III 中, 源项如下所示:

$$
\begin{aligned}
S_i &= \left(1 - \frac{1}{2\tau}\right)\frac{1}{\rho c_{\text{s}}^2}F_\gamma(e_{i\gamma} - u_\gamma)f_i^{\text{eq}} \\
&= \left(1 - \frac{1}{2\tau}\right)\frac{1}{\rho c_{\text{s}}^2}F_\gamma(e_{i\gamma} - u_\gamma)\omega_i\rho\left[1 + \frac{1}{c_{\text{s}}^2}e_{i\alpha}u_\alpha + \frac{1}{2c_{\text{s}}^4}e_{i\alpha}u_\alpha e_{i\beta}u_\beta - \frac{1}{2c_{\text{s}}^2}u_\alpha u_\alpha\right]
\end{aligned}
$$

$$
\begin{aligned}
= & \left(1-\frac{1}{2\tau}\right)\omega_i\left[\frac{1}{c_s^2}(e_{i\gamma}-u_\gamma)+\frac{1}{c_s^4}e_{i\alpha}u_\alpha e_{i\gamma}\right]F_\gamma \\
& +\left(1-\frac{1}{2\tau}\right)\omega_i\left[-\frac{1}{c_s^4}e_{i\alpha}u_\alpha F_\gamma u_\gamma+\frac{1}{2c_s^6}e_{i\alpha}u_\alpha e_{i\beta}u_\beta F_\gamma(e_{i\gamma}-u_\gamma)-\frac{1}{2c_s^4}u_\alpha u_\alpha F_\gamma(e_{i\gamma}-u_\gamma)\right]
\end{aligned}
\tag{4.94}
$$

比较 Ladd 等 (2001) 和 Guo 等 (2002c) 的方案, 也就是式 (4.88) 和 (4.94), 我们发现存在额外项 S_i'。忽略掉 $O(u^3)$ 项, 我们发现额外项是

$$
S_i'=\left(1-\frac{1}{2\tau}\right)\omega_i\left[-\frac{1}{c_s^4}e_{i\alpha}u_\alpha F_\gamma u_\gamma+\frac{1}{2c_s^6}e_{i\alpha}u_\alpha e_{i\beta}u_\beta F_\gamma e_{i\gamma}-\frac{1}{2c_s^4}u_\alpha u_\alpha F_\gamma e_{i\gamma}\right]
\tag{4.95}
$$

通过简单的代数运算, 我们发现 $\sum_i S_i'=0$, $\sum_i S_i' e_{i\kappa}=0$ 和 $\sum_i S_i' e_{i\kappa}e_{i\delta}=0$。

对于从 LBE 推导 N-S 方程, 仅使用 S_i 的零阶到二阶动量。等式 (4.94) 中的 S_i 满足 $\sum_i S_i=0$, $\sum_i S_i e_{i\kappa}=\left(1-\frac{1}{2\tau}\right)F_\kappa$, $\sum_i S_i e_{i\kappa}e_{i\delta}=\left(1-\frac{1}{2\tau}\right)(u_\kappa F_\delta+u_\delta F_\kappa)$。这些公式可用于正确推导 N-S 方程 (Guo et al., 2002c)。因此, 方案 III 中的额外项 S_i' 不影响推导。换句话说, 忽略 $O(u^3)$ 项, 方案 III 和 IV 是相同的。

因此, 如果忽略 $O\left(\frac{F_\alpha F_\beta \delta t^2}{\rho}\right)$ 这一项, 则文献 (Luo, 1998)、(Kupershtokh et al., 2009)、(Shan et al., 1993) 给出的方案是相同的。如果忽略 $O(u^3)$ 项, 则文献 (He et al., 1998)、(Ladd et al., 2001) 和 (Guo et al., 2002) 给出的方法是相同的。

通过单相非定常 Taylor-Green 涡流的数值模拟, 我们确认：对于单相流, 5 种方案的精度几乎相同。多相流情形下, 不同方案则可能会有显著差别。

第 5 章　格子 Boltzmann 方法的编程

在上一章中我们完成了对连续 Boltzmann 方程的离散, 得到了格子 Boltzmann 方程。基于格子 Boltzmann 方程发展出来的算法就是格子 Boltzmann 方法。下面我们对 LBM 的编程流程作一些简要的介绍。

5.1　LBM 编程流程

一般的格子 Boltzmann 方程可以表示为

$$f_i(\boldsymbol{r}+\boldsymbol{e}_i\delta t, t+\delta t) = f_i(\boldsymbol{r},t) + \Omega_i(\boldsymbol{r},t) \tag{5.1}$$

其中 $\Omega_i(\boldsymbol{r},t)$ 为碰撞算子, 对于 BGK 模型, $\Omega_i(\boldsymbol{r},t) = -\dfrac{1}{\tau}[f_i(\boldsymbol{r},t) - f_i^{\mathrm{eq}}(\boldsymbol{r},t)]$, 其中松弛时间 τ 与运动学黏性系数的关系为 $\nu = c_{\mathrm{s}}^2(\tau - 0.5)\delta t$。方程 (5.1) 清晰地显示了分布函数的演化过程, 即碰撞和迁移两个过程。具体来说, 方程 (5.1) 的右边代表碰撞过程, 且该过程发生在地点 $\boldsymbol{r}$, 这使得分布函数由 $f_i(\boldsymbol{r},t)$ 变为 $f_i'(\boldsymbol{r},t) = f_i(\boldsymbol{r},t) + \Omega_i(\boldsymbol{r},t)$; 方程 (5.1) 从右到左的变化代表了迁移过程, 即 $\boldsymbol{r}$ 处的分布函数 $f_i'(\boldsymbol{r},t)$ 迁移到邻近节点 $\boldsymbol{r}+\boldsymbol{e}_i\delta_t$ 得到 $f_i(\boldsymbol{r}+\boldsymbol{e}_i\delta t, t+\delta t)$.

因此, LBM 计算程序主要包含以下步骤:

(1) 初始化流场 $\boldsymbol{u},\rho$, 进而初始化分布函数 $f_i(\boldsymbol{r},0)$, 通常可以把 $f_i(\boldsymbol{r},0)$ 设置为平衡态分布函数, 即 $f_i(\boldsymbol{r},0) = f_i^{\mathrm{eq}}$。当然, 还需要读取并计算一些必要的参数, 比如 Reynolds 数 Re、松弛时间 τ、权系数 ω_i 等。

接下来进入主循环, 如果没有达到结束的条件, 则重复执行以下步骤。

(2) 碰撞过程:

$$f_i'(\boldsymbol{r},t) = f_i(\boldsymbol{r},t) + \Omega_i(\boldsymbol{r},t), \quad i = 0,1,\cdots,m-1 \tag{5.2}$$

这里 m 为 DnQm 模型中的离散速度数。

(3) 迁移过程：

$$f_i(\boldsymbol{r}+\boldsymbol{e}_i\delta t, t+\delta t) = f_i'(\boldsymbol{r}, t), \quad i = 0, 1, \cdots, m-1 \tag{5.3}$$

在编程中这里需要注意数据迁移的方向和顺序, 避免发生旧数据覆盖新数据的情况。

(4) 在边界处施加相应的条件, 比如周期性边界条件、固体壁面的无滑移和无穿透条件、远场条件等。

(5) 计算宏观量并输出结果：

$$\begin{aligned}
\rho(\boldsymbol{r}, t+\delta t) &= \sum_i f_i(\boldsymbol{r}, t+\delta t) \\
p(\boldsymbol{r}, t+\delta t) &= \rho c_{\mathrm{s}}^2 \\
\boldsymbol{u}(\boldsymbol{r}, t+\delta t) &= \frac{1}{\rho} \sum_i \boldsymbol{e}_i f_i(\boldsymbol{r}, t+\delta t)
\end{aligned} \tag{5.4}$$

5.2　参数的转换

LBM 程序与所有通用的 CFD 的程序一样, 可以全部采用国际单位制, 比如说一个网格代表 0.1 mm($\Delta x = 0.1$ mm), 一个时间步代表 0.05 s($\Delta t = 0.05$ s), 然后相应的格子速度 $c = 2$ mm/s, 格子声速 $c_{\mathrm{s}} = \frac{1}{\sqrt{3}}c = \frac{2}{\sqrt{3}}$ mm/s。但是这样的话, 离散速度 $\boldsymbol{e}_i$ 的长度 (幅值), 即 c 就有相应的数值了。如果读者觉得全部使用国际单位制这样更亲切的话, 则在程序里面也是可以这样编写的。但是, 如果用格子单位的话, 则可以减少一些计算量, 因为 $\Delta x = 1$ lu, lu 是 lattice unit 的缩写。如果一个时间步被认为是 1 ts, 离散速度的幅值就是 1 了, 很多地方 (如 f_i^{eq} 的计算中) 就不用再乘一个具体的数值了。这样可以减少计算量。

下面着重介绍实际单位制中数值与格子单位制中数值的一些转换。不同的研究 (无论是数值的还是实验的) 可能采用不同的单位系统。比如对于长度, 可以用国际单位制米 (m), 也可以用英尺 (ft) 来衡量。而在我们推荐的格子 Boltzmann 编程中, LBM 长度的基本单位为格子长度 (lu), 时间的基本单位为格子时间 (ts)。尽管单位制不同, 但是它们都在描述同一量纲, 因此存在相互转换关系, 比如 1 ft $\approx$ 0.3048 m。其他单位与格子单位也有类似的关系, 不过要考虑具体的问题。以水中的颗粒在重力作用下的沉降问题为例：在物理实验中, 颗粒的直径是 0.1 cm, 水的运动学黏性系数为 0.01 cm^2/s; 在 LBM 模拟中, 颗粒直径取为 26 lu, 若松弛时间 $\tau = 0.6$, 则 $\nu = \frac{2\tau - 1}{6} = \frac{1}{30}$ lu^2/ts。因此很容易得到 1 cm = 260 lu, 1 s = 20 280 ts。进一步地, 也可以知道在模拟中的重力加速度 g 该如何取值。

进行参数转换的另一个关键点是保证无量纲控制参数相同 (比如说 Reynolds 数 Re、Weber 数 We、毛细数 Ca 等), 即满足相似律。以方腔顶盖流为例: 在物理实验中, 流体介质是 20 °C 的水 ($\nu_{\mathrm{phys}} = 10^{-6}$ m²/s), 方腔的尺寸 (特征长度) 是 $L_{\mathrm{phys}} = 0.01$ m, 顶盖移动的速度是 $U_{\mathrm{phys}} = 0.01$ m/s, 那么这一流动的 Reynolds 数是

$$Re = \frac{U_{\mathrm{phys}}L_{\mathrm{phys}}}{\nu_{\mathrm{phys}}} = \frac{0.01 \text{ m/s} \times 0.01 \text{ m}}{10^{-6} \text{ m}^2/\text{s}} = 100$$
$$= \frac{U_{\mathrm{LBM}}L_{\mathrm{LBM}}}{\nu_{\mathrm{LBM}}} \tag{5.5}$$

在 LBM 模拟中, 可以先选择模拟腔体的格子长度 L 和运动学黏性系数 ν。然后通过 Reynolds 数来计算相应的顶盖在格子系统里面的速度 U。注意 LBM 中 U 最好不要超过 0.1 lu/ts, 以保证 Mach 数 Ma 足够小, 近似满足不可压缩条件。如果 U 算出来太大 (> 0.1 lu/ts), 需要再改变前面选择的参数 L, ν。因此, 通常是先给定速度 $U = 0.1$ lu/ts, 再选择长度, 如 $L = 100$ lu, 则相应的黏性系数是 $\nu_{\mathrm{LBM}} = \frac{U_{\mathrm{LBM}}L_{\mathrm{LBM}}}{Re} = 0.1$ lu²/ts。那么松弛因子是 $\tau = \frac{\nu}{c_{\mathrm{s}}^2 \Delta t} + 0.5 = 3\nu + 0.5 = 0.8$ ($\Delta t = 1$ ts)。模拟中的无量纲时间步是

$$\Delta t^* = \frac{\Delta t_{\mathrm{LBM}} U_{LBM}}{L_{\mathrm{LBM}}} = \frac{\Delta t U}{L} = \frac{\Delta t_{\mathrm{phys}} U_{\mathrm{phys}}}{L_{\mathrm{phys}}} \tag{5.6}$$

在上面的例子中, $\Delta t^* = \frac{U_{\mathrm{LBM}} \Delta t_{\mathrm{LBM}}}{L_{\mathrm{LBM}}} = 10^{-3}$, 所以对应的真实的物理上的每个时间步是 $\Delta t_{\mathrm{phys}} = \frac{10^{-3} \times 0.01 \text{ m}}{0.01 \text{ m/s}} = 10^{-3}$ s。

从以上的计算中我们可以看到, 如果取 $U = 0.001$ lu/ts, $L = 100$ lu, 那么相应的 $\tau = 0.503$, 这与 0.5 很接近, 同时也发现无量纲的时间会变小 $\left(\Delta t^* = \frac{U \Delta t}{L} = 10^{-5}\right)$。对于一些非定常的流动问题, 如果模拟中需要提高时间分辨率, 即减小 Δt^*, 则意味着 τ 更接近 0.5, 这会导致计算不稳定, 因此要避免这一点。注意上面的分析是保持 $L = 100$ lu, 通过减小 U 来减小 Δt^*。通过式 (5.6), 我们发现还可以增大 L 来减小 Δt^*, 不过这又意味着网格量的增加, 因此需要综合考虑, 加以权衡。

5.3　实例：方腔顶盖流的 LBM 模拟

在计算流体力学中经常使用一些简单的案例来测试算法程序的正确性、可靠性, 方腔流问题就是其中之一。

5.3.1　问题描述

如图 5.1 所示, 方腔内的流动是由顶部的运动来驱动的：顶部的壁面以恒定的水平速度 $U = U_0$ 运动, 其竖直速度 $V = 0$; 左右壁面以及下壁面均静止, 即 $U = V = 0$。方腔的长 L_x 和宽 L_y 相等, 即 $L_x = L_y = H$。显然, 对于方腔流问题, 特征速度和特征长度分别为 U_0 和 H, 因此 Reynolds 数可以定义为

$$Re = \frac{U_0 H}{\nu}$$

其中 ν 是流体的运动学黏性系数。

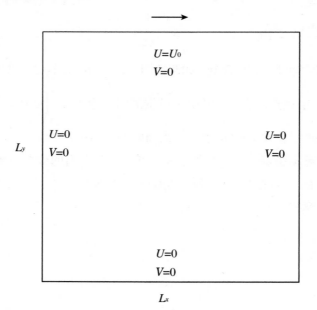

图 5.1　方腔顶盖流示意图

5.3.2　算法简介

可以采用 LBGK-D2Q9 模型来处理这个问题, 模型参数见 4.3 节, 算法流程如 5.1节所述, 具体的实现我们会参照计算程序来详细说明。下面我们主要介绍边界条件的处理。

该问题涉及的边界有静止的和运动的边界, 且边界形状是平直的。这样的边界较为容易处理, 更复杂边界条件 (比如曲面边界条件) 的处理方法会在后面的章节中详细介绍。

对于静止的平直壁面, 可以采用最简单的反弹格式, 也称标准反弹格式。该格式认为粒子碰到壁面之后, 反方向弹回。比如对于下壁面, 分布函数的 f_2, f_5, f_6 分量没有迁移的来源, 因此需要给定它们的值。采用反弹格式, 则有

$$f_2 = f_4, \quad f_5 = f_7, \quad f_6 = f_8 \tag{5.7}$$

左右两个边界可以类似地处理。这种格式操作简单, 能保证质量和动量守恒, 然而通常只具有一阶精度。

上壁面是运动的, 速度 U, V 和分布函数 $f_0, f_1, f_2, f_3, f_5, f_6$ 已知, f_4, f_7, f_8 和密度 ρ 这 4 个量未知。可以采用非平衡态反弹格式 (non-equilibrium bounce-back scheme) 来处理, 该格式由 Zou 和 He 最先提出 (Zou et al., 1997)。所谓非平衡态反弹, 是指在垂直于边界的方向上, 对分布函数的非平衡部分采用反弹格式。比如对于上壁面, 有

$$f_4 - f_4^{\mathrm{eq}} = f_2 - f_2^{\mathrm{eq}} \tag{5.8}$$

这里 $f_i - f_i^{\mathrm{eq}}$ 即为 f_i 的非平衡部分。我们已经知道 DnQm 模型的平衡态分布函数为式 (4.32):

$$f_i^{\mathrm{eq}} = \rho \omega_i \left[1 + \frac{\boldsymbol{e}_i \cdot \boldsymbol{u}}{c_{\mathrm{s}}^2} + \frac{(\boldsymbol{e}_i \cdot \boldsymbol{u})^2}{2c_{\mathrm{s}}^4} - \frac{\boldsymbol{u}^2}{2c_{\mathrm{s}}^2} \right] \tag{5.9}$$

又注意到离散速度 $\boldsymbol{e}_2, \boldsymbol{e}_4$ 与上壁面速度垂直, 即 $\boldsymbol{e}_i \cdot \boldsymbol{u} = 0$, 再加上 f_2, f_4 对应的权系数相等, 所以 $f_2^{\mathrm{eq}} = f_4^{\mathrm{eq}}$, 因此式 (5.8) 最终化简为 $f_2 = f_4$。再根据宏观量 ρ, U, V 与分布函数的关系可得到如下 3 个方程:

$$\rho = f_0 + f_1 + f_2 + f_3 + f_4 + f_5 + f_6 + f_7 + f_8$$
$$\rho U = \rho U_0 = f_1 + f_5 + f_8 - (f_3 + f_6 + f_7) \tag{5.10}$$
$$\rho V = 0 = f_2 + f_5 + f_6 - (f_4 + f_7 + f_8)$$

结合式 (5.8), 共有 4 个方程, 可以解出 f_4, f_7, f_8 和密度 ρ 这 4 个未知量:

$$\rho = f_0 + f_1 + f_3 - (f_2 + f_5 + f_6)$$
$$f_4 = f_2$$
$$f_7 = f_5 + \frac{1}{2}(f_1 - f_3) - \frac{1}{2}\rho U_0 \tag{5.11}$$
$$f_8 = f_6 - \frac{1}{2}(f_1 - f_3) + \frac{1}{2}\rho U_0$$

这样, 4 个壁面处的边界条件就处理完成了。

5.3.3 结果分析

对于二维方腔顶盖流动, 早期已有许多论文使用传统格式, 如有限差分格式 (Schreiber et al., 1983)。二维方腔顶盖流动的基本特征是中心出现一个较大的主涡, 左右下角出现两个次级涡。许多文献都很好地给出了流函数的等值云图和涡中心的位置随 Reynolds 数的变化。(Hou et al., 1995) 采用 256^2 网格对二维方腔顶盖流进行了格子 Boltzmann 模拟, 其模拟 Reynolds 数范围从 10 到 10 000 不等。结果表明 LBM 方法与其他传统 CFD 方法的流函数值和涡中心位置的差异小于 1%。这种差异在数值不确定性范围之内, 因为其他不同的 CFD 传统方法计算结果之间也存在着如此差异。该文对速度场、压力场和涡度场的空间分布也作了详细的讨论, 下面我们将目前的结果与之进行对比。

这里我们考虑了 $Re = 100\ 400$ 时的方腔流问题, 方腔的长宽均被划分为 128 个网格, 上壁面的运动速度设置为 $U_0 = 0.1$。图 5.2 显示了方腔水平中心线和竖直中心线上的速度

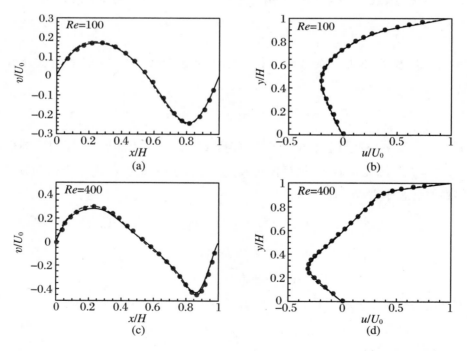

图 5.2 Reynolds 数 $Re = 100$ 时, 方腔的 (a) 水平中心线上的竖直速度剖面和 (b) 竖直中心线上的水平速度剖面。(c) 和 (d) 为 $Re = 400$ 时的速度剖面。其中实线为当前 LBM 程序的结果, 点画线为用附录 D 中介绍的人工可压缩性方法 (ACM) 模拟得到的结果, 圆点为参考文献 (Hou et al., 1995) 中的结果

剖面, 可以看到本程序计算得到的结果与参考文献 (Hou et al., 1995) 的结果相符。在附录 D 中, 还介绍了人工可压缩性方法 (artificial compressibility method, ACM), 我们也用它来模拟方腔流问题, 如图 5.2 中的点画线所示, 结果与 LBM 得到的相吻合。

图 5.3 绘制了方腔中的流线图, 可以看到在方腔的中央有一个大涡, 方腔的左下角和右下角出现二级涡。随着 Reynolds 数 Re 增大, 二级涡强度有所增强, 这与文献 (Hou et al., 1995) 中的结果一致。

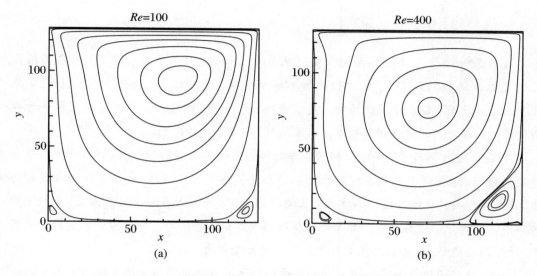

图 5.3 方腔中的流线图。(a) 和 (b) 分别为 $Re = 100, 400$ 时的结果

第 6 章　LBM 中边界条件的处理

边界条件对于数值计算至关重要。从数学上来说, 对于偏微分方程, 如果不给定相应的边界条件和初始条件, 则方程的解不能唯一确定。所以, 无论是 N-S 方程还是格子 Boltzmann 方程, 都需要合理的初、边值条件, 其目的可以理解为从所有满足控制方程的解中筛选出所考虑的具体问题的解。只有这样, 问题才是适定的。

在 LBM 中, 对于稳态问题, 初始条件对解的影响不大, 可以将初始的分布函数设置为平衡态分布函数; 对于非稳态问题和对初始条件敏感的其他问题, 初始条件的设置较为复杂, 这里我们不作详细介绍。本章我们主要介绍 LBM 中边界条件的处理方法, 包括无滑移边界条件、周期性边界条件、非平衡反弹压力速度边界条件等。一些方法只适用于平直边界, 对于曲面边界, 需要加以修正或者采用新的处理方法。

LBM 的壁面边界条件处理方法来自格子气元胞自动机。该方法在壁面上利用粒子分布函数反弹方案 (Wolfram, 1986) 来获得无滑移速度条件。"反弹" 指的是, 当沿着某个方向的概率密度分布函数分量迁移到壁面节点时, 可以想象成粒子 "砸向" 壁面, 粒子将沿着迁移过来的反方向原路返回到它迁移前的节点 (计算网格点)。这种 "反弹" 处理方法被证实可以很好地实现壁面无穿透无滑移物理边界条件。正是由于 LBM 的 "粒子" 属性, 才有了这种处理方法。这使得 LBM 非常适合模拟复杂几何形状下的流体流动, 例如多孔介质内的流动。

对于刚好处在固体边界上的一个网格点或者最靠近固体边界的网格点, 格子 Boltzmann 方法中执行迁移步骤以后, 由于计算域外或者说固体内部没有流体网格点, 不能提供流体计算域外朝向该计算网格点相应几个方向的概率密度分布函数值。这里需要注意的是在通常的流动模拟中, 一般情况下, 固体区域内或者说固体边界以外, 即使有网格点 (比如说是虚拟网格点) 也不执行格子 Boltzmann 演化方程。这样的话, 邻近固体边界的流体计算网格点就缺乏几个方向的概率密度分布函数的来源。这样就无法通过概率密度分布函数的值来更新该网格点上的宏观变量, 如密度、速度。最靠近固体边界的流体计算网格点就无法继续执行格子 Boltzmann 演化方程了。

格子 Boltzmann 方法中最有特色的反弹边界条件为解决上面的问题提供了一个非常好的途径。也就是说, 通过反弹可以提供流体计算域外朝向该计算网格点相应几个方向未知的概率密度分布函数值。

另一方面, 简单的反弹在边界上的数值精度仅为一阶 (Ginzbourg et al., 1994)。这降低了 LBM 的精度 (LBM 的整体空间精度或者说流体计算域内的网格点上空间精度是二阶)。He 等 (1997a) 通过分析 Poiseuille 流动壁面节点附近的滑移速度, 证实了简单的反弹使得 LBM 模拟整体的空间精度只有一阶。这里我们所说的简单的反弹, 指的是计算网格点刚好在壁面上, 并且也认为壁面在计算网格点处, 然后通过上面所说的反弹来获得未知的分布函数。要注意的是在简单的反弹中, 这些壁面网格点上不执行碰撞步骤。后来 Ziegler(1993) 注意到仍然执行简单反弹, 但是如果把壁面看作在原始的壁面位置与最靠近壁面的流体网格点中间, 为叙述方便, 把放在网格点中间的壁面称为 "虚拟壁面", 那么虚拟壁面上满足无穿透、无滑移边界条件, 并且相应的模拟结果具有二阶精度。Ziegler(1993) 的这种处理方式也被称为半反弹格式。对于反弹格式, 接下来我们会分简单反弹、半反弹和修正反弹这三种格式进行介绍。

对于壁面边界条件来说, 除了半反弹格式, 还有其他处理方法。例如 Noble 等 (1995) 提出通过施加压力约束, 在无滑移壁面上使用水动力边界条件。Inamuro 等 (1995) 认识到反弹方案可能会引起壁面网格点附近的滑移速度, 并提出使用反滑移速度来抵消这种影响。Chen 等 (1996) 认为格子 Boltzmann 演化方程是一种特殊的有限差分格式, 提出了使用流场分布的二阶外推格式来获得未知的颗粒分布函数。这些方法都丧失了格子 Boltzmann 特有的粒子方法特性, 所以这里不作详细介绍。

6.1　平直壁面无滑移边界条件

6.1.1　反弹格式

在流体力学中, 涉及固体壁面时, 最常见的边界条件就是无滑移速度边界条件 (no-slip velocity boundary condition), 简称无滑移边界条件。当然, 通常还认为固壁是无穿透的。在 LBM 中, 用来处理壁面条件的最早的也是最简单的方法是反弹格式 (bounce-back scheme)。这一格式的基本原理是认为粒子碰到壁面后沿着原来的方向弹回, 如图 6.1 所示。为何这样就可以实现壁面无滑移条件? 可以通过下面的方式来理解: 首先, 粒子撞击壁面后反弹意味着没有穿过壁面的动量, 即满足无穿透条件; 其次, 粒子沿着原路反弹, 而不是镜面反弹, 意味着粒子与固壁之间没有相对横向运动, 即没有相对滑动, 因此满足无滑移条件。

反弹格式可分为**简单反弹** (simple bounce-back) **格式**、**半反弹** (halfway bounce-back)

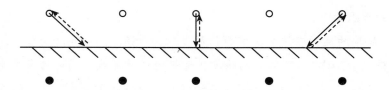

图 6.1 反弹格式原理示意图

格式和**修正反弹** (modified bounce-back) **格式**。下面我们对它们进行详细介绍。

对于简单反弹格式, 如图 6.2(a) 所示, 处理方法是：“颗粒” 碰到固壁网格点之后, 反方向弹回。也就是说, 正常流体点在执行碰撞时, 固体网格点不执行碰撞, 而是执行反弹规则。比如对于下固壁情形, 有：$f_2' = f_4$, $f_5' = f_7$, $f_6' = f_8$ (f' 为碰撞后的量)。这样最靠近固壁的流体网格点可以在迁移步骤顺利获得周围点传送过来的 f_i, $i = 1, \cdots, 8$(包括固体点传过来的 f_2, f_5, f_6)。如此就保证了最靠近固壁的流体网格点正常执行格子 Boltzmann 方程演化。

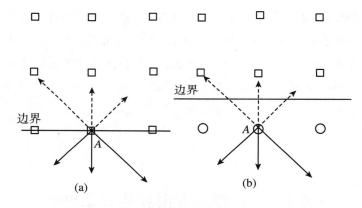

图 6.2 (a) 简单反弹和 (b) 半反弹示意图

简单反弹通常可以实现无滑移边界条件, 但是测量边界上产生的滑移速度会发现该格式只有一阶空间精度。Ziegler(1993) 注意到, 如果认为壁面不在固体网格点上, 而是放在固体点和相邻流体层中间的话, 如图 6.2(b) 所示, 那么这个无滑移边界的精度可以达到二阶, 这就是半反弹格式。它的物理过程十分清晰, 如图 6.3 所示：边界附近流体点 x_N 处的粒子经过 $\delta t/2$ 到达壁面, 与壁面碰撞导致速度反转, 再经过 $\delta t/2$ 回到 x_N 处。

在简单反弹和半反弹格式中, 边界节点不参与碰撞步骤。如果在固体边界网格点上也执行碰撞步骤, 相应的格式就是修正反弹格式。在执行碰撞前, 对于边界点上未知的分布函数, 令其与流入的分布函数相等 (反弹)。这样, 在边界点上就可以像在内部节点一样执行碰撞-迁移过程。修正反弹格式与半反弹格式一样, 也具有二阶精度。修正反弹格式中正常地认为固体边界是在边界网格点上。

总的来说, 半反弹格式操作简单, 且具有较高的精度, 所以下面我们主要介绍半反弹

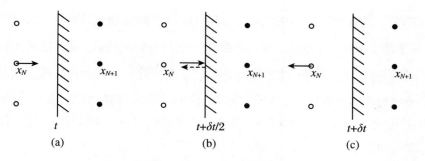

图 6.3　半反弹格式流程示意图

格式。

对于静止的壁面, 采用半反弹格式, 边界条件如前所述可以表示为

$$f_{\bar{i}}(\boldsymbol{x}_{\mathrm{b}}, t+\delta t) = f_i'(\boldsymbol{x}_{\mathrm{b}}, t) \tag{6.1}$$

其中 i 对应的离散速度分量 $\boldsymbol{e}_i$ 指向壁面向外, $\boldsymbol{e}_{\bar{i}} = -\boldsymbol{e}_i$, $\boldsymbol{x}_{\mathrm{b}}$ 为边界点坐标。比如对于图 6.4 所示的下壁面, 有

$$\begin{aligned}
f_2(\boldsymbol{x}_{\mathrm{b}}, t+\delta t) &= f_4'(\boldsymbol{x}_{\mathrm{b}}, t) \\
f_5(\boldsymbol{x}_{\mathrm{b}}, t+\delta t) &= f_7'(\boldsymbol{x}_{\mathrm{b}}, t) \\
f_6(\boldsymbol{x}_{\mathrm{b}}, t+\delta t) &= f_8'(\boldsymbol{x}_{\mathrm{b}}, t)
\end{aligned} \tag{6.2}$$

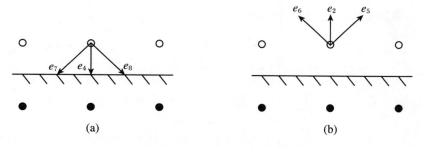

图 6.4　静止的下壁面半反弹格式操作示意图

对于运动的壁面, 需要对式 (6.1) 进行修正。方法是先在相对于壁面静止的参考系中使用半反弹格式 (6.1), 然后再变换回原参考系。最终可得对于速度为 $\boldsymbol{u}_{\mathrm{w}}$ 的壁面, 半反弹格式为

$$f_{\bar{i}}(\boldsymbol{x}_{\mathrm{b}}, t+\delta t) = f_i'(\boldsymbol{x}_{\mathrm{b}}, t) - 2\omega_i \rho_{\mathrm{w}} \frac{\boldsymbol{e}_i \cdot \boldsymbol{u}_{\mathrm{w}}}{c_{\mathrm{s}}^2} \tag{6.3}$$

其中含有下标 w 的是壁面上的量, 壁面位于 $\boldsymbol{x}_{\mathrm{w}} = \boldsymbol{x}_{\mathrm{b}} + \dfrac{1}{2}\boldsymbol{e}_i \delta t$。可以看到, 当 $\boldsymbol{u}_{\mathrm{w}} = \boldsymbol{0}$ 时, 式 (6.3) 退化到式 (6.1)。还需要考虑的一个问题是: 壁面处的密度 ρ_{w} 应该如何给定? 在 LBM 中, 密度是随着压力变化的, 因此 ρ_{w} 是未知的。通常可以用当地流体点的密度 $\rho(\boldsymbol{x}_{\mathrm{b}})$ 或系统的平均密度来近似 ρ_{w}, 这是因为流动的 Mach 数 Ma 较小, 系统密度变化不大。

反弹格式除了具有操作简单的优点, 还具有很好的数值稳定性和质量守恒性, 即使当 $\tau \to \dfrac{1}{2}$ 时, 对于静止壁面, 反弹格式可以严格保证质量守恒。此外, 反弹格式还易于推广到其他维度。但是, 这一格式也有一些缺陷, 比如它不能很好地处理曲面边界。这是因为：反弹格式会把曲面近似为阶梯形, 这样过于粗糙; 最重要的是, 曲面边界不会正好位于计算节点晶格的中央, 也不会正好与晶格平齐, 这导致反弹格式只有一阶精度。因此, 需要采用其他方法来处理曲面边界, 我们会在下面的章节中介绍。

6.1.2 非平衡态反弹方法

边界处理的另一种常用的有效方法是**非平衡态反弹** (non-equilibrium bounce-back, NEBB) **方法**, 由 Zou 和 He 于 1997 年提出, 因此也称 **Zou-He 方法**。NEBB 方法的基本原理是对垂直于边界方向上的分布函数的非平衡部分执行反弹规则, 即

$$f_{\bar{i}_\perp}^{\text{neq}}\left(\boldsymbol{x}_{\text{b}}, t\right) = f_{i_\perp}^{\text{neq}}\left(\boldsymbol{x}_{\text{b}}, t\right), \quad \boldsymbol{e}_{\bar{i}_\perp} = -\boldsymbol{e}_{i_\perp} \tag{6.4}$$

其中, $\boldsymbol{e}_{i_\perp}$ 表示垂直于边界向外的离散速度分量, $f_i^{\text{neq}} = f_i - f_i^{\text{eq}}$ 即为分布函数的非平衡部分。用式 (6.4) 作为补充条件, 结合已知的宏观量与分布函数之间的关系, 求解方程组即可得到边界上的未知量。例如, 对于已知速度为 $\boldsymbol{u}_{\text{w}} = (u_{\text{w},x}, u_{\text{w},y})$ 的上边界, 有

$$\begin{aligned}
\rho_{\text{w}} &= \sum_i f_i = f_0 + f_1 + f_2 + f_3 + f_4 + f_5 + f_6 + f_7 + f_8 \\
\rho_{\text{w}} u_{\text{w},x} &= \sum_i e_{ix} f_i = f_1 + f_5 + f_8 - (f_3 + f_6 + f_7) \\
\rho_{\text{w}} u_{\text{w},y} &= \sum_i e_{iy} f_i = f_2 + f_5 + f_6 - (f_4 + f_7 + f_8)
\end{aligned} \tag{6.5}$$

注意, 上式中的未知量有 $\rho_{\text{w}}, f_4, f_7, f_8$ 共 4 个, 且假设 $c = \dfrac{\delta h}{\delta t} = 1$。再根据 NEBB 方法式 (6.4) 有

$$f_4 - f_4^{\text{eq}} = f_2 - f_2^{\text{eq}} \tag{6.6}$$

把平衡态分布函数式 (4.32) 代入上式并化简, 可得

$$f_4 = f_2 - \frac{2}{3}\rho_{\text{w}} u_{\text{w},y} \tag{6.7}$$

由式 (6.7) 和式 (6.5) 可以求得

$$\rho_{\mathrm{w}} = \frac{1}{1+u_{\mathrm{w},y}} \left[f_0 + f_1 + f_3 + 2\left(f_2 + f_5 + f_6\right) \right]$$

$$f_4 = f_2 - \frac{2}{3}\rho_{\mathrm{w}} u_{\mathrm{w},y}$$

$$f_7 = f_5 + \frac{1}{2}\left(f_1 - f_3\right) - \frac{1}{2}\rho_{\mathrm{w}} u_{\mathrm{w},x} - \frac{1}{6}\rho_{\mathrm{w}} u_{\mathrm{w},y}$$

$$f_8 = f_6 - \frac{1}{2}\left(f_1 - f_3\right) + \frac{1}{2}\rho_{\mathrm{w}} u_{\mathrm{w},x} - \frac{1}{6}\rho_{\mathrm{w}} u_{\mathrm{w},y}$$

(6.8)

NEBB 方法的操作也相对简单, 且具有三阶精度。然而, 它也只适用于直边界, 并且扩展到三维时比较困难。此外, NEBB 方法还会引入高波数的扰动, 这导致它不适用于高 Reynolds 数流动问题。

6.1.3　镜面反弹处理对称边界条件

在一些问题中, 流动具有镜面对称性, 比如平面 Poiseuille 流 (图 6.5)。对于这些问题, 对称面把整个区域分成两个部分, 且一侧的流动是另一侧流动的镜像, 因此只需模拟其中的一半区域 (称为主域), 而不需要考虑镜像域, 这样可以节省计算时间和资源。

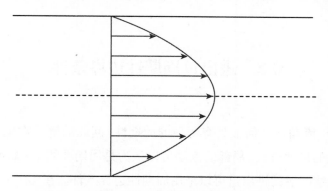

图 6.5　具有上下对称性的平面 Poiseuille 流

假设对称面位于 $y = y_0$ 且正好在两层网格的中间, 则有

$$f_i\left(x, y_0 - \frac{\delta h}{2}, t\right) = f_j\left(x, y_0 + \frac{\delta h}{2}, t\right)$$

(6.9)

其中 δh 为网格间距, i, j 对应的离散速度的法向分量方向相反, 即 $\boldsymbol{e}_{j,\mathrm{n}} = -\boldsymbol{e}_{i,\mathrm{n}}$。如果考虑整个区域, 在迁移过程中, 主域和镜像域中靠近对称面的节点上的分布函数会向对面迁移, 如图 6.6 所示。由于实际上只模拟主域中的流动, 因此这一过程可以类似于反弹方法来理解: 主域中的边界点 $\boldsymbol{x}_{\mathrm{b}}$ 处的分布函数经过 $\frac{\delta t}{2}$ 到达对称面, 然后发生镜面反射, 导致法

向速度反向、切向速度不变, 再经过 $\dfrac{\delta t}{2}$ 回到 x_{b} 或其邻近节点。因此, 对称边界条件可以写为

$$f_j\left(x_{\mathrm{b}}+e_{j,\mathrm{t}}\delta t, t+\delta t\right)=f_i'\left(x_{\mathrm{b}}, t\right) \tag{6.10}$$

其中, $e_{j,\mathrm{t}}=e_{i,\mathrm{t}}$ 为离散速度的切向分量。

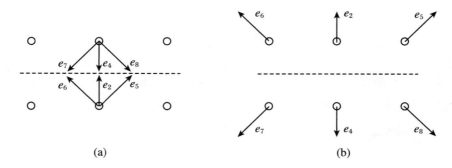

图 6.6 对称面两侧的分布函数迁移过程示意图

通过上面的分析, 我们还可以得到对称边界条件会使宏观的法向速度 u_{n} 为 0, 但是不会改变切向速度 u_{t}, 因此自由滑动边界条件可采用与对称边界条件完全相同的方法实现。

6.2　进出口周期性边界条件

在某些情况下, 流动在几何上具有明显的周期性, 问题的解通常也具有周期性, 或者流动在某一方向上的尺寸很大, 局部的流动可以认为是周期性的 (比如远离出入口的长直管道内的流动), 这些问题的进出口可以采用周期性边界条件。在 LBM 中, 周期性边界条件是在迁移过程中实现的, 即从一侧迁移出计算域的分布函数从另一侧进入计算域: 对于图 6.7 所示的左右为周期性边界条件的二维流动问题, 有

$$\begin{cases} f_1\left(x_1, y_2, t+\delta t\right)=f_1'\left(x_N, y_2, t\right) \\ f_5\left(x_1, y_2, t+\delta t\right)=f_5'\left(x_N, y_1, t\right) \\ f_8\left(x_1, y_2, t+\delta t\right)=f_8'\left(x_N, y_3, t\right) \end{cases} \tag{6.11}$$

$$\begin{cases} f_3\left(x_N, y_2, t+\delta t\right)=f_3'\left(x_1, y_2, t\right) \\ f_6\left(x_N, y_2, t+\delta t\right)=f_6'\left(x_1, y_1, t\right) \\ f_7\left(x_N, y_2, t+\delta t\right)=f_7'\left(x_1, y_3, t\right) \end{cases} \tag{6.12}$$

这样迁移以后, 可以看作, x_N 这一列上向右的分布函数 (f_1, f_5, f_8) 向 x_1 这一列迁移了一个网格 δx 的距离, 同时 x_1 这一列上向左的分布函数 (f_3, f_6, f_7) 向 x_N 这一列迁移了一个网格 δx 的距离。因此, 空间的周期长度是 $x_N - x_1 + \delta x$。显然周期性边界条件始终满足质量和动量守恒。

除了上述方法, 还可以通过增加虚拟节点来处理。仍然以图 6.7 的问题为例, 可以在 x_1 的左侧和 x_N 的右侧各增加一层虚拟节点, 即 $x_0 = x_1 - \delta x$, $x_{N+1} = x_N + \delta x$。在执行迁移过程之前, 虚拟节点上的分布函数通过下面的方式给定:

$$\begin{cases} f_1'(x_0, y_2, t) = f_1'(x_N, y_2, t) \\ f_5'(x_0, y_2, t) = f_5'(x_N, y_2, t) \\ f_8'(x_0, y_2, t) = f_8'(x_N, y_2, t) \end{cases} \tag{6.13}$$

$$\begin{cases} f_3'(x_{N+1}, y_2, t) = f_3'(x_1, y_2, t) \\ f_6'(x_{N+1}, y_2, t) = f_6'(x_1, y_2, t) \\ f_7'(x_{N+1}, y_2, t) = f_7'(x_1, y_2, t) \end{cases} \tag{6.14}$$

或者更一般地表示为

$$f_i'(\boldsymbol{r}, t) = f_i'(\boldsymbol{r} + \boldsymbol{L}, t) \tag{6.15}$$

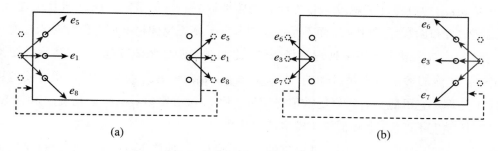

图 6.7　周期性边界条件示意图

这样处理以后可以为下一步即将执行的迁移步骤做好准备。也就是说迁移之后, 从 x_1 到 x_N 这 N 列的所有网格点都可以正常地接收 (获得) 从旁边网格迁移过来的概率密度分布函数。可以看出这样的处理相当于 x_N 列与 x_0 列 (或者说 x_{N+1} 列与 x_1 列) 是叠合在一起的。需要注意的是, 这些虚拟节点只是为了处理的方便, 不是物理系统的一部分。如果这样处理这个周期性边界条件, 则空间周期的长度为 $L = x_N - x_0 = N\delta x$。

6.3 进出口压力、速度边界条件

周期性边界条件只针对一些特殊的问题, 在一般问题中, 需要给定进出口的压力 (密度), 比如压力驱动的平面渠道流和三维圆管流; 或者需要给定出入口的速度, 比如, 对于平面渠道流, 可以令其入口速度为解析解速度型。这样的压力、速度边界条件可以采用以下方法处理。

6.3.1 进出口平衡态格式

平衡态格式 (equilibrium scheme) 是一种最简单的边界条件处理方法。它的具体做法是: 在迁移过程之后, 把边界处的分布函数强制为平衡态分布函数, 即

$$f_i(\boldsymbol{x}_{\text{b}}, t) = f_i^{\text{eq}}(\rho_{\text{BC}}, \boldsymbol{u}_{\text{BC}}), \quad i = 0, \cdots, m-1 \tag{6.16}$$

其中 $\rho_{\text{BC}}, \boldsymbol{u}_{\text{BC}}$ 为边界处宏观量, $\boldsymbol{x}_{\text{b}}$ 为计算中施加边界条件的节点。注意到上式对 $\boldsymbol{x}_{\text{b}}$ 处所有的离散分布函数 f_i 都执行, 而不是像反弹和非平衡态反弹格式那样仅针对未知的 f_i。

这种方法在文献中常用来处理远场条件, 比如对于圆柱绕流问题, 入口边界需要离圆柱足够远, 来流的参数通常是已知的, 即 $\rho_{\text{BC}} = \rho_\infty, \boldsymbol{u}_{\text{BC}} = \boldsymbol{u}_\infty$, 然后就可以很方便地用式 (6.16) 来处理。它可能具有较好的数值稳定性, 不过, 该方案只具有一阶精度。这与 LBM 的空间二阶精度不匹配, 会降低整个模拟的空间精度。

实际上, 在不可压缩流动中, 进出口的压力 (密度)、速度不能同时给定。这是因为对于不可压缩流动, 某一点的扰动会传遍全场。如果 LBM 中完全给定边界处的压力和速度, 那么意味着边界网格点上的物理量无法受到内部扰动的影响, 这是非物理的。因此, 尽管文献中存在这样的处理方式, 我们并不建议采用平衡态格式来处理进出口边界条件。

6.3.2 进出口非平衡态反弹方法

在 6.1.2 小节中我们已经介绍了非平衡态反弹法, 它通过解方程组来获取边界上的未知量。对于给定入口 (左边界) 速度 $(u_{\text{in},x}, u_{\text{in},y})$ 的边界条件, 与 6.1.2 小节中处理上边界类似, 有

$$\rho_{\text{in}} = \frac{1}{1 - u_{\text{in},x}} \left[f_0 + f_2 + f_4 + 2(f_3 + f_6 + f_7) \right]$$

$$f_1 = f_3 + \frac{2}{3}\rho_{\text{in}}u_{\text{in},x}$$

$$f_5 = f_7 - \frac{1}{2}\left(f_2 - f_4\right) + \frac{1}{2}\rho_{\text{in}}u_{\text{in},y} + \frac{1}{6}\rho_{\text{in}}u_{\text{in},x}$$

$$f_6 = f_8 + \frac{1}{2}\left(f_2 - f_4\right) - \frac{1}{2}\rho_{\text{in}}u_{\text{in},y} + \frac{1}{6}\rho_{\text{in}}u_{\text{in},x} \tag{6.17}$$

如果给定入口处的压力 p_{in}, 则密度 $\rho_{\text{in}} = p_{\text{in}}/c_{\text{s}}^2$ 是确定的, 此时入口速度 $\boldsymbol{u}_{\text{in}}$ 是未知的, 但 $\boldsymbol{u}_{\text{in}}$ 的一个分量必须是给定的, 否则未知数个数多于方程个数。对于入口边界, 通常有 $\boldsymbol{u}_{\text{in},y} = 0$, 这样就可以仿照 6.1.2 小节中的过程列方程组求解。或者直接利用式 (6.17) 可以得到

$$u_{\text{in},x} = 1 - \frac{f_0 + f_2 + f_4 + 2\left(f_3 + f_6 + f_7\right)}{\rho_{\text{in}}}$$

$$f_1 = f_3 + \frac{2}{3}\rho_{\text{in}}u_{\text{in},x}$$

$$f_5 = f_7 - \frac{1}{2}\left(f_2 - f_4\right) + \frac{1}{6}\rho_{\text{in}}u_{\text{in},x}$$

$$f_6 = f_8 + \frac{1}{2}\left(f_2 - f_4\right) + \frac{1}{6}\rho_{\text{in}}u_{\text{in},x} \tag{6.18}$$

同理, 对于给定密度为 ρ_{o} 的出口, 有

$$u_{\text{o},x} = \frac{1}{\rho_{\text{o}}}\left[f_0 + f_2 + f_4 + 2\left(f_1 + f_5 + f_8\right)\right] - 1$$

$$f_3 = f_1 - \frac{2}{3}\rho_{\text{o}}u_{\text{o},x}$$

$$f_7 = f_5 + \frac{1}{2}\left(f_2 - f_4\right) - \frac{1}{6}\rho_{\text{o}}u_{\text{o},x}$$

$$f_6 = f_8 - \frac{1}{2}\left(f_2 - f_4\right) - \frac{1}{6}\rho_{\text{o}}u_{\text{o},x} \tag{6.19}$$

非平衡态反弹法也可以用于三维问题, 不过处理起来比二维复杂很多。下面我们以给定入口压力 (密度 ρ_{in}) 的上边界为例进行说明。假设采用的是 D3Q19 模型, 如图 6.8 所示。在执行迁移步之后, 上边界处的分布函数 f_6, f_{13}, f_{14}, f_{17}, f_{18}, 以及入口速度 u_{in}(沿 z 轴负方向), 共 6 个未知量。根据入口的密度、速度等宏观量, 可得

$$\rho_{\text{in}} = f_0 + f_1 + f_2 + f_3 + f_4 + f_5 + f_6 + f_7 + f_8 + f_9$$
$$+ f_{10} + f_{11} + f_{12} + f_{13} + f_{14} + f_{15} + f_{16} + f_{17} + f_{18} \tag{6.20}$$

$$\rho_{\text{in}}u_{\text{in}} = \left(f_5 + f_{11} + f_{12} + f_{15} + f_{16}\right) - \left(f_6 + f_{13} + f_{14} + f_{17} + f_{18}\right) \tag{6.21}$$

$$0 = \left(f_3 + f_7 + f_8 + f_{15} + f_{17}\right) - \left(f_4 + f_9 + f_{10} + f_{16} + f_{18}\right) \tag{6.22}$$

$$0 = \left(f_1 + f_7 + f_9 + f_{11} + f_{13}\right) - \left(f_2 + f_8 + f_{10} + f_{12} + f_{14}\right) \tag{6.23}$$

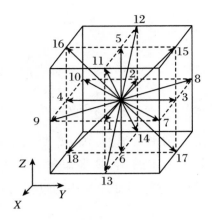

图 6.8 D3Q19 模型

再根据非平衡态反弹规则, 有

$$f_5 - f_5^{\mathrm{eq}} = f_6 - f_6^{\mathrm{eq}} \tag{6.24}$$

注意到

$$f_5^{\mathrm{eq}} = \frac{1}{18}\rho_{\mathrm{in}}\left(1 + 3u_{\mathrm{in}} + \frac{9}{2}u_{\mathrm{in}}^2 - \frac{3}{2}u_{\mathrm{in}}^2\right) \tag{6.25}$$

$$f_6^{\mathrm{eq}} = \frac{1}{18}\rho_{\mathrm{in}}\left[1 - 3u_{\mathrm{in}} + \frac{9}{2}(-u_{\mathrm{in}})^2 - \frac{3}{2}(-u_{\mathrm{in}})^2\right] \tag{6.26}$$

因此方程 (6.24) 变为

$$f_5 - f_6 = \frac{1}{3}\rho_{\mathrm{in}}u_{\mathrm{in}} \tag{6.27}$$

上式与式 (6.20)~ 式 (6.23) 共 5 个方程, 但是未知量有 6 个, 因此需要再补充条件以使方程组封闭。把式 (6.27) 代入式 (6.21), 可得

$$\frac{2}{3}\rho_{\mathrm{in}}u_{\mathrm{in}} = (f_{11} + f_{12} + f_{15} + f_{16}) - (f_{13} + f_{14} + f_{17} + f_{18}) \tag{6.28}$$

这里我们假设下式成立:

$$\frac{1}{3}\rho_{\mathrm{in}}u_{\mathrm{in}} = (f_{11} + f_{12}) - (f_{13} + f_{14}) \tag{6.29}$$

再代入方程 (6.28), 可得

$$\frac{1}{3}\rho_{\mathrm{in}}u_{\mathrm{in}} = (f_{15} + f_{16}) - (f_{17} + f_{18}) \tag{6.30}$$

方程 (6.29) 和 (6.30) 意味着向上移动的质量 (f_{11}, f_{12}, f_{15}, f_{16}) 和向下移动的质量 (f_{13}, f_{14}, f_{17}, f_{18}) 之间的差异均匀分布在 (y,z) 和 (x,z) 平面上。这样, 方程 (6.20) ~ 方程

(6.23)、方程 (6.27) 和方程 (6.29) 构成了封闭的方程组, 可以解得

$$
\begin{aligned}
u_{\mathrm{in}} = & -1 + \frac{1}{\rho_{\mathrm{in}}}(f_0 + f_1 + f_2 + f_3 + f_4 + f_7 + f_8 + f_9 + f_{10}) \\
& + \frac{2}{\rho_{\mathrm{in}}}(f_5 + f_{11} + f_{12} + f_{15} + f_{16}) \\
f_6 = & f_5 - \frac{1}{3}\rho_{\mathrm{in}}u_{\mathrm{in}} \\
f_{13} = & f_{12} - \frac{1}{6}\rho_{\mathrm{in}}u_{\mathrm{in}} - \frac{1}{2}(-f_2 - f_8 - f_{10} + f_1 + f_7 + f_9) \\
f_{14} = & f_{11} - \frac{1}{6}\rho_{\mathrm{in}}u_{\mathrm{in}} + \frac{1}{2}(-f_2 - f_8 - f_{10} + f_1 + f_7 + f_9) \\
f_{17} = & f_{16} - \frac{1}{6}\rho_{\mathrm{in}}u_{\mathrm{in}} - \frac{1}{2}(f_3 + f_7 + f_8 - f_4 - f_9 - f_{10}) \\
f_{18} = & f_{15} - \frac{1}{6}\rho_{\mathrm{in}}u_{\mathrm{in}} + \frac{1}{2}(f_3 + f_7 + f_8 - f_4 - f_9 - f_{10})
\end{aligned}
\tag{6.31}
$$

6.3.3　进出口非平衡态外推法

在前面介绍的平衡态格式中, 直接把边界上的分布函数设置为平衡态分布函数 f_i^{eq}, 忽略了非平衡态部分 f_i^{neq}, 因此这一方法是不够精确的。但是边界处的 f_i^{neq} 又是未知的, 如何对其进行估算成了新的问题。最简单的方法是利用附近流体点的 f_i^{neq} 进行外推来获取边界处 f_i^{neq}, 这就是非平衡态外推法 (non-equilibrium extrapolation method), 由 Guo 等 (2002a) 提出。该方法的具体做法是, 在完成迁移过程之后, 先把边界上未知的分布函数分为平衡态和非平衡态两部分:

$$
f_i(\boldsymbol{x}_{\mathrm{b}}, t) = f_i^{\mathrm{eq}}(\boldsymbol{x}_{\mathrm{b}}, t) + f_i^{\mathrm{neq}}(\boldsymbol{x}_{\mathrm{b}}, t)
\tag{6.32}
$$

其中平衡态部分 $f_i^{\mathrm{eq}}(\boldsymbol{x}_{\mathrm{b}}, t)$ 由边界处的密度 ρ_{w} 和速度 $\boldsymbol{u}_{\mathrm{w}}$ 决定。如果 $\boldsymbol{u}_{\mathrm{w}}$ 给定, ρ_{w} 未知, 则用邻近流体点的密度 ρ_{f} 来近似。非平衡态部分 $f_i^{\mathrm{neq}}(\boldsymbol{x}_{\mathrm{b}}, t)$ 直接用邻近流体点处的 f_i^{neq} 代替, 即

$$
f_i^{\mathrm{neq}}(\boldsymbol{x}_{\mathrm{b}}, t) = f_i(\boldsymbol{x}_{\mathrm{f}}, t) - f_i^{\mathrm{eq}}(\rho_{\mathrm{f}}, \boldsymbol{u}_{\mathrm{f}})
\tag{6.33}
$$

把上式代入式 (6.32), 可得

$$
f_i(\boldsymbol{x}_{\mathrm{b}}, t) = f_i^{\mathrm{eq}}(\boldsymbol{x}_{\mathrm{b}}, t) + f_i(\boldsymbol{x}_{\mathrm{f}}, t) - f_i^{\mathrm{eq}}(\rho_{\mathrm{f}}, \boldsymbol{u}_{\mathrm{f}})
\tag{6.34}
$$

注意到外推式 (6.33) 是一阶的, 但非平衡态部分本身又是一阶量, 所以总的来说, 非平衡态外推法的精度是二阶的。相比于高阶外推格式, 低阶外推的数值稳定性较好, 而且操作简单, 易于实现。

6.4 曲面无滑移边界条件

6.4.1 插值反弹法

前面介绍了用反弹法处理壁面无滑移条件, 比如半反弹格式：

$$f_i(\boldsymbol{r}_1, t+\delta t) = f'_{\bar{i}}(\boldsymbol{r}_1, t) + 2\rho\omega_i \frac{\boldsymbol{e}_i \cdot \boldsymbol{u}_{\mathrm{w}}}{c_{\mathrm{s}}^2} \tag{6.35}$$

其中 $\bar{i}$ 表示与 i 相反的方向, $\boldsymbol{u}_{\mathrm{w}}$ 为壁面速度。但是该方法只适用于平直壁面, 若用于曲壁面则只有一阶精度, 这是因为曲壁面不会正好位于网格线的中心。可以采用插值的方法来解决这一问题, 即**插值反弹法**。前人发展了很多不同的插值反弹法 (Mei et al., 2000; Bouzidi et al., 2001; Guo et al., 2002b; Ginzburg et al., 2003; Chun et al., 2007; Zhao et al., 2017; Tao et al., 2018; Marson et al., 2021), 都仍然基于反弹思想, 对于壁面不在网格线的中心的情况, 通过附近点的插值得到更精确的边界条件。

下面我们以 Bouzidi 等 (2001) 提出的方法为例进行说明。除了基于反弹这个特点, 此方法的另一个特色就是始终坚持内插而非外推。下面的推导过程中我们可以清楚地看到, 就是在求未知的分布函数的时候, 很多地方是有机会简单直接地利用外推来做的, 但是 Bouzidi 等 (2001) 却没有这么做。因为从数值计算方法的角度来看, 外推的数值稳定性弱于内插, 所以 Bouzidi 一直在想方设法进行内插, 这样使得 Bouzidi 插值反弹格式的稳定性会更好。

如图 6.9 所示, 对于壁面附近的流体点 $\boldsymbol{r}_1$, 在执行迁移步骤时, 在 i 方向的分布函数 $f_i(\boldsymbol{r}_1, t+\delta t)$ 需要 $\boldsymbol{r}_{\mathrm{s}}$ 点上的分布函数信息。但是 $\boldsymbol{r}_{\mathrm{s}}$ 点为固体点, 不存在分布函数, 此处需要利用壁面边界条件来获取 $f_i(\boldsymbol{r}_1, t+\delta t)$ 的值。

假设壁面到最近流体点的距离为 $q\delta x$, 其中 $q \in [0,1]$ 为系数。当 $q = 0.5$ 时, 使用反弹法 (式 (6.35)) 处理即可。当 $q \neq 0.5$ 时, 需要用附近点 $(\boldsymbol{r}_2, \boldsymbol{r}_3)$ 的信息进行插值：

当 $q < 0.5$ 时, 如图 6.9 (b) 所示, 壁面与流体点 $\boldsymbol{r}_1$ 的距离小于半个网格。此时, $f_i(\boldsymbol{r}_1, t+\delta t)$ 可以看作是由 $\boldsymbol{r}_4$ 处 (位于 $\boldsymbol{r}_1$ 和 $\boldsymbol{r}_2$ 之间) 的分布函数 $f'_{\bar{i}}(\boldsymbol{r}_4, t)$ 与壁面碰撞后反弹到 $\boldsymbol{r}_1$, 即

$$f_i(\boldsymbol{r}_1, t+\delta t) = f'_{\bar{i}}(\boldsymbol{r}_4, t) + 2\rho\omega_i \frac{\boldsymbol{e}_i \cdot \boldsymbol{u}_{\mathrm{w}}}{c_{\mathrm{s}}^2} \tag{6.36}$$

信息由 $\boldsymbol{r}_4$ 传到 $\boldsymbol{r}_1$ 经过的路程恰好为 δx, 则 $\boldsymbol{r}_1$ 和 $\boldsymbol{r}_4$ 之间的距离为 $x_1 - x_4 = (1-2q)\delta x$。由于 $\boldsymbol{r}_4$ 不在网格点上, 此处的分布函数需要由附近点插值得到：

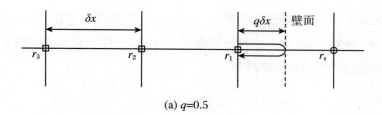

(a) q=0.5

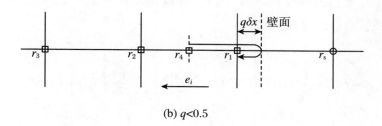

(b) q<0.5

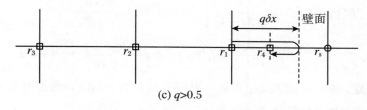

(c) q>0.5

图 6.9　一维插值反弹模型示意图。虚线为壁面和流体的交界面,r_1, r_2 和 r_3 为流体网格点,r_s 为固体网格点,r_4 为插值时使用的虚拟点。$q\delta x$ 表示壁面到最近流体点的距离

线性的:

$$f_i'(\boldsymbol{r}_4,t) = \frac{x_4 - x_1}{x_2 - x_1} f_i'(\boldsymbol{r}_2,t) + \frac{x_4 - x_2}{x_1 - x_2} f_i'(\boldsymbol{r}_1,t) \tag{6.37a}$$

二次的:

$$f_i'(\boldsymbol{r}_4,t) = \frac{(x_4 - x_2)(x_4 - x_3)}{(x_1 - x_2)(x_1 - x_3)} f_i'(\boldsymbol{r}_1,t) + \frac{(x_4 - x_1)(x_4 - x_3)}{(x_2 - x_1)(x_2 - x_3)} f_i'(\boldsymbol{r}_2,t)$$
$$+ \frac{(x_4 - x_1)(x_4 - x_2)}{(x_3 - x_1)(x_3 - x_2)} f_i'(\boldsymbol{r}_3,t) \tag{6.37b}$$

其中式 (6.37a) 为线性插值, 式 (6.37b) 为二次插值。将式 (6.37) 代入式 (6.36), 可得:

线性的:

$$f_i(\boldsymbol{r}_1,t+\delta t) = 2q f_i'(\boldsymbol{r}_1,t) + (1-2q) f_i'(\boldsymbol{r}_2,t) + 2\rho\omega_i \frac{\boldsymbol{e}_i \cdot \boldsymbol{u}_\mathrm{w}}{c_\mathrm{s}^2} \tag{6.38a}$$

二次的:

$$f_i(\boldsymbol{r}_1,t+\delta t) = q(2q+1) f_i'(\boldsymbol{r}_1,t) + (1-2q)(1+2q) f_i'(\boldsymbol{r}_2,t)$$
$$+ q(1-2q) f_i'(\boldsymbol{r}_3,t) + 2\rho\omega_i \frac{\boldsymbol{e}_i \cdot \boldsymbol{u}_\mathrm{w}}{c_\mathrm{s}^2} \tag{6.38b}$$

对于 $q > 0.5$ 的情况, 如图 6.9(c) 所示, $f_i(\boldsymbol{r}_1, t+\delta t)$ 的值需要由 r_2, r_3, r_4 处的分布函数 $f_i(\boldsymbol{r}_{2-4}, t+\delta t)$ 插值得到。 r_4 处的分布函数 $f_i(\boldsymbol{r}_4, t+\delta t)$ 由迁移之前的 r_1 处的分布函数 $f_i'(\boldsymbol{r}_1, t)$ 迁移并碰撞壁面后反弹得到:

$$f_i(\boldsymbol{r}_4, t+\delta t) = f_i'(\boldsymbol{r}_1, t) + 2\rho\omega_i \frac{\boldsymbol{e}_i \cdot \boldsymbol{u}_{\mathrm{w}}}{c_{\mathrm{s}}^2} \tag{6.39}$$

信息由 r_1 传到 r_4 经过的路程也是 δx, 则 r_1 和 r_4 的距离为 $x_4 - x_1 = (2q-1)\delta x$。通过线性插值或者二次插值可以得到:

线性的:

$$f_i(\boldsymbol{r}_1, t+\delta t) = \frac{1}{2q}\left[f_i'(\boldsymbol{r}_1, t) + 2\rho\omega_i \frac{\boldsymbol{e}_i \cdot \boldsymbol{u}_{\mathrm{w}}}{c_{\mathrm{s}}^2}\right] + \frac{2q-1}{2q}f_i(\boldsymbol{r}_2, t+\delta t) \tag{6.40a}$$

二次的:

$$f_i(\boldsymbol{r}_1, t+\delta t) = \frac{1}{q(2q+1)}\left[f_i'(\boldsymbol{r}_1, t) + 2\rho\omega_i \frac{\boldsymbol{e}_i \cdot \boldsymbol{u}_{\mathrm{w}}}{c_{\mathrm{s}}^2}\right]$$
$$+ \frac{2q-1}{q}f_i(\boldsymbol{r}_2, t+\delta t) - \frac{2q-1}{1+2q}f_i(\boldsymbol{r}_3, t+\delta t) \tag{6.40b}$$

对于二维问题, 如图 6.10 所示, 在某一方向上与上面介绍的一维情况是完全相同的, 根据 q 值的不同, 采用相应的插值方法即可。

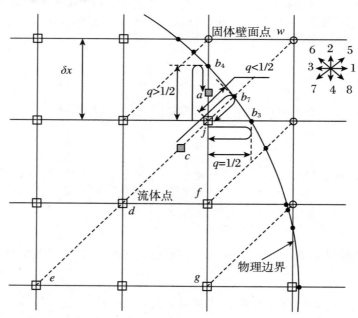

图 6.10 二维插值反弹法示意图。黑色实线为固体边界。实线左边为流体区, 右边为固体区

相比于线性插值, 二次插值更加复杂, 但是可以获得更高的精度。然而, 插值过程的存在意味着壁面附近必须存在两个或两个以上的流体点, 一方面这不利于程序并行, 另一方

面流体中两个壁面 (比如颗粒) 距离较近, 以至于其间的流体点少于两个, 从而没办法处理。因此, 前人又发展了基于单个流体点的壁面处理方法 (Zhao et al., 2017; Tao et al., 2018; Marson et al., 2021), 这里不再赘述。

6.4.2　非平衡态外推法

在 6.3 节中介绍的处理平直边界的非平衡态外推法可以推广到曲面边界问题。与插值反弹法不同的是, 非平衡态外推法要求在最靠近壁面的固体节点 $\boldsymbol{x}_{\mathrm{w}}$(至少有一个方向与流体点相连) 上也执行碰撞过程, 然后就可以向流体点进行迁移, 即边界附近的流体点可以像内部流体点一样正常执行迁移过程。为此, 先把 $\boldsymbol{x}_{\mathrm{w}}$ 处的分布函数分解为平衡态部分和非平衡态部分:

$$f_i(\boldsymbol{x}_{\mathrm{w}},t) = f_i^{\mathrm{eq}}(\boldsymbol{x}_{\mathrm{w}},t) + f_i^{\mathrm{neq}}(\boldsymbol{x}_{\mathrm{w}},t) \tag{6.41}$$

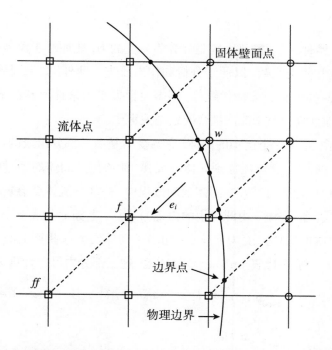

图 6.11　非平衡态外推法示意图。黑色实线为固体边界。实线左边为流体区, 右边为固体区

平衡态部分为

$$f_i^{\mathrm{eq}}(\boldsymbol{x}_{\mathrm{w}}) = \omega_i \rho_f \left[1 + \frac{\boldsymbol{e}_i \cdot \boldsymbol{u}_{\mathrm{w}}}{c_{\mathrm{s}}^2} + \frac{(\boldsymbol{e}_i \cdot \boldsymbol{u}_{\mathrm{w}})^2}{2c_{\mathrm{s}}^4} - \frac{\boldsymbol{u}_{\mathrm{w}}^2}{2c_{\mathrm{s}}^2} \right] \tag{6.42}$$

其中 ρ_f 为最邻近 $\boldsymbol{x}_{\mathrm{w}}$ 的流体点的密度, 速度 $\boldsymbol{u}_{\mathrm{w}}$ 通过插值确定:

$$\boldsymbol{u}_{\mathrm{w}} = \begin{cases} \boldsymbol{u}_{\mathrm{w}1}, & q \geqslant 0.75 \\ q\boldsymbol{u}_{\mathrm{w}1} + (1-q)\boldsymbol{u}_{\mathrm{w}2}, & q < 0.75 \end{cases} \tag{6.43}$$

其中 $\boldsymbol{u}_{\mathrm{w}1} = \left[\boldsymbol{u}_{\mathrm{b}} + (q-1)\boldsymbol{u}_f\right]/q$, $\boldsymbol{u}_{\mathrm{w}2} = \left[2\boldsymbol{u}_{\mathrm{b}} + (q-1)\boldsymbol{u}_{ff}\right]/(1+q)$。

对非平衡态部分采用类似的插值:

$$f_i^{\mathrm{neq}}(\boldsymbol{x}_{\mathrm{w}}, t) = \begin{cases} f_i^{\mathrm{neq}}(\boldsymbol{x}_f, t), & q \geqslant 0.75 \\ qf_i^{\mathrm{neq}}(\boldsymbol{x}_f, t) + (1-q)f_i^{\mathrm{neq}}(\boldsymbol{x}_{ff}, t), & q < 0.75 \end{cases} \tag{6.44}$$

得到平衡态部分和非平衡态部分之后, $\boldsymbol{x}_{\mathrm{w}}$ 处的碰撞步可以执行为

$$f_i^{+}(\boldsymbol{x}_{\mathrm{w}}, t) = f_i^{\mathrm{eq}}(\boldsymbol{x}_{\mathrm{w}}, t) + \left(1 - \frac{1}{\tau}\right)f_i^{\mathrm{neq}}(\boldsymbol{x}_{\mathrm{w}}, t) \tag{6.45}$$

6.5　运动固体受力的计算

在处理流固边界时, 一项重要内容是计算固体上的力, 比如对于翼型绕流, 我们需要知道翼型的升力系数和阻力系数, 以便于分析和作出改进。此外, 如果固体是可以自由运动的, 比如流体中的刚性颗粒、柔性丝线等, 则需要根据受力来计算其在下一时刻的位置和速度。因此, 正确地计算力对于流固耦合问题至关重要。

如图 6.12 所示, 对于一个运动的固体, 它的受力是由三部分组成的: 一部分是由边界上的动量交换引起的, 即, 流体碰撞到固体并反弹, 使流体和固体的动量都发生改变, 因此固体会受到相应的力, 记为 $\boldsymbol{F}^{(\mathrm{b})}$; 在固体运动过程中, 一部分流体点会被固体覆盖, 流体点上的动量相当于传递给了固体, 由此产生的力记为 $\boldsymbol{F}^{(\mathrm{c})}$, 上标 c 代表 cover(覆盖); 当然, 固体的运动也会使原本的固体点变为流体点, 相当于固体失去这些点上的动量, 由此也产生一个力, 记为 $\boldsymbol{F}^{(\mathrm{u})}$, 上标 u 代表 uncover。具体地, 这三部分力可以计算为

$$\boldsymbol{F}^{(\mathrm{b})}\left(\boldsymbol{x}_{\mathrm{b}}, t + \frac{1}{2}\right) = \sum_i \boldsymbol{e}_i \left[f_i(\boldsymbol{x}_{\mathrm{b}}, t) + f_i(\boldsymbol{x}_{\mathrm{b}} + \boldsymbol{e}_i, t)\right] \times \left[1 - w(\boldsymbol{x}_{\mathrm{b}} + \boldsymbol{e}_i, t)\right] \tag{6.46}$$

$$\boldsymbol{F}^{(\mathrm{c})}\left(\boldsymbol{x}, t + \frac{1}{2}\right) = \sum_i f_i(\boldsymbol{x}, t)\boldsymbol{e}_i \tag{6.47}$$

$$\boldsymbol{F}^{(\mathrm{u})}\left(\boldsymbol{x}, t + \frac{1}{2}\right) = -\rho(\boldsymbol{x}, t)\boldsymbol{u}(\boldsymbol{x}, t) \tag{6.48}$$

其中 $w(\boldsymbol{x}_{\mathrm{b}} + \boldsymbol{e}_i, t)$ 为指标函数, 若 $\boldsymbol{x}_{\mathrm{b}} + \boldsymbol{e}_i$ 是固体点, 则 $w(\boldsymbol{x}_{\mathrm{b}} + \boldsymbol{e}_i, t) = 1$; 若为流体点, 则函数值为 0。因此, 总的边界力为

$$\boldsymbol{F}\left(t + \frac{1}{2}\right) = \sum_{SBN} \boldsymbol{F}^{(\mathrm{b})}\left(\boldsymbol{x}_{\mathrm{b}}, t + \frac{1}{2}\right) + \sum_{CN} \boldsymbol{F}^{(\mathrm{c})}\left(\boldsymbol{x}, t + \frac{1}{2}\right) + \sum_{UN} \boldsymbol{F}^{(\mathrm{u})}\left(\boldsymbol{x}, t + \frac{1}{2}\right) \tag{6.49}$$

上式右边的第一项积分针对所有的边界点, 后两项积分针对涉及的节点。

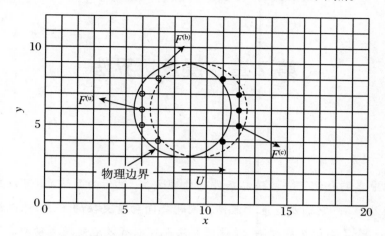

图 6.12　运动固体受力的计算示意图。实线为固体边界, 虚线为固体下一时刻的位置, U 为固体的瞬时速度, 实心圆点为被固体覆盖的流体点, 空心圆点为重新变为流体点的节点

第 7 章　浸没边界法

在上一章中我们介绍了一些边界条件的处理方法, 对于曲面边界, 可以采用插值反弹法和非平衡态外推法, 它们都是基于流体、固体之间动量交换的方法, 可以统称为流固耦合动量交换法。除了动量交换方法, 浸没边界法也可以有效地处理运动曲面边界与流动之间的耦合, 其原理与动量交换方法有明显的不同, 这里我们单独用一章来介绍这个方法。

7.1　简　　介

传统的 CFD 方法中, 对于运动的复杂曲面边界, 通常的想法是为了保证壁面附近的空间精度, 可能需要用贴体网格。贴体网格有多种, 比如说结构化的贴体网格, 如图 7.1(a) 所示, 环绕着这个椭圆体的是结构化的 O 形网格。当然, 更多的情况下, 可能是非结构化的贴体网格, 因为处理复杂边界非结构化网格具有更多优势, 如图 7.1(b)、(c) 所示。在传统的 CFD 方法中, 遇到非常复杂的固体边界, 可能光是前处理 (画网格) 就要耽误大量的时间。很多大型算例, 比如说飞机或者潜艇流动的模拟算例中, 大部分的精力可能消耗在画高质量的网格上。另一种思路就是以不变应万变, 始终在 Cartesian 网格中, 如图 7.2(a) 所示。若遇到外形变化比较剧烈的地方, 则采用 Cartesian 网格加密, 如图 7.2(b) 所示。这样的话, 画网格方便很多, 前处理时间大大减少。

数值模拟求解流固耦合问题的方法, 按大类可以分为流固耦合强耦合方法和流固耦合弱耦合方法。在流固耦合强耦合方法中, 下一个时刻固体的变形、位移和新的流场是同时求解出来的, 当然流固之间严格满足无滑移、无穿透的壁面边界条件。在弱耦合方法中, 固体的变形、位移和流体的流动不是同时求解的, 比如说先把某个时刻的流场求出来, 然后再根据流场对固体的作用力, 依据固体的本构方程、运动方程求出固体的变形、位移。然后在新的固体形状位置下求出新的流场, 如此反复迭代, 从而获得流固耦合模拟的结果。文献中一般弱耦合方法用得多一些。本章也仅介绍弱耦合方法。

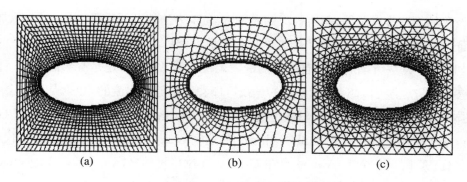

图 7.1　结构化和非结构化的贴体网格

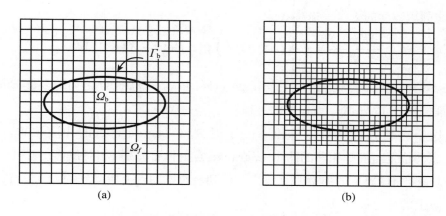

图 7.2　在浸没边界附近无局部加密和有局部加密的 Cartesian 网格

浸没边界法 (immersed boundary method, IBM) 是一种用来处理复杂边界问题的常用的高效的方法, 最早由 Peskin 提出, 用于模拟弹性心脏瓣膜中的血液流动问题 (Peskin, 1972, 1997, 2002)。该方法的特色就是用 Cartesian 均匀网格。IB(immersed boundary) 方法的基本思路简介如下。通常我们看流场中圆柱绕流问题的思路是这样的: 流体在圆柱的边界上, 应该满足无穿透、无滑移的物理边界条件。模拟圆柱绕流时, 固体内部区域不用求解 Navier-Stokes 方程。但是 IB 方法看这个问题的思路是这样的: 圆柱浸入流动区域之前, 流体在空间中顺利地流动; 圆柱浸没在流体中以后, 就类似于圆柱对周围的流体产生了一个扰动。如果在圆柱上可以布很多离散的点, 每个离散点都对周围流体产生一个阻碍的作用, 阻止流体流入这些点包围的区域内部, 那么就有可能等效地实现无穿透、无滑移的物理边界条件, 从而正确地得到圆柱扰流的模拟结果。这种思路的特点就是整个计算域 (包括圆柱内部) 所有 Euler 点上都要求解 Navier-Stokes 方程。当然, 最终求解出来的圆柱体内部的流场不影响圆柱体外的流场。

如果按照 IB 这种思路的话, 那么最关键的就是怎样求这些离散点上对流体施加的力 (扰动)。具体怎样去求这些离散点上力的大小、方向的细节也非常重要, 可能需要从数学出发来得到。但是 IB 方法这个物理上的思路, 即通过离散点上布置的这些力来实现无穿透、无滑移的物理边界条件, 具有极大的原创性。IB 方法的发展过程也是一个 "大胆假设, 小心求证" 的过程。在流固边界上布置的那些离散点就是 Lagrange 点。

最初的 IB 方法考虑的是没有质量的浸没柔性丝线 (它本身还是有弯曲刚度、拉伸刚度的), 参见图 7.3。可以想象, 无质量的丝线可以看作是随波逐流的, 也就是说它会随着周围的流体运动而跟随运动。那么丝线上的离散点 (Lagrange 点)$\boldsymbol{X}(s,t)$ 的速度可以通过该 Lagrange 点周围流体点 (背景 Euler 网格点) 的速度 $\boldsymbol{u}(\boldsymbol{x},t)$ 插值出来。这里的 s 代表丝线的曲线坐标, $\boldsymbol{X}$ 则是某个 Lagrange 点在 Cartesian 网格下的坐标。无质量 Lagrange 点 $\boldsymbol{X}$ 的运动方程可表示为 $\dfrac{\partial \boldsymbol{X}(s,t)}{\partial t} = \boldsymbol{u}(\boldsymbol{X}(s,t),t)$。

上述步骤用数学的语言来描述就是

$$\frac{\partial \boldsymbol{X}(s,t)}{\partial t} = \boldsymbol{u}(X(s,t),t) = \int_{\Omega} \boldsymbol{u}(\boldsymbol{x},t)\delta(\boldsymbol{x} - \boldsymbol{X}(s,t))\mathrm{d}\boldsymbol{x} \tag{7.1}$$

方程的右边部分其实代表了通过该 Lagrange 点周围一定的范围 Ω 之内的多个 Euler 网格点上速度插值出该 Lagrange 点速度的过程。

有了这个运动方程就可以求出下一个时刻该 Lagrange 点的相应位置。根据该 Lagrange 点的位置与周围相邻的两个 Lagrange 点的位置差别 (相对位移), 就可以利用丝线的本构方程 (如最简单的弹簧胡克定律), 得到该拉格朗点上所受到的力。这样, 每一个 Lagrange 点上的受力都可以得出。

接下来的步骤就是把这些力对流体的影响分布到周围流体网格点上去。这个步骤可以用 δ 函数来实现。这样也就能够把每个 Lagrange 点上的力分布到周围的一定范围内流体点上去。所有 Lagrange 点都执行相同的步骤之后, 固体对流体的影响也就顺利地进入流场求解中了。得到下一个时间步新的流场以后又可以重复以上的步骤。这样不断循环, 最终实现流固耦合模拟。以上讲述的是最初的 Peskin 柔性流固耦合边界的实现, 其实在后来 IB 方法也有很多种变化。

总的来说, IB 方法流固耦合的特色就是：在流动的控制方程 (N-S 方程) 中显式或隐式地添加一个力密度项, 以实现无滑移、无穿透边界条件。这里介绍计算边界上的力密度的两种方式：**反馈力方法** (feedback forcing method) 和**直接力方法** (direct-forcing method)。在反馈力方法中, 边界上的力密度是通过边界点上的位置和 / 或速度的反馈过程来计算的; 而在直接力方法中, 力密度是通过使用流动方程直接确定的。

如图 7.3 所示, 在 IB 方法中, 流体区域通常采用 Cartesian 网格 (结构化非贴体网格) 离散, 浸没在流体中的固体边界则离散为一系列 Lagrange 点。因为固体边界与流体 Cartesian 网格点通常不重合, 所以 IB 方法还需要考虑界面格式, 分为**扩散界面格式** (diffuse interface scheme) 和**尖锐界面格式** (sharp interface scheme)。对于扩散界面格式, 边界力效应需要通过 δ 函数分布到相邻的流体节点上。这使得流固边界在数值上看来有一定厚度, 被称为扩散界面 (图 7.3), 扩散的程度与选用的离散的 δ 函数有关。而在尖锐界面格式中, 受力点位于最靠近边界的流体节点上, 通过插值满足无滑移条件。因为所采用的界面格式可能直接影响 IBM 的精度, 所以界面格式也是 IBM 中的重要课题之一。这里我们讨论常用的扩散界面法。

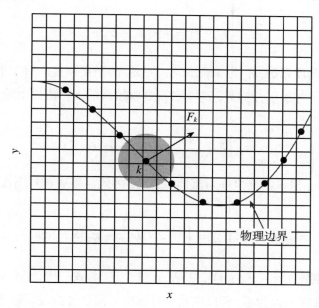

图 7.3　IB 方法示意图。浸没在流体中的弯曲壁面, 其中粗曲线为固体边界, 圆点为边界上的 Lagrange 点, F_k 为第 k 个 Lagrange 点上的力。使用 δ 函数将 F_k 分布到周围流体点 (阴影区域)

我们已经知道, 格子 Boltzmann 方程 (LBE) 也是在 Cartesian 网格上离散的。由于简单和高效, 格子 Boltzmann 方法 (LBM) 已被广泛用于模拟复杂流动。使用 Cartesian 网格这一共同特征激发了 LBM 和 IBM 的耦合, 这一耦合方法被称为**浸没边界格子 Boltzmann 方法** (IB-LBM)。

7.2　反馈力 IB 方法

反馈力方法最早由 Peskin 提出 (Peskin, 1972, 1977), 根据边界点上的位置和 / 或速度, 流固边界上的力由本构方程 (如胡克定律等) 计算。

对于一个弹性体, 流固边界上的力为

$$\boldsymbol{F}(s,t) = \frac{\partial}{\partial s}(\boldsymbol{T}\boldsymbol{\tau}), \quad T = \sigma\left(\left|\frac{\partial \boldsymbol{x}_{\mathrm{b}}}{\partial s}\right|; s,t\right), \quad \tau = \frac{\partial \boldsymbol{x}_{\mathrm{b}}/\partial s}{|\partial \boldsymbol{x}_{\mathrm{b}}/\partial s|} \tag{7.2}$$

其中 $\boldsymbol{x}_{\mathrm{b}}$ 为边界上 Lagrange 点位置, s 为边界曲线坐标, T 为应力, τ 为单位切向量。

$T = \sigma\left(\left|\dfrac{\partial \boldsymbol{x}_{\mathrm{b}}}{\partial s}\right|; s, t\right)$ 代表的是依据本构关系来求应力。我们知道最简单的本构关系是胡克

定律。假设用胡克定律来求边界上的力，则有 (Lai et al., 2000a)

$$\boldsymbol{F}(s,t) = -\kappa\,(\boldsymbol{x}_{\mathrm{b}} - \boldsymbol{x}_{\mathrm{b}}^{\mathrm{e}}) \tag{7.3}$$

其中，κ 是正的弹簧劲度系数，$\boldsymbol{x}_{\mathrm{b}}^{\mathrm{e}}$ 为 Lagrange 点 $\boldsymbol{x}_{\mathrm{b}}$ 的平衡位置。对于柔性的边界来说，这样做没有问题。但是对于刚性边界，这样则需要取较大的 κ。边界上希望满足无滑移、无穿透条件：

$$\frac{\partial \boldsymbol{x}_{\mathrm{b}}(s,t)}{\partial t} = \boldsymbol{u}(\boldsymbol{x}_{\mathrm{b}}(s,t), t) \tag{7.4}$$

由于 Lagrange 点 $\boldsymbol{x}_{\mathrm{b}}$ 通常不会恰好与流体点重合，因此需要通过周围流体点的速度插值得到 $\boldsymbol{x}_{\mathrm{b}}$ 处的速度：

$$\boldsymbol{u}(\boldsymbol{x}_{\mathrm{b}}(s,t), t) = \int_{\Omega} \boldsymbol{u}(\boldsymbol{x}, t) D(\boldsymbol{x} - \boldsymbol{x}_{\mathrm{b}}(s,t)) \mathrm{d}\boldsymbol{x} \tag{7.5}$$

其中用到了 δ 函数 $D(\boldsymbol{x} - \boldsymbol{x}_{\mathrm{b}}(s,t))$，$\Omega$ 表示整个流体域。因为 δ 函数在远离 $\boldsymbol{x}_{\mathrm{b}}$ 处（$|\boldsymbol{x} - \boldsymbol{x}_{\mathrm{b}}(s,t)|$ 较大时）取值为零，所以在实际计算中只需要考虑 $\boldsymbol{x}_{\mathrm{b}}$ 附近的流体点以节省计算时间。边界上的力同样也使用 δ 函数分布到周围流体点上：

$$\boldsymbol{f}(\boldsymbol{x}, t) = \int_{\Gamma} \boldsymbol{F}(s, t) D(\boldsymbol{x} - \boldsymbol{x}_{\mathrm{b}}(s,t)) \mathrm{d}s \tag{7.6}$$

其中 Γ 代表边界。这样，边界力的信息就可以传递到流体求解器了，因为流体运动的控制方程是包含外力项 $\boldsymbol{f}(\boldsymbol{x},t)$ 的 N-S 方程：

$$\rho\left(\frac{\partial \boldsymbol{u}}{\partial t} + \boldsymbol{u} \cdot \nabla \boldsymbol{u}\right) + \nabla p = \mu \Delta \boldsymbol{u} + \boldsymbol{f} \tag{7.7}$$

$$\nabla \cdot \boldsymbol{u} = 0 \tag{7.8}$$

流体运动的控制方程可以用 LBM 方法求解。

在上面的步骤中，我们两次使用了 δ 函数：由流体点速度插值得到边界 Lagrange 点速度；将边界力分布到相邻流体点。δ 函数可以有多种形式，比如在二维问题中：

$$D(\boldsymbol{x} - \boldsymbol{x}_{\mathrm{b}}) = \frac{1}{h^2} \mathrm{d}_h\left(\frac{x - x_{\mathrm{b}}}{h}\right) \mathrm{d}_h\left(\frac{y - y_{\mathrm{b}}}{h}\right) \tag{7.9}$$

其中 h 为网格间距，$\mathrm{d}_h(r)$ 为一维 δ 函数，可以取为

$$\mathrm{d}_h(r) = \begin{cases} 1 - |r|, & |r| \leqslant 1 \\ 0, & |r| > 1 \end{cases} \tag{7.10}$$

或者

$$d_h(r) = \begin{cases} \dfrac{1}{8}\left(3 - 2|r| + \sqrt{1 + 4|r| - 4r^2}\right), & 0 \leqslant |r| < 1 \\[2mm] \dfrac{1}{8}\left(5 - 2|r| - \sqrt{-7 + 12|r| - 4r^2}\right), & 1 \leqslant |r| < 2 \\[2mm] 0, & |r| \geqslant 2 \end{cases} \tag{7.11}$$

方程 (7.10) 是两点 δ 函数 (在某个维度上左边和右边各一个点), 于是边界力被分布到与边界 Lagrange 点距离小于或者等于一个网格间距 (式 (7.10)) 的周围流体点上了; 方程 (7.11) 是 Peskin 提出的四点 δ 函数 (在某个维度上左边和右边各两个点), 边界力则被分布到与边界 Lagrange 点距离小于或者等于两个网格间距 (式 (7.10)) 的周围流体点上了。不管用的是哪种离散 δ 函数, 流固边界看上去都具有一定厚度, 就好像边界具有扩散效应, 因此这种方法称为扩散界面格式。

前面我们提到公式 (7.3) 中, 对于刚性物体来讲, 需要施加较大的劲度系数 κ。较大的 κ 可能会导致方程组系数矩阵病态, 因此需要很小的时间步长, 制约了计算效率的提高。另一方面, 较小的 κ 值会导致假弹性效应, 如 Lai 等 (2000b) 的低 Reynolds 数圆柱尾迹模拟中所指出的, 流固边界可能偏离平衡位置过大。对于刚性物体可能还是用下面介绍的直接力方法好一些。

7.3　直接力 IB 方法

直接力方法由 Yusof(1996) 最先提出。直接力方法中的力密度可以通过以下过程直接确定。先考虑浸没在流体中的 Lagrange 点 $\boldsymbol{X}_k$, 该点在流场中自然应该满足没有外力的离散 N-S 方程:

$$\frac{\boldsymbol{u}^{n+1} - \boldsymbol{u}^n}{\Delta t}(\boldsymbol{X}_k) + (\boldsymbol{u}^n \cdot \nabla)\,\boldsymbol{u}^n(\boldsymbol{X}_k) + \nabla p^n(\boldsymbol{X}_k) - \frac{1}{Re}\Delta\boldsymbol{u}^n(\boldsymbol{X}_k) = 0 \tag{7.12}$$

其中 $\boldsymbol{u}^n$ 和 $\boldsymbol{u}^{n+1}$ 分别是当前时刻和下一时刻的速度场, $\boldsymbol{X}_k$ 为固体上的 Lagrange 点坐标。该点 $(\boldsymbol{X}_k)$ 尽管没有刚好在 Euler 网格点上 $(\boldsymbol{x})$, 但它肯定也必须满足流动的控制方程, 于是我们就有了上面的方程。

对于一个运动的流固边界, 假设已知 $\boldsymbol{X}_k$ 处的速度为 $\boldsymbol{U}^d$(一般通过固体的运动方程得到), 为了满足无滑移边界条件 (让 $\boldsymbol{X}_k$ 点的速度为 $\boldsymbol{U}^d$), 我们希望下面的方程成立:

$$\frac{\boldsymbol{U}^d - \boldsymbol{u}^n}{\Delta t}(\boldsymbol{X}_k) + (\boldsymbol{u}^n \cdot \nabla)\,\boldsymbol{u}^n(\boldsymbol{X}_k) + \nabla p^n(\boldsymbol{X}_k) - \frac{1}{Re}\Delta\boldsymbol{u}^n(\boldsymbol{X}_k) = 0 \tag{7.13}$$

观察方程 (7.12) 和 (7.13), 容易发现它们的区别在左边第一项, 即 $\boldsymbol{u}^{n+1}$ 与 $\boldsymbol{U}^d$ 不一定相

等, 或者说此时的方程 (7.12) 还不满足 X_k 处的无滑移条件。因此, 可以在方程 (7.12) 的左边添加一个外力密度项 $\frac{F}{\rho}$, 使其也满足无滑移条件, 这正是浸没边界直接力方法的基本思想。于是我们强行加入外力密度项, 促使方程 (7.13) 成立, 也就是

$$\frac{u^{n+1}-u^n}{\Delta t}(X_k)+(u^n\cdot\nabla)u^n(X_k)+\nabla p^n(X_k)-\frac{1}{Re}\Delta u^n(X_k)+\frac{F}{\rho}=0 \tag{7.14}$$

对比方程 (7.13) 和 (7.14) 可以直接得到我们强行加入的外力密度项应该是

$$F=\rho\frac{U^d-u^{n+1}}{\Delta t} \tag{7.15}$$

这就是用来计算边界力的**直接力公式**。注意, 这里每个时刻的 U^d 通常可以通过固体的运动方程来得到。

7.4 IB-LBM 流固耦合模拟显式迭代算法流程图

前面我们已经初步介绍了扩散界面格式, 图 7.4 给出了 IB-LBM 采用显式扩散界面格式的直接力 IB-LBM 的具体计算过程。主要分为以下几个步骤:

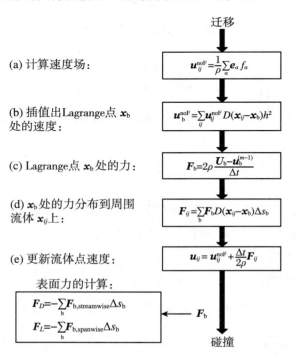

图 7.4 一步迭代扩散界面直接力 IB-LBM 的计算流程图

(a) 使用迁移之后的分布函数计算流体点上的非受迫 (unforced) 速度 u_{ij}^{noF}(这里称之为非受迫速度是因为还没有考虑边界力的作用)。

(b) 使用 δ 函数 (图 7.4 中的 $D(\boldsymbol{x}_{ij} - \boldsymbol{x}_{\text{b}})$), 通过与 Lagrange 点 $\boldsymbol{x}_{\text{b}}$ 相邻的流体点的速度 $\boldsymbol{u}_{ij}^{\text{noF}}$ 插值得到 $\boldsymbol{x}_{\text{b}}$ 处的非受迫速度 $\boldsymbol{u}_{\text{b}}^{\text{noF}}$。

(c) 利用直接力公式 (7.15), 由边界上 Lagrange 点的插值速度 $\boldsymbol{u}_{\text{b}}^{\text{noF}}$ 和无滑移条件给出的期望速度 $\boldsymbol{U}_{\text{b}}$ 来计算边界力 $\boldsymbol{F}_{\text{b}}$。注意到公式 $\boldsymbol{F}_{\text{b}} = 2\rho \dfrac{\boldsymbol{U}_{\text{b}} - \boldsymbol{u}_{\text{b}}}{\Delta t}$ 前面乘 2 是因为对 Boltzmann 方程时间积分采用了梯形公式离散, 与之对应的是在步骤 (e) 中更新速度场时又除以 2。

(d) 再次使用 δ 函数, 把 Lagrange 点上的力 $\boldsymbol{F}_{\text{b}}$ 分布到邻近的流体点 $\boldsymbol{x}_{ij}$, 得到边界对流体的力 $\boldsymbol{F}_{ij}$。

(e) $\boldsymbol{F}_{ij}$ 作用到流体点上, 因此需要更新流体点的速度。

得到边界 Lagrange 点 $\boldsymbol{x}_{\text{b}}$ 及其附近流体点 $\boldsymbol{x}_{ij}$ 上的力后, 静止物体的表面力便可以通过下式计算:

$$\boldsymbol{F}_{\text{s}} = -\sum_{\text{b}} \boldsymbol{F}(\boldsymbol{x}_{\text{b}}) \Delta s_{\text{b}} = -\sum_{i,j} \boldsymbol{F}(\boldsymbol{x}_{ij}) h^2 \tag{7.16}$$

得出物体表面受力以后, 就可以根据物体的运动方程来求解其下一步的相应的位置、速度。

在上面介绍的扩散界面格式中, 边界力密度仅是一步迭代得到的, 因此称为一步迭代扩散界面格式。然而, 如果用流体点上更新后的速度 u_{ij} 再次插值得到 $\boldsymbol{x}_{\text{b}}$ 上的速度 (图 7.4 中的步骤 (b), 只不过把 $\boldsymbol{u}_{ij}^{\text{noF}}$ 换为 $\boldsymbol{u}_{ij}$), 则结果可能还不能满足无滑移条件, 这是因为用来更新速度的力 $\boldsymbol{F}_{ij}$ 是由更新之前的速度 $\boldsymbol{u}_{ij}^{\text{noF}}$ 得到的。因此, 又进一步发展出了多步迭代扩散界面格式。

多步迭代直接力算法流程如图 7.5 所示。计算步骤 (a)~(e) 与显式扩散界面格式相同, 不同之处在于迭代执行步骤 (c)~(f), 直到由更新后的速度 $\boldsymbol{u}_{ij}^{(m)}$ 插值得到的边界速度 $\boldsymbol{u}_{\text{b}}^{(m)}$ 与期望速度 $\boldsymbol{U}_{\text{b}}$ 的差异非常小, 即边界上的无滑移条件更好地满足。如果没有迭代, 即 $N = 1$, 则退化到图 7.4中的一步迭代格式。

7.5　计算程序示例

为了便于读者学习 IB 方法, 下面我们给出一个直接力方法的计算程序, 采用的是多步迭代扩散界面格式, 只不过把循环次数设为 1, 等价于一步迭代格式。δ 函数采用式 (7.11)。注意, 网格间距、时间步长以及流体密度都取 1, 因此有些地方把它们省略了。

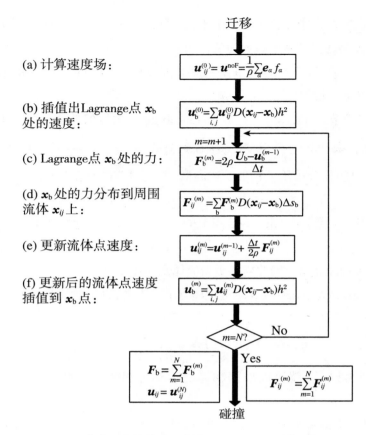

(a) 计算速度场：$\quad \boldsymbol{u}_{ij}^{(0)} = \boldsymbol{u}^{\text{noF}} = \dfrac{1}{\rho} \sum_{\alpha} \boldsymbol{e}_\alpha f_\alpha$

(b) 插值出Lagrange点 $\boldsymbol{x}_b$ 处的速度：$\quad \boldsymbol{u}_b^{(0)} = \sum_{i,j} \boldsymbol{u}_{ij}^{(0)} D(\boldsymbol{x}_{ij} - \boldsymbol{x}_b) h^2$

$m = m+1$

(c) Lagrange点 $\boldsymbol{x}_b$ 处的力：$\quad \boldsymbol{F}_b^{(m)} = 2\rho \dfrac{\boldsymbol{U}_b - \boldsymbol{u}_b^{(m-1)}}{\Delta t}$

(d) $\boldsymbol{x}_b$ 处的力分布到周围流体 $\boldsymbol{x}_{ij}$ 上：$\quad \boldsymbol{F}_{ij}^{(m)} = \sum_b \boldsymbol{F}_b^{(m)} D(\boldsymbol{x}_{ij} - \boldsymbol{x}_b) \Delta s_b$

(e) 更新流体点速度：$\quad \boldsymbol{u}_{ij}^{(m)} = \boldsymbol{u}_{ij}^{(m-1)} + \dfrac{\Delta t}{2\rho} \boldsymbol{F}_{ij}^{(m)}$

(f) 更新后的流体点速度插值到 $\boldsymbol{x}_b$ 点：$\quad \boldsymbol{u}_b^{(m)} = \sum_{i,j} \boldsymbol{u}_{ij}^{(m)} D(\boldsymbol{x}_{ij} - \boldsymbol{x}_b) h^2$

$m = N?$ —— No

Yes

$\boldsymbol{F}_b = \sum_{m=1}^{N} \boldsymbol{F}_b^{(m)}$

$\boldsymbol{u}_{ij} = \boldsymbol{u}_{ij}^{(N)}$

$\boldsymbol{F}_{ij}^{(m)} = \sum_{m=1}^{N} \boldsymbol{F}_{ij}^{(m)}$

图 7.5 多步迭代扩散界面直接力 IB-LBM 的计算流程图

还应该注意一些变量的定义、计算可能在其他子程序中，即下面的程序只是总体的一部分，我们把 IB 方法的关键程序部分摘录下来供读者阅读以快速入门。

```
! 扩散界面直接力浸没边界法子程序
subroutine IBforce()
use para
implicit none
integer k,temp,x,y,i,j,Itotal
real*8 del,tmp1,tmp2,rx,ry,Tm,t_a,y1,y2,x1,x2,Pbeta,Phi,Phi2,temp_fx,temp_fy

! 初始化 Lagrange 点的力
do i = 1,ele_point
    e_fx(i) = 0.d0
    e_fy(i) = 0.d0
    t_FLagx(i) = 0.d0
    t_FLagy(i) = 0.d0
enddo


do y =1, ly
do x =1, lx
    !u_x,u_y 为流场中 x,y 方向速度, 备份到 uex,uey, 便于之后更新
    uex(x,y) = u_x(x,y)
    uey(x,y) = u_y(x,y)
    !fors1,fors2 为流场中 x,y 方向的力
    fors1(x,y) = 0.d0
```

```
      fors2(x,y) = 0.d0
enddo
enddo

do 40 Itotal = 1,1   ! 只循环 1 次，显式方法
    do 30 k= 1,ele_point
        !Elagx,Elagy 为 Lagrange 点 x,y 坐标
        x = floor(Elagx(k))
        y = floor(Elagy(k))

        !Lux,Luy 为 Lagrange 点 x,y 方向速度，初始化
        Lux(k) = 0.d0
        Luy(k) = 0.d0

        ! 这里只需要考虑 Lagrange 点附近的流体点，因为距离远时 delta 函数
        ! 为零，这样可以节省计算时间
        do 31 j = y-3,y+4
        do 31 i = x-3,x+4

        rx = dabs(ELagx(k) - dble(i))
        ry = dabs(ELagy(k) - dble(j))

        !delta 函数:Phi2
        tmp1 = Phi2(rx)
        tmp2 = Phi2(ry)
        ! 插值得到 Lagrange 点速度 Lux,Luy
        Lux(k) = Lux(k) +tmp1*tmp2 *uex(i,j)
        Luy(k) = Luy(k) +tmp1*tmp2 *uey(i,j)

    31 continue
    30 continue

    do k=1,ele_point
        ! 直接力公式计算 Lagrange 点的力
        t_FLagx(k) = 2.d0*density*(e_ux(k) - Lux(k))
        t_FLagy(k) = 2.d0*density*(e_uy(k) - Luy(k))
    enddo

    do k = 1, ele_point
        e_fx(k) = e_fx(k)-t_Flagx(k)
        e_fy(k) = e_fy(k)-t_FLagy(k)
    enddo

    do 10 k =1,ele_point
    x = floor(ELagx(k))
    y = floor(ELagy(k))

        ! 这里也只需要考虑 Lagrange 点附近的流体点
        do 20 j = y-3, y+4
        do 20 i = x-3, x+4    ! 4 points

            rx = dabs(dble(i) - ELagx(k))
            ry = dabs(dble(j) - ELagy(k))

            !delta 函数:Phi2
            tmp1 = Phi2(rx)
            tmp2 = Phi2(ry)

            ! 把 Lagrange 点的力分布到流体点上,dels(k) 为单元长度
            temp_fx =  t_Flagx(k)*tmp1 *tmp2*dels(k)
            temp_fy =  t_Flagy(k)*tmp1 *tmp2*dels(k)
            fors1(i,j) = fors1(i,j) +temp_fx
```

```
                    fors2(i,j) = fors2(i,j) +temp_fy

                    ! 更新流体点速度
                    uex(i,j) = uex(i,j) + 0.5d0*temp_fx
                    uey(i,j) = uey(i,j) + 0.5d0*temp_fy

            20 continue
        10 continue
40 continue

do k = 1,ele_point
        ! 边界上每个单元受到的力,dels(k) 为单元长度
        e_fx(k) = e_fx(k)*dels(k)
        e_fy(k) = e_fy(k)*dels(k)
enddo

! 计算固体边界上的总力、力矩
particle_fx = 0.d0
particle_fy = 0.d0
particle_tor = 0.d0
do k = 1,ele_point
        particle_fx = particle_fx + e_fx(k)
        particle_fy = particle_fy + e_fy(k)
        particle_tor = particle_tor + e_fy(k)*(Elagx(k)-xcen) - e_fx(k)*(Elagy(k)-ycen)
enddo

! 把速度场 u_x,u_y 替换为更新后的速度场 uex,uey
do y =1, ly
do x =1, lx
        u_x(x,y) = uex(x,y)
        u_y(x,y) = uey(x,y)
enddo
enddo

end subroutine IBforce

!The 4-point discrete delta function
!4 点 delta 函数
FUNCTION Phi2(x)
IMPLICIT NONE
real(8)::Phi2,x,r

r=dabs(x)

if(r<1.0d0)then
        Phi2=(3.0-2.0*r+dsqrt(1.0+4.0*r-4.0*r*r))*0.125
elseif(r<2.0d0)then
        Phi2=(5.0-2.0*r-dsqrt(-7.0+12.0*r-4.0*r*r))*0.125
else
        Phi2=0.0d0
endif

ENDFUNCTION
```

这个程序可以用来处理流体中的颗粒、圆柱、板或丝线等问题,下面我们展示用来模拟圆柱绕流问题的结果。流动的 Reynolds 数 $Re = U_\infty D/\nu = 100$,其中 U_∞ 为来流速度,D 为圆柱直径,ν 为流体的运动学黏性系数。图 7.6 显示了流场中的瞬时流线和涡量,可以看到圆柱后正涡和负涡交替脱落, 形成卡门涡街。注意到圆柱内部也分布着涡量和流线,

这是因为 IB 方法把固体内部也当作流体计算, 只要在固体边界处能够满足无滑移条件即可。还注意到有少量流线穿过了圆柱, 这是因为在上面的程序中循环次数只是 1, 导致壁面上的无穿透条件没有严格满足。可以设定一个收敛准则, 多次迭代, 直到壁面边界条件很好地满足。

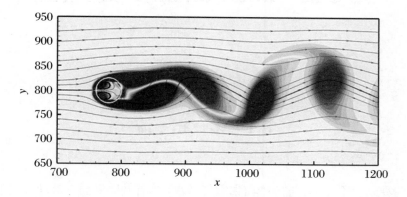

图 7.6　$Re = 100$ 时圆柱绕流的瞬时流线和涡量图

不过, 微弱的穿透效应对圆柱绕流问题影响不大。图 7.7 显示了圆柱的升力系数 C_l 和阻力系数 C_d, 可以看到它们都随着时间周期性地变化。一个周期内的平均阻力系数为 $\bar{C}_d = 1.424$, 最大升力系数为 $C_{l,\max} = 0.350$, 这与文献中的结果非常接近 (见表 7.1)。

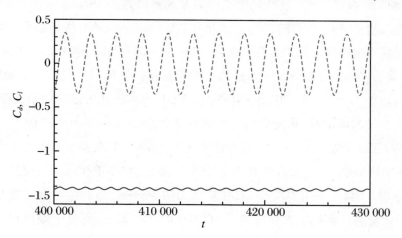

图 7.7　$Re = 100$ 时圆柱的升力系数 C_l 和阻力系数 C_d

表 7.1　$Re = 100$ 时圆柱绕流结果对比

	当前结果	Xu 等, 2006	Zhang 等, 2008	Chen 等, 2018
$C_{l,\max}$	0.350	0.34	0.33	0.34
$\bar{C}_d$	1.424	1.423	1.36	1.374

第 8 章　Shan-Chen 多相流模型

8.1 多　相　流

两种或两种以上不易混合的流体 (如空气和水) 具有共同界面且流动, 我们称为多相流动。多相流体相互作用在自然和工业过程中几乎无处不在。多相现象和流动可以包括单组分多相流体, 如水及其本身的蒸气, 以及多组分多相流体, 如油和水。多相流体问题的一些实际例子包括: 油藏石油资源的采收、地下水的非水相液体污染、土壤水分吸收与蒸发、表面湿润现象、燃料电池运行以及天空中云的运动和演化。

为了求解两相 N-S 方程, 已经发展了许多宏观数值方法 (Scardovelli et al., 1999), 如界面追踪方法、流体体积 (VOF) 方法、水平集方法等。前三种方法是最流行的。然而, 界面跟踪方法通常不能模拟界面的合并或分离 (Scardovelli et al., 1999; Liu et al., 2012)。在 VOF 和水平集方法中, 通常需要界面重构步骤或重新初始化, 这可能是非物理的, 执行起来可能也比较复杂 (Liu et al., 2012)。此外, 当 VOF 和水平集方法应用于模拟复杂几何情形下表面张力主导的流动时, 可能会出现数值不稳定 (Scardovelli et al., 1999)。

与常见的 CFD 方法相比, LBM 具有许多优点。第一, 它是基于分子动力学理论 (Luo, 1998) 的。在宏观尺度上, 它可以恢复 N-S 方程。第二, 对于单相流动的模拟, 通常涉及理想气体状态方程。因此, 不需要求解 LBM 中压力的 Poisson 方程。与常见的 CFD 方法相比, 这节省了大量的计算机中央处理单元 (CPU) 时间。第三, 它易于编程和并行化, 因为大部分的计算量都耗在当地节点的计算上。

在过去的 10 年中, LBM 已经成为一种数值鲁棒和高效模拟单相和多相流体的技术 (Rothman et al., 1988; Shan et al., 1993; Swift et al., 1995; He et al., 1999; Lee et al., 2005; Guo et al., 2013)。与传统的多相流方法相比, LBM 通常自动保持清晰的界面, 不需要明确的界面跟踪 (Inamuro et al., 2004; Házi et al., 2002; Sankaranarayanan et al., 2003)。

目前有几种流行的多相 LBM 模型。最早的是 Gunstensen 等 (1991) 在 Rothman-Keller (RK) 多相晶格气体模型 (Rothman et al., 1988) 的基础上提出的颜色梯度模型。

不久之后出现了 Shan-Chen (SC) 模型 (Shan et al., 1993)，该模型融合了流体微团间引力或斥力，以此实现相分离。Swift 等 (1995) 提出了自由能 (FE) 模型，然后 He-Chen-Zhang (HCZ) 模型也被提出来 (He et al., 1999)。结合常见的 CFD 技术，其他一些不算很流行的多相 LBM 也被提出来了，如对称自由能多组分 LBM(Li et al., 2007)、界面追踪 LBM(Lallemand et al., 2007)、两相流体有限差分 LBM(Xu, 2005)、总变差衰减 LBM(Teng et al., 2000)、Nourgaliev 等 (2002) 的模型等。下面我们将介绍这些流行的模型，并在接下来的章节中详细分析这些模型。

8.1.1　颜色梯度模型

在双组分模型中，一个组分为红色流体，另一个组分为蓝色流体。用两个分布函数来表示两种流体。除了 LBM 中常见的碰撞步骤，模型中还有一个额外的碰撞项 (Latva-Kokko et al., 2005) 以及重新着色的步骤。Grunau 等 (1993) 对模型进行了修改，以处理不同密度和黏度比的两相流体。Ahrenholz 等 (2008) 改进了 RK 模型，并使用多重弛豫时间 (MRT) LBM 来处理黏度比更高和毛细管数更少的情况。RK 模型的一个优点是表面张力和黏度比可以独立调节 (Ahrenholz et al., 2008)。Huang 等 (2013) 证实，虽然 RK 模型能够正确模拟密度匹配的情况，但通常无法处理高密度比的情况。可能的原因在文献 (Huang et al., 2013) 中给出。对于 $O(10)$ 阶密度比的情况，提出了一种改进 RK 模型的方案 (Huang et al., 2013)。

8.1.2　Shan-Chen 模型

第二种多相 LBM 模型是 SC 模型 (Shan et al., 1993, 1994; Sukop et al., 2006)。在单组分多相 (SCMP) SC 模型中，在相应的格子 Boltzmann 方程中加入外力项，将单相 LBM 中的理想气体状态方程 (EOS) 替换为非理想非单调状态方程 (Shan et al., 1993)。在多组分多相 (MCMP) SC 模型中，每个组分都用自己的分布函数表示 (Shan et al., 1995)。单组分两相 SC 模型适用于模拟密度比 $O(10)$ 情形 (Huang et al., 2011a)，但表面张力和密度与黏度之比不能独立调节。有些参数必须通过数值实验 (Ahrenholz et al., 2008) 来确定。Sbragaglia 等 (2007) 和 Falcucci 等 (2010) 认为，通过采用大范围赝势形式 (超越最邻近流体微团的相互作用)，密度比和表面张力可以调整。Shan(2008) 提出了一种计算 Shan-Chen LBM 中压力张量的通用方法，该方法将相互作用扩展到最邻近范围以外，这样可以消除虚假速度 (Shan, 2006; Wagner, 2003)，虚假速度是界面附近的小幅度虚假、非物理速度场。这一发现可能扩大 SC 模型的应用。然而，一些研究 (Shan et al., 2006a;

Huang et al., 2011a) 指出 SC 模型的原始施加体积力策略存在缺陷, 并提出了相应的正确策略。第一篇 SC 模型论文 (Shan et al., 1993) 在 Web of Science 上的引用如图 8.1 所示。从图中我们可以看出, 随着时间的推移, 被引频次有所增加。该该模型的研究和 / 或应用非常活跃 (每年被引用大约 100 次)。值得一提的是, 论文 (Shan et al., 1993) 是《物理评论 E》自 1993 年以来发表的文章中被引用最多的一篇。到 2013 年年底, Web of Science 的总引用次数约为 860。有关更多信息, 请参阅 http://pre.aps.org/。

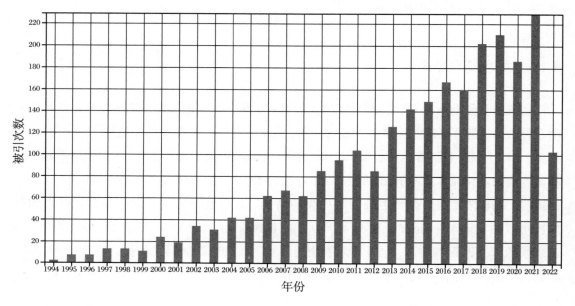

图 8.1   论文 (Shan et al., 1993) 发表之后每年被引用的次数 (数据来自 Web of Science)

8.1.3   自由能模型

第三种多相 LBM 模型是自由能格子 Boltzmann 方法 (free energy LBM)(Swift et al., 1995, 1996), 简称 FE 多相流模型。在该模型中, 非单调状态方程的热力学影响并入了 N-S 方程中的压力张量中。这是通过修正通常的平衡态分布函数来实现的 (Swift et al., 1995)。然而, 原始的自由能格子 Boltzmann 模型 (Swift et al., 1995) 中, 宏观恢复的 N-S 方程中的黏性项不满足 Galileo 不变量 (Swift et al., 1995; Luo, 1998)。Holdych 等 (1998) 对模型进行了改进, 重新定义了应力张量, 并将 Galileo 不变性恢复到 $O(u^2)$ 阶, 这与 LBM 的整体特性是一致的。

后来, Inamuro 等 (2004) 通过改进 Swift 的 FE 多相流模型 (Swift et al., 1995) 实现了高密度比, 但该模型需要求解 Poisson 方程, 这减弱了通常的 LBM 方法简单的特性。

Zheng 等 (2006) 提出了一种 Galileo 不变的 FE LBM 模型。该模型比 Inamuro 等人的模型更简单, 但仅适用于密度相同的情况 (Fakhari et al., 2010)。

8.1.4　界面跟踪模型

多相 LBM 模型的第四种是 He 等 (1999) 提出的界面跟踪模型 (HCZ 模型)。在 HCZ 模型中, 使用了两个分布函数和两个对应的格子 Boltzmann 方程。宏观上, 可以从两个格子 Boltzmann 方程分别恢复出 Cahn-Hilliard 界面跟踪方程和 N-S 方程。基于该模型, 许多模型被开发出来以获得更高的密度比 (Lee et al., 2005, 2006; Amaya-Bower et al., 2010; Lee et al., 2010) 或通过扩展到多松弛因子 (multiple relaxation time, MRT) 的碰撞模型来增强数值稳定性 (McCracken et al., 2005)。以上所有的格子 Boltzmann 多相流模型都在积极的发展中。被引趋势与 SC 模型相似。

8.1.5　模型比较

文献中有一些关于 RK、SC 和 FE 模型的理论分析 (Swift et al., 1995; Luo, 1998; He et al., 2002), 以及一些数值分析 (Hou et al., 1997; Huang et al., 2011b)。Hou 等 (1997) 通过水滴和气泡模拟算例比较了 SC 模型和 RK 模型。然而, 在该工作中没有与文献中可用的某些流动的解析解进行定量比较。文献 (Huang et al., 2011b) 评估了多孔介质中多组分流动的 RK、SC 和 FE 模型的性能。在这本书中, 这些流行的 LBM 多相流模型, 如 RK 模型 (Rothman et al., 1988; Gunstensen et al., 1991; Grunau et al., 1993)、SC 模型 (Shan et al., 1993, 1995)、自由能模型 (Swift et al., 1995; Inamuro et al., 2004) 和 HCZ 模型 (He et al., 1999; Lee et al., 2005) 被详细比较评估。表 8.1 对典型模型的优点与缺点进行了比较。对于 RK 模型 (Latva-Kokko et al., 2005), 只有密度相等的情况才能正确模拟。Huang 等 (2013) 扩展了 RK 模型来处理更高的密度比 ($O(10)$)。根据我们的经验, SC 模型效率较高, 但精度不高。自由能模型则与 RK 模型一样有效。它们之间可能有一些相似之处 (Huang et al., 2011b)。对于原始的 HCZ 模型 (He et al., 1999), 密度比约为 $O(10)$。后来 Lee 等 (2005) 将 HCZ 模型进行了扩展 (Lee-Lin 模型), 用于处理高密度比。如何确定润湿条件是多相流动模拟中的一个重要问题, 尤其是针对多孔介质中的流动。在 RK、SC、HCZ 模型中, 可以指定壁面密度来获得流体壁面相互作用力 (Martys et al., 1996; Sukop et al., 2006; Huang et al., 2007) 以及所需的接触角 (Huang et al., 2009a, 2014)。FE、Lee-Lin 模型中, 润湿条件只能通过指定壁面上的密度梯度来实现 (Liu et al., 2013)。指定壁面密度或壁面流体作用力比指定密度梯度方案更方便 (Liu et al., 2013)。

表 8.1　比较多个 LBM 两相流模型

模型	最大密度比	如何指定壁面润湿条件?	计算效率	精度
RK	1	壁面密度	略低	高
SCMP SC	$O(10^2)$	壁面密度	高	略低
MCMP SC	$O(1)$	壁面密度	高	略低
自由能模型	$O(10)$	壁面密度梯度	略低	高
相场模型 (包括 HCZ)	$O(10) \sim O(10^3)$	壁面密度或密度梯度	高	高

要了解更多细节，读者可以参考相应的章节。下面在每一节的介绍中，首先对模型进行简要概述。为方便读者理解，相关的数值分析，如 Chapmann-Enskog 展开，以及其他重要的公式推导过程也会给出。最后我们给出各模型模拟多孔介质中接触角、气泡上升等方面的应用实例。

8.2　单组分多相 Shan-Chen 模型

SC 模型出现于 1993—1994 年 (Shan et al., 1993, 1994)。随着 LBM 模型中粒子之间的吸引力或斥力的加入，可以实现单个化学组分的非理想气体行为引起的相分离，即单组分多相模型 (single component multiphase, SCMP); 还可以实现多个不同化学组分的相互排斥引起的相分离，即多组分多相模型 (multi-component multiphase, MCMP)。该模型与经典的非理想物质状态方程的简单和直观联系是优雅的。蒸发、凝结和空化可以用 SCMP 模型来模拟，而扩散可以用粒子间作用力为零情形的 MCMP 模型来模拟 (Sukop, Thorne, 2006)。尽管有这些很好的属性，原始的 SC 模型仍有许多限制，例如它通常限于液相和气相之间的低密度比，表面张力不能独立于粒子间作用力来指定。

在过去的 20 年里，SCMP 的 SC 模型得到了许多应用。该模型已被用于研究气泡上升 (Sankaranarayanan et al., 2002)、空化 (Sukop et al., 2005; Falcucci et al., 2013), 多孔介质的相对渗透率 (Martys et al., 1996; Chen et al., 2014; Huang et al., 2009a), 三维移动接触线问题 (Hyväluoma et al., 2008), 以及移动接触线夹带空气 (Chan et al., 2013)。SC 模型也被扩展到模拟包含传热的两相流 (Zhang et al., 2003; Házi et al., 2008; Biferale et al., 2012), 固体颗粒在液相和 / 或气相中的悬浮 (Joshi et al., 2009), 以及软玻璃系统的流动 (Benzi et al., 2009)。更多的应用实例可以在文献 (Chen et al., 2014)、(Hazi et al., 2009)、(Gong et al., 2012)、(Hyväluoma et al., 2007)、(Joshi et al., 2010)、(Sbragaglia et al., 2006)、(Sukop et al., 2004, 2003) 中找到。

在原始 SC 模型中, 引入了计算节点处流体微团与其最近网格点上微团 (Cartesian 网格中 D2Q9 模型为 8 个邻居) 之间的吸引力, 可在模型中成功融入非理想状态方程, 模拟相关物理现象, 如相分离。另一方面, SC 模型被证明缺乏热力学一致性 (详细解释见 8.2.7小节)(Shan et al., 1994; Swift et al., 1995; He et al., 2002; Benzi et al., 2006), 模型中的表面张力不能独立于密度比进行调节 (He et al., 2002)。尽管如此, 在许多应用中, 缺乏热力学上的一致性不是最重要的。最近, Sbragaglia 等 (2007) 认为 SC 模型中表面张力可以在密度比固定的情形下进行调节。他们所提出的方法中将粒子间相互作用扩展到次邻近网格点间。Kupershtokh 等 (2009) 也提出了类似的策略。SC 模型模拟界面附近的虚假速度源于离散梯度算子的各向同性不足 (Shan, 2006b)。在 SC 模拟中, 将相互作用扩展到次邻近网格点可以消除虚假速度 (Shan, 2006b)。

总体来说, SCMP SC 模型通过在相应的 LBE 中引入外力项, 将表征单相 LBM 的理想气体状态方程替换为非理想非单调状态方程, 实现两相流模拟。Sukop 等 (2006) 介绍了非理想 EOS。一些研究者 (He et al., 2002; Sankaranarayanan et al., 2002; Yuan et al., 2006) 提出了一种简单的实施策略, 将不同的现实物理中的 EOS 融入 SC LBM 以实现高密度比例 (见 8.2.9 小节)。Zhang 等 (2004b,a) 提出了一种将不同 EOS 融入 SC LBM 的替代方法。Yuan 等 (2006) 研究了 5 种不同 EOS 的虚假速度大小和共存曲线。Sofonea 等 (2004) 提出了一种使用通量限制器技术的替代数值方案, 以减少虚假速度并确保提高低黏度数值稳定性。Huang 等 (2011c) 研究了 SC LBM 中表面张力变化的重要问题。通过研究 SC 模型中不同的引入外力策略, 发现在匹配表面张力的解析值方面, 采用 He 等 (1998) 外力策略的 SC 模型能够产生比其他外力策略更精确的结果。

由于数值不稳定, SC 模型通常无法处理高密度比多相流模拟。为了提高数值稳定性, Yu 等 (2010) 将 SC 模型扩展到多松弛因子 (MRT) 版本。本节先简要介绍 SCMP 的 SC 模型, 然后说明模型中接触角的设定方法。SC 模型 (格子 Boltzmann 方程) 中的外力项将在 8.3 节中详细讨论。

8.2.1 SC 模型中的平衡速度

平衡速度由 Shan 等 (1993) 提出。经过碰撞步骤, 流体粒子的动量计算为

$$\rho u_\alpha = \sum_i f_i e_{i\alpha} \tag{8.1}$$

假设冲量 $\boldsymbol{F}\tau$ 来自内部或在外力作用下, 流体粒子的动量经过一段时间 $\Delta t = \tau$ 将达到新的平衡态。根据牛顿运动定律, 平衡速度 u^{eq} 的分量根据以下公式计算:

$$u_\alpha^{\text{eq}} = u_\alpha + \frac{F_\alpha \tau}{\rho} \tag{8.2}$$

这里注意密度等于单位体积的质量。SC 模型中, 须将该速度代入 f_i^{eq} 公式中计算 f_i^{eq}。式 (8.2) 中, 作用在流体上的力包括流体微团间的作用力 $\boldsymbol{F}_{\text{int}}$ 和外力 $\boldsymbol{F}_{\text{ext}}$。为简单起见, 目前 $\boldsymbol{F}_{\text{ext}} = \boldsymbol{0}$。然而, 在该模型中, 流体的实际速度不是由 $\boldsymbol{u}^{\text{eq}}$ 定义的, 而是由 $\boldsymbol{u}^*$ 定义的, 根据文献 (Shan et al., 1995), 可以如下计算:

$$u_\alpha^* = u_\alpha + \frac{F_\alpha \Delta t}{2\rho} \tag{8.3}$$

再次强调, f_i^{eq} 计算公式中使用平衡速度 $\boldsymbol{u}^{\text{eq}}$ 而不是物理速度 $\boldsymbol{u}^*$。

8.2.2 粒子间相互作用力

在原始的 D2Q9 Shan-Chen 模型中, 微团间力的定义为 (Martys et al., 1996)

$$\boldsymbol{F}_{\text{int}}(\boldsymbol{x}, t) = -G\psi(\boldsymbol{x}, t) \sum_i \omega_i \psi(\boldsymbol{x} + \boldsymbol{e}_i \Delta t, t)\boldsymbol{e}_i \tag{8.4}$$

其中 G 是控制微团间相互作用力强度的参数, 并且 ψ 是场势 (物理中我们注意到所有的保守力场都有势)。从式 (8.4) 可以看出, 相互作用仅涉及最邻近的点之间。在文献 (Shan et al., 1993) 中 ψ 定义为

$$\psi(\rho) = \psi_0[1 - \exp(-\rho/\rho_0)] \tag{8.5}$$

其中 ψ_0 是一个常数。在文献 (Shan et al., 1994) 中 ψ 定义为

$$\psi(\rho) = \psi_0[-\exp(-\rho_0/\rho)] \tag{8.6}$$

其中 ψ_0 和 ρ_0 是任意常数。文献 (Shan et al., 1994) 中提到: 第二个势产生了一个具有 "……与等温过程一致的行为……"。该微团间相互作用力被称为相互作用力类型 A。

如果在力的计算中不仅涉及最邻近的点之间, 也涉及次邻近点间的相互作用, 则可以在不改变密度比的情况下调整表面张力的值 (Sbragaglia et al., 2007)。这种微团间相互作用力的定义为 (Sbragaglia et al., 2007)

$$\boldsymbol{F}_{\text{int}}(\boldsymbol{x}, t) = -\psi(\boldsymbol{x}, t) \sum_i \omega_i[G_1\psi(\boldsymbol{x} + \boldsymbol{e}_i\Delta t, t) + G_2\psi(\boldsymbol{x} + 2\boldsymbol{e}_i\Delta t, t)]\boldsymbol{e}_i \tag{8.7}$$

其中 G_1 和 G_2 分别是控制最邻近和次邻近点间相互作用力强弱的参数。它被称为相互作用力模型 B。

对于相互作用力模型 A (8.4), 我们可以从文献 (Benzi et al., 2006) 附录 A 中描述的 Taylor 展开中发现:

$$F_\alpha = -G\psi \sum_i \omega_i \psi(\boldsymbol{x} + \boldsymbol{e}_{i\alpha}\Delta t) e_{i\alpha}$$

$$= -G\psi \Big\{ \sum_i \omega_i e_{i\alpha}\psi + \Delta t \sum_i \omega_i e_{i\alpha} e_{i\beta} \,\partial_\beta \psi$$

$$+ \frac{1}{2}(\Delta t)^2 \sum_i \omega_i e_{i\alpha} e_{i\beta} e_{i\gamma} \,\partial_\beta \,\partial_\gamma \psi + \frac{1}{6}(\Delta t)^3 \sum_i \omega_i e_{i\alpha} e_{i\beta} e_{i\gamma} e_{i\delta} \,\partial_\beta \,\partial_\gamma \,\partial_\delta \psi \Big\} + \cdots$$

$$\approx -\frac{G}{2}\Delta t c_{\mathrm{s}}^2 \,\partial_\alpha \psi^2 - \frac{G}{2}(\Delta t)^3 c_{\mathrm{s}}^4 \psi(\partial_\alpha \nabla^2 \psi) \tag{8.8}$$

其中下标 α, β, γ 表示二维情况下坐标 x 或 y。当 $\alpha = x$ 时 $\partial_\alpha \psi = \dfrac{\partial \psi}{\partial x}$, 其余偏导数的含义类似。微团间相互作用力可以转化为理想气体压强基础上的额外压强:

$$-\partial_\alpha p_{\alpha\beta} + \partial_\beta(c_{\mathrm{s}}^2 \rho) = F_\beta \tag{8.9}$$

那么, 总压力张量为 (Benzi et al., 2006)

$$p_{\alpha\beta} = \left[c_{\mathrm{s}}^2 \rho + \frac{1}{2}G c_{\mathrm{s}}^2 \psi^2 + \frac{1}{2}G c_{\mathrm{s}}^4 \left(\psi \nabla^2 \psi + \frac{1}{2}|\nabla\psi|^2 \right) \right] \delta_{\alpha\beta} - \frac{1}{2}G c_{\mathrm{s}}^4 \,\partial_\alpha \psi \,\partial_\beta \psi \tag{8.10}$$

如果在式 (8.8) 中只将 Taylor 展开到 $O(\Delta t)$, 则由公式 (8.9) 可以得到 SCMP Shan-Chen 模型中微团间相互作用力模型 A 的状态方程:

$$p = c_{\mathrm{s}}^2 \rho + \frac{c_{\mathrm{s}}^2 G}{2}\psi^2(\rho) \tag{8.11}$$

在上面公式 (8.8) 的推导中我们用到了多变量的 Taylor 展开。两个变量的 $\psi(x,y)$ 在 (x_0, y_0) 附近 Taylor 展开公式为

$$\psi(x_0 + \Delta x, y_0 + \Delta y) = \sum_{m=0}^{n} \frac{1}{m!} \left(\Delta x \frac{\partial}{\partial x} + \Delta y \frac{\partial}{\partial y} \right)^m \psi(x_0, y_0) + R_n \tag{8.12}$$

其中 Lagrange 余项

$$R_n = \frac{1}{(n+1)!} \left(\Delta x \frac{\partial}{\partial x} + \Delta y \frac{\partial}{\partial y} \right)^{n+1} \psi(x_0 + \theta\Delta x, y_0 + \theta\Delta x) \tag{8.13}$$

这里 $\theta \in (0,1)$。根据 Taylor 展开公式, 式 (8.8) 中函数 $\psi(\boldsymbol{x} + \boldsymbol{e}_{i\alpha}\Delta t)$ (设 $\boldsymbol{x} = (x,y)$, 二维情形下) 的 Taylor 展开为

$$\psi(\boldsymbol{x} + \boldsymbol{e}_{i\alpha}\Delta t) = \psi(x + e_{ix}\Delta t, y + e_{iy}\Delta t)$$

$$= \psi(x,y) + \partial_x \psi e_{ix}\Delta t + \partial_y \psi e_{iy}\Delta t + \frac{1}{2!}(\Delta t)^2 (e_{ix}\,\partial_x + e_{iy}\,\partial_y)^2 \psi$$

$$+ \frac{1}{3!} (e_{ix}\, \partial_x + e_{iy}\, \partial_y \psi)^3 \psi + \cdots$$

$$= \psi(x,y) + e_{i\beta}\, \partial_\beta \psi \Delta t + \frac{1}{2!} (e_{i\beta}\, \partial_\beta)(e_{i\gamma}\, \partial_\gamma) \psi (\Delta t)^2$$

$$+ \frac{1}{3!} (e_{i\beta}\, \partial_\beta)(e_{i\gamma}\, \partial_\gamma)(e_{i\delta}\, \partial_\delta) \psi (\Delta t)^3 + \cdots \tag{8.14}$$

以上公式推导中注意到

$$(e_{ix}\, \partial_x + e_{iy}\, \partial_y)^2 \psi = \frac{1}{2!} (\Delta t)^2 (e_{ix}\, \partial_x + e_{iy}\, \partial_y)(e_{ix}\, \partial_x + e_{iy}\, \partial_y) \psi$$

$$= (e_{i\beta}\, \partial_\beta)(e_{i\gamma}\, \partial_\gamma) \psi = e_{i\beta} e_{i\gamma}\, \partial_\beta\, \partial_\gamma \psi \tag{8.15}$$

8.2.3　与有限差分的关系

在 LBM 中, 某个物理量 ϕ 的一阶空间导数可以通过以下公式计算:

$$\partial_\alpha \phi = \frac{1}{2c_\mathrm{s}^2 \Delta t} \sum_i \omega_i \boldsymbol{e}_{i\alpha} \left[\phi(\boldsymbol{x} + \boldsymbol{e}_i \Delta t) - \phi(\boldsymbol{x} - \boldsymbol{e}_i \Delta t) \right]$$

$$= \frac{1}{c_\mathrm{s}^2 \Delta t} \sum_i \omega_i \boldsymbol{e}_{i\alpha} \phi(\boldsymbol{x} + \boldsymbol{e}_i \Delta t) \tag{8.16}$$

其实它的形式跟通常的有限差分没有任何区别。接下来, 我们以 D2Q9 为例, 把每一项都展开, 大家就可以看得很清楚。

$$\frac{\partial \phi}{\partial x} = \frac{3}{2\Delta x} \left\{ \begin{array}{l} \frac{1}{9} \left[\phi(\boldsymbol{x} + \boldsymbol{e}_1) - \phi(\boldsymbol{x} - \boldsymbol{e}_1) \right] \\[2mm] - \frac{1}{9} \left[\phi(\boldsymbol{x} + \boldsymbol{e}_3) - \phi(\boldsymbol{x} - \boldsymbol{e}_3) \right] \\[2mm] + \frac{1}{36} \left[\phi(\boldsymbol{x} + \boldsymbol{e}_5) - \phi(\boldsymbol{x} - \boldsymbol{e}_5) \right] \\[2mm] - \frac{1}{36} \left[\phi(\boldsymbol{x} + \boldsymbol{e}_6) - \phi(\boldsymbol{x} - \boldsymbol{e}_6) \right] \\[2mm] - \frac{1}{36} \left[\phi(\boldsymbol{x} + \boldsymbol{e}_7) - \phi(\boldsymbol{x} - \boldsymbol{e}_7) \right] \\[2mm] + \frac{1}{36} \left[\phi(\boldsymbol{x} + \boldsymbol{e}_8) - \phi(\boldsymbol{x} - \boldsymbol{e}_8) \right] \end{array} \right\} = \frac{3}{2\Delta x} \left\{ \begin{array}{l} \frac{2}{9} \left[\phi(\boldsymbol{x} + \boldsymbol{e}_1) \right] \\[2mm] - \frac{2}{9} \left[\phi(\boldsymbol{x} + \boldsymbol{e}_3) \right] \\[2mm] + \frac{1}{18} \left[\phi(\boldsymbol{x} + \boldsymbol{e}_5) \right] \\[2mm] - \frac{1}{18} \left[\phi(\boldsymbol{x} + \boldsymbol{e}_6) \right] \\[2mm] - \frac{1}{18} \left[\phi(\boldsymbol{x} + \boldsymbol{e}_7) \right] \\[2mm] + \frac{1}{18} \left[\phi(\boldsymbol{x} + \boldsymbol{e}_8) \right] \end{array} \right\} \tag{8.17}$$

注意, 以上公式中花括号并不是代表它是一个矢量或矩阵, 而是各项加减的关系。假设 $\boldsymbol{x}$ 所在格点为 (i,j), 则 $\boldsymbol{x} + \boldsymbol{e}_1$ 所在格点位置是 $(i+1,j)$, 其余格点位置以此类推。因此, 二维情况下根据网格点位置重新计算一阶导数如下 (接公式 (8.17)):

$$\frac{\partial \phi}{\partial x}\Big|_{(i,j)} = \frac{3}{2\Delta x} \left(\frac{2}{9}\phi_{i+1,j} - \frac{2}{9}\phi_{i-1,j} + \frac{1}{18}\phi_{i+1,j+1} \right.$$

$$-\frac{1}{18}\phi_{i-1,j+1}-\frac{1}{18}\phi_{i-1,j-1}+\frac{1}{18}\phi_{i+1,j-1}\Big)$$

$$=\frac{1}{3\Delta x}(\phi_{i+1,j}-\phi_{i-1,j})+\frac{1}{12}(\phi_{i+1,j+1}-\phi_{i-1,j-1})$$

$$+\frac{1}{12}(\phi_{i+1,j-1}-\phi_{i-1,j+1}) \tag{8.18}$$

同样地, 不论用格子 Boltzmann 求梯度的方法, 还是有限差分法求梯度, 本质上都可以得到相同的求 y 方向梯度表达式:

$$\frac{\partial\phi}{\partial y}\Big|_{(i,j)}=\frac{1}{3}(\phi_{i,j+1}-\phi_{i,j-1})+\frac{1}{12}(\phi_{i+1,j+1}-\phi_{i-1,j-1})+\frac{1}{12}(\phi_{i-1,j+1}-\phi_{i+1,j-1}) \tag{8.19}$$

因此, LBM 中的这种求梯度的公式与有限差分法得到的一阶导数是完全相同的。格子 Boltzmann 方法中用这种公式来求它的梯度, 并不能算是格子 Boltzmann 方法特有的属性。

8.2.4　二阶空间导数

这里我们顺便也说一下。格子 Boltzmann 方法中二阶导数的公式可以用以下具有 LBM 特征的公式来求:

$$\nabla^2\phi=\frac{1}{c_{\mathrm{s}}^2(\Delta t)^2}\sum_i\omega_i\left[\phi\left(\boldsymbol{x}+\boldsymbol{e}_i\Delta t\right)-2\phi(\boldsymbol{x})+\phi\left(\boldsymbol{x}-\boldsymbol{e}_i\Delta t\right)\right]$$

$$=\frac{2}{c_{\mathrm{s}}^2(\Delta t)^2}\sum_i\omega_i\left[\phi\left(\boldsymbol{x}+\boldsymbol{e}_i\Delta t\right)-\phi(\boldsymbol{x})\right] \tag{8.20}$$

$$\frac{\partial^2\phi}{\partial x_k^2}\Big|_{(i,j)}=\frac{1}{6}\left(\phi_{i+1,j+1}+\phi_{i-1,j+1}+\phi_{i+1,j-1}+\phi_{i-1,j-1}\right)$$

$$+\frac{1}{6}\left(4\phi_{i+1,j}+4\phi_{i-1,j}+4\phi_{i,j+1}+4\phi_{i,j-1}-20\phi_{i,j}\right) \tag{8.21}$$

但其实它与有限差分公式完全相同。首先, 我们将 (i,j) 附近的 8 个点围绕着 (i,j) 进行 Taylor 展开可以得到如下式子:

$$\phi_{i-1,j-1} = \phi_{i,j} - \partial_x\phi\Delta x - \partial_y\phi\Delta y + \frac{1}{2}\partial_x^2\phi\Delta x^2 + \frac{1}{2}\partial_y^2\phi\Delta y^2$$
$$+ \partial_x\phi\partial_y\phi\Delta x\Delta y + \frac{1}{6}\left(-\partial_x\phi\Delta x - \partial_y\phi\Delta y\right)^3$$

$$\phi_{i+1,j+1} = \phi_{i,j} + \partial_x\phi\Delta x + \partial_y\phi\Delta y + \frac{1}{2}\partial_x^2\phi\Delta x^2 + \frac{1}{2}\partial_y^2\phi\Delta y^2$$
$$+ \partial_x\phi\partial_y\phi\Delta x\Delta y + \frac{1}{6}\left(\partial_x\phi\Delta x + \partial_y\phi\Delta y\right)^3$$

$$\phi_{i-1,j+1} = \phi_{i,j} - \partial_x\phi\Delta x + \partial_y\phi\Delta y + \frac{1}{2}\partial_x^2\phi\Delta x^2 + \frac{1}{2}\partial_y^2\phi\Delta y^2$$
$$- \partial_x\phi\partial_y\phi\Delta x\Delta y + \frac{1}{6}\left(-\partial_x\phi\Delta x + \partial_y\phi\Delta y\right)^3$$

$$\phi_{i+1,j-1} = \phi_{i,j} + \partial_x\phi\Delta x - \partial_y\phi\Delta y + \frac{1}{2}\partial_x^2\phi\Delta x^2 + \frac{1}{2}\partial_y^2\phi\Delta y^2 \qquad (8.22)$$
$$- \partial_x\phi\partial_y\phi\Delta x\Delta y + \frac{1}{6}\left(\partial_x\phi\Delta x - \partial_y\phi\Delta y\right)^3$$

$$\phi_{i+1,j} = \phi_{i,j} + \partial_x\phi\Delta x + \frac{1}{2}\partial_x^2\phi\Delta x^2 + \frac{1}{6}\partial_x^3\phi\Delta x^3$$

$$\phi_{i-1,j} = \phi_{i,j} - \partial_x\phi\Delta x + \frac{1}{2}\partial_x^2\phi\Delta x^2 - \frac{1}{6}\partial_x^3\phi\Delta x^3$$

$$\phi_{i,j+1} = \phi_{i,j} + \partial_y\phi\Delta y + \frac{1}{2}\partial_y^2\phi\Delta y^2 + \frac{1}{6}\partial_y^3\phi\Delta y^3$$

$$\phi_{i,j-1} = \phi_{i,j} - \partial_y\phi\Delta y + \frac{1}{2}\partial_y^2\phi\Delta y^2 - \frac{1}{6}\partial_y^3\phi\Delta y^3$$

假设 $\Delta x = \Delta y$, 由

$$\begin{cases} \phi_{i+1,j+1} + \phi_{i+1,j-1} + \phi_{i-1,j+1} + \phi_{i-1,j-1} = 4\phi_{i,j} + 2\partial_x^2\phi\Delta x^2 + 2\partial_y^2\phi\Delta x^2 + o(\Delta x^3) \\ \phi_{i-1,j} + \phi_{i+1,j} = 2\phi_{i,j} + \partial_x^2\phi\Delta x^2 + o(\Delta x^3) \\ \phi_{i,j-1} + \phi_{i,j+1} = 2\phi_{i,j} + \partial_y^2\phi\Delta x^2 + o(\Delta x^3) \end{cases} \qquad (8.23)$$

可知, 若用待定系数法且利用周围 9 个点来构造空间二阶导数的二阶精度格式, 则构造出来的格式并不唯一。比如我们假设系数 A, B, C, D 使得

$$\partial_x^2\phi = A\left(\phi_{i+1,j+1} + \phi_{i+1,j-1} + \phi_{i-1,j+1} + \phi_{i-1,j-1}\right) + B\left(\phi_{i-1,j} + \phi_{i+1,j}\right)$$
$$+ C\left(\phi_{i,j-1} + \phi_{i,j+1}\right) + D\phi_{i,j} + o(\Delta x^3) \qquad (8.24)$$

成立, 将上面的结果代入则应该有

$$\partial_x^2\phi\Delta x^2 = (4A + 2B + 2C + D)\phi_{i,j} + (2A + B)\partial_x^2\phi\Delta x^2 + (2A + C)\partial_y^2\phi\Delta x^2$$

于是

$$\begin{cases} 4A + 2B + 2C + D = 0 \\ 2A + B = 1 \\ 2A + C = 0 \end{cases} \qquad (8.25)$$

应该成立。这里有 4 个未知系数、3 个方程, 导致没有唯一的解。下面这组系数显然满足以上 3 个系数方程：$A = \frac{1}{3}$, $B = \frac{1}{3}$, $C = -\frac{2}{3}$, $D = -\frac{2}{3}$。于是以下是一个满足二阶空间精度的 $\partial_x^2 \phi$ 的格式：

$$\partial_x^2 \phi = \frac{1}{3\Delta x^2} [\phi_{i+1,j+1} + \phi_{i+1,j-1} + \phi_{i-1,j+1} + \phi_{i-1,j-1}$$
$$+ \phi_{i-1,j} + \phi_{i+1,j} - 2(\phi_{i,j+1} + \phi_{i,j-1} + \phi_{i,j})] \tag{8.26}$$

除此之外, $A = \frac{1}{12}$, $B = \frac{5}{6}$, $C = -\frac{1}{6}$, $D = -\frac{5}{3}$ 也是满足 3 个系数方程的解, 于是我们有

$$\partial_x^2 \phi = \frac{1}{12\Delta x^2} (\phi_{i+1,j+1} + \phi_{i+1,j-1} + \phi_{i-1,j+1} + \phi_{i-1,j-1})$$
$$+ \frac{1}{12\Delta x^2} [10(\phi_{i-1,j} + \phi_{i+1,j}) - 2(\phi_{i,j+1} + \phi_{i,j-1}) + 20\phi_{i,j}] \tag{8.27}$$

类似地, 我们会得到

$$\partial_y^2 \phi = \frac{1}{12\Delta x^2} (\phi_{i+1,j+1} + \phi_{i+1,j-1} + \phi_{i-1,j+1} + \phi_{i-1,j-1})$$
$$+ \frac{1}{12\Delta x^2} [-2(\phi_{i-1,j} + \phi_{i+1,j}) + 10(\phi_{i,j+1} + \phi_{i,j-1}) + 20\phi_{i,j}] \tag{8.28}$$

于是将公式 (8.27) 和 (8.28) 相加, 立即可以得到公式 (8.21)。可见有限差分格式与 LBM 中具有 LBM 离散速度方向特征的格式本质上并没有什么不同。

8.2.5　典型的状态方程

理想气体定律描述了气体在低密度下的行为。给出气体压力和密度关系的定律称为状态方程 (EOS)。理想气体定律一般写成

$$pV = nRT \quad \text{或} \quad p = \frac{nRT}{V} \tag{8.29}$$

其中, p 表示压强 (atm), V 表示体积 (L), n 表示物质的量, R 表示气体常数 ($R = 0.0821 \text{ atm} \cdot \text{L} \cdot \text{mol}^{-1} \cdot \text{K}^{-1}$), T 为温度 (K)。$V_\mathrm{m} = V/n$ 表示在特定温度和压强下 1 mol 物质所占的体积。使用 V_m, 理想气体定律可以改写为

$$p = \frac{RT}{V_\mathrm{m}} \tag{8.30}$$

van der Waals 状态方程由 van der Waals 于 1873 年提出, 并使 van der Waals 在 1910 年获得诺贝尔奖。它解释了许多实际气体的行为, 同时保持了概念的简单性。它的具体形式是

$$p = \frac{RT}{V_\mathrm{m} - b} - a\left(\frac{1}{V_\mathrm{m}}\right)^2 \tag{8.31}$$

其中,a (atm·L²·mol⁻²) 是表征气体分子相互吸引的参数,b (L·mol⁻¹) 是有效的最小摩尔体积, 当 V_m 接近 b 时, 不可能进一步压缩, 压力迅速上升。

依据 van der Waals 状态方程, 可以画出 V_m-p 图像。一旦 V_m 已知, 对应于特定 V_m 就可以计算 $\rho = M/V_m$。例如,$M = 44.8 \times 10^{-3}$ kg/mol 是气体 CO_2 的摩尔质量。这意味着对于特定化学物质 V_m 与 $1/\rho$ 成正比。图 8.2 显示了 CO_2 的 V_m-p 图像。van der Waals 状态方程的参数 a 和 b 取自文献 (Atkins, 1978), 于是可以绘制各种温度下的曲线。不同温度下, CO_2 可能表现出亚临界、临界和超临界行为。在高温 (373 K) 下 CO_2 的状态是超临界的。我们不能区分出明显的液相和气相状态。$T = 304$ K 是 CO_2 的临界温度。低于临界温度状态下, CO_2 分离成液体和蒸气是可能的。该平衡状态下, 气液两相共存, 但是对应着单一压力。

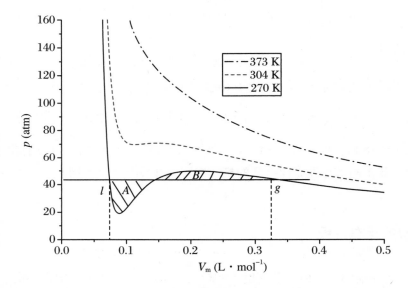

图 8.2 CO_2 的 van der Waals 状态方程的 p-V_m 图像。van der Waals 常量 $a = 3.592$ atm·L²·mol⁻², $b = 0.04267$ L·mol⁻¹ (Atkins, 1978), $R = 0.0821$ atm·L·mol⁻¹·K⁻¹, l 和 g 表示 $T = 270$ K 时液态和气态共存状态

由图 8.2 中临界状态下的曲线可知, 此时, 不仅一阶导数为零, 二阶导数也为零, 即

$$\frac{\partial p}{\partial V_m} = 0, \qquad \frac{\partial^2 p}{\partial V_m^2} = 0 \tag{8.32}$$

因此, 假设 V_c 是临界温度下的摩尔体积, 对式 (8.31) 进行整理和求导, 得到

$$2aV_c^{-3} = \frac{RT_c}{(V_c - b)^2}, \qquad 6aV_c^{-4} = \frac{2RT_c}{(V_c - b)^3} \tag{8.33}$$

于是, 我们得到

$$a = \frac{9V_c RT_c}{8}, \qquad b = \frac{V_c}{3} \tag{8.34}$$

因此, a 和 b 也可以表示为 p_c 和 T_c 的函数:

$$a = \frac{27(RT_c)^2}{64p_c}, \qquad b = \frac{RT_c}{8p_c} \tag{8.35}$$

其中

$$p_c = \frac{RT_c}{V_c - b} - a\left(\frac{1}{V_c}\right)^2 = \frac{3RT_c}{8V_c} \tag{8.36}$$

另一方面, 如果已知常数 a 和 b, 则可以由上述表达式计算出 T_c, p_c, V_c。在图 8.2 中, 我们看到 $p = 44.8$ atm 处的水平线与 $T = 270$ K 时的 EOS 曲线相交 3 次。小 V_m(高密度) 处的第一个交点, 即图中的 l 点, 代表液体。第二个交点发生在 EOS 的非物理部分, 这里说它是非物理的, 因为: 斜率是正的, 这意味着压力增大会导致体积增大; 现实生活中, 加压条件下还能够膨胀的物质, 通常观察不到。最后的交点 (g 点) 表示气相。因此, 在 $T = 270$ K 时 (对应 $p = 44.8$ atm), 两相 (图中标记为 l 和 g) 可以平衡共存。对于液体和气体, V_m 分别约为 0.076 L·mol^{-1} 和 0.321 L·mol^{-1}。

p-V 图像对于寻找液相和气相的共存密度非常有用。为了通过解析找到共存密度, 可以使用 Maxwell 等面积律 (Maxwell construction)。Maxwell 等面积律可以表述为

$$\int_{V_{m,l}}^{V_{m,g}} p\mathrm{d}V_m = p_0(V_{m,g} - V_{m,l}) \tag{8.37}$$

其中 p 为 EOS 中的压强, p_0 为恒定压强。在图 8.2中, 由上式可知, 从 l 点到 g 点的 EOS 曲线、两条垂直虚线和 V_m 轴包围区域的面积 ($\int_{V_{m,l}}^{V_{m,g}} p\mathrm{d}V_m$) 应等于横线 $p_0 = 44.8$ atm、两条垂直虚线和 V_m 轴所围的矩形面积 ($p_0(V_{m,g} - V_{m,l})$)。这也意味着图 8.2 中标记为 A 和 B 的两个区域面积相等。这也是 Maxwell 等面积律名称的来由。

使用 EOS 和 Maxwell 等面积律直接解析同时求解某温度下 $p_0, V_{m,l}, V_{m,g}$ 比较困难。可以采用数值方法来求解。这里提供了一种利用 Matlab 软件求解该问题的方法。以求解 $T = 270$ K 时的 van der Waals EOS 为例, 其 Matlab 代码如下 (中国石油大学 (华东) 赵建林编写):

```
clear;
clc;

syms Pr Tr P T Pc Tc R w a b alpha Vm Vml Vmv rho;

a=3.592
b=0.04267
R=0.0821
T=270

ezplot(R*T/(Vm-b)-a/(Vm*Vm),[0,1]);

title('vdW EOS');
xlabel('Vm');
ylabel('P');

P=42
```

```
deltaP=1
S1=1.0;
S2=0.0;
while(abs((S1-S2)/S1)>0.00000001)

    Vm=solve('0.0821*270/(Vm-0.04267)-3.592/(Vm*Vm)-P=0','Vm'); % to get solutions
    Vm1=subs(Vm(1));
    Vm2=subs(Vm(2));
    Vm3=subs(Vm(3));
    Vm1=real(Vm1)
    Vm2=real(Vm2)
    Vm3=real(Vm3)

    S1=R*T*log(Vm1-b)+a/(Vm1)-(R*T*log(Vm2-b)+a/(Vm2)) % S1 is the integration area
    S2=P*(Vm1-Vm2)        %S2 is a rectangular area
    if(S1>S2)    %compare the areas
        P=P+deltaP;
    else
        P=P-deltaP;
    end
    deltaP=deltaP/1.2
end
    P
    Vm1
    Vm2
    Vm3
```

需要注意的是，在该方案中，需要预先获得 $\int p\mathrm{d}V_\mathrm{m}$ 的综合形式，即

$$\int p\mathrm{d}V_\mathrm{m} = RT\ln(V_\mathrm{m}-b) + \frac{a}{V_\mathrm{m}} \tag{8.38}$$

运行此 Matlab 代码时，V_m，p 的范围和增量 δp 应仔细选择，以确保 Matlab 能够获得正确结果。对于像 van der Waals 状态方程这样的简单状态方程，可以得到解析积分形式。但是 Carnahan-Starling(C-S) 状态方程的形式较复杂，写出其积分形式的解析式可能更复杂。实际上，也可以在 Matlab 中采用数值积分，这里以 van der Waals 状态方程为例：

```
fcs = @(Vm) 1*R*T./(Vm.-b)-a*(1./Vm).^2;
% Numerical integration results
S1=integral(fcs,Vm2,Vm1)
```

只需用上述数值积分 S1 替换前面 Matlab 代码中的 S1 即可。

通常 van der Waals(vdW) EOS 也可以写成

$$p = \frac{\rho RT}{1-b\rho} - a\rho^2 \tag{8.39}$$

其中 $a = \dfrac{27(RT_\mathrm{c})^2}{64p_\mathrm{c}}$，$b = \dfrac{RT_\mathrm{c}}{8p_\mathrm{c}}$。$R$ 是气体常数，T 是温度。

van der Waals 状态方程中的物质常数 a 和 b 对于每个非理想液–气对有不同值，从而 Waals 状态方程可能不同，然而存在适用于所有流体的不变形式。假设无量纲变量为 $\tilde{T} = \dfrac{T}{T_\mathrm{c}}$，$\tilde{p} = \dfrac{p}{p_\mathrm{c}}$，$\tilde{\rho} = \dfrac{\rho}{\rho_\mathrm{c}}$，我们得到

$$\tilde{p}p_{\mathrm{c}} = \frac{\tilde{\rho}\rho_{\mathrm{c}}R\tilde{T}T_{\mathrm{c}}}{1 - b\tilde{\rho}\rho_{\mathrm{c}}} - a(\tilde{\rho}\rho_{\mathrm{c}})^2 \tag{8.40}$$

将 $a = \dfrac{27(RT_{\mathrm{c}})^2}{64p_{\mathrm{c}}}$, $b = \dfrac{RT_{\mathrm{c}}}{8p_{\mathrm{c}}}$, $\dfrac{\rho_{\mathrm{c}}RT_{\mathrm{c}}}{p_{\mathrm{c}}} = \dfrac{8}{3}$ (参见式 (8.36)) 代入, 我们有不变形式:

$$\tilde{p} = \frac{8\tilde{\rho}\tilde{T}}{3 - \tilde{\rho}} - 3\tilde{\rho}^2 \tag{8.41}$$

接下来, 我们将介绍一些其他比较流行的能融入 SC 模型中的 EOS。Redlich-Kwong (R-K) EOS 是在 1949 年推出的, 它比同时期其他方程有了很大的改进。它采用以下形式:

$$p = \frac{\rho RT}{1 - b\rho} - \frac{a\rho^2}{\sqrt{T}(1 + b\rho)} \tag{8.42}$$

其中 $a = \dfrac{0.42748R^2T_{\mathrm{c}}^{2.5}}{p_{\mathrm{c}}}$, $b = \dfrac{0.08662RT_{\mathrm{c}}}{p_{\mathrm{c}}}$。虽然该方程优于 van der Waals 状态方程, 但其在液相方面的性能较差, 因此它可能无法准确计算气液平衡。

Carnahan 等 (1969) 修正了 van der Waals 状态方程的排斥项, 得到了硬球系统更精确的表达式。Carnahan-Starling (C-S) EOS 由下式给出:

$$p = \rho RT \frac{1 + b\rho/4 + (b\rho/4)^2 - (b\rho/4)^3}{(1 - b\rho/4)^3} - a\rho^2 \tag{8.43}$$

其中 $a = 0.4963R^2T_{\mathrm{c}}^2/p_{\mathrm{c}}$, $b = 0.18727RT_{\mathrm{c}}/p_{\mathrm{c}}$。假设 $\theta = \dfrac{b\rho}{4}$, $v' = \dfrac{1}{\theta} = \dfrac{4}{b\rho} = \dfrac{4v}{b}$, 我们得到积分形式

$$
\begin{aligned}
\int p\mathrm{d}v &= \int \left\{ \rho RT \left[1 + \frac{-2\theta^2 + 4\theta}{(1 - \theta)^3} \right] - a\rho^2 \right\} \mathrm{d}v \\
&= \frac{a}{v} + RT\ln v + RT \int \frac{-2 + 4v'}{(v' - 1)^3} \frac{4}{b} \mathrm{d}v \\
&= \frac{a}{v} + RT\ln v + RT \int \frac{-2 + 4v'}{(v' - 1)^3} \mathrm{d}v' \\
&= \frac{a}{v} + RT\ln v + RT \frac{-4v' + 3}{(v' - 1)^2} \\
&= \frac{a}{v} + RT\ln v + RT \frac{-16bv + 3b^2}{(4v - b)^2}
\end{aligned} \tag{8.44}
$$

8.2.6　声速中的温度与实际温度的差别

一旦选择了速度模型, 等温 (非热) 声速 c_{s} 就是固定的, 例如 D2Q9 模型 (He, Luo, 1997; Lallemand, Luo, 2003)。在 LBM 模型中, 声速不依赖于温度 T 或任何可调参数 (Lallemand, Luo, 2003)。在推导不同的速度模型 (He, Luo, 1997) 时, $c_{\mathrm{s}} = \sqrt{RT}$, 但这个 T 与温度不是直接相关的。而在 EOS 中, 温度 T 可以代表实际温度。因此, $c_{\mathrm{s}} = \sqrt{RT}$ 中

的 T 与 EOS 中的温度之间没有联系。我们的例子模拟中 EOS 的参数列在表 8.2 中。这些值都是以格子单位给出的。当然也可以选择与表 8.2 不同的参数。这里温度的格子单位是 tu(temperature unit, 温度单位)。这意味着参数 a, b 和 R 在 van der Waals 方程中的单位分别为 $lu^5/(mu \cdot ts^2)$、 lu^3/mu 和 $lu^2/(ts^2 \cdot tu)$。参数选择完成后, vdW、C-S、R-K EOSs 对应的关键参数就确定了。表 8.3 列出了这些参数。它们都是格子单位。在接下来的研究中, 如果没有特别指定, 通常采用 C-S 状态方程, 因为它允许模拟达到较高的密度比 (Yuan, Schaefer, 2006)。

表 8.2 状态方程中的参数 (依据文献 (Yuan et al., 2006))

EOS	a	b (lu^3/mu)	R ($lu^2/(ts^2 \cdot tu)$)
vdW	$\dfrac{9}{49}$ $lu^5/(mu \cdot ts^2)$	$\dfrac{2}{21}$	1
R-K	$\dfrac{2}{49}$ $lu^5 \cdot tu^{0.5}/(mu \cdot ts^2)$	$\dfrac{2}{21}$	1
C-S	1 $lu^5/(mu \cdot ts^2)$	4	1

表 8.3 本书中 vdW, R-K, C-S 状态方程的临界特性

EOS	T_c (tu)	ρ_c (mu/lu^3)	p_c ($mu/(lu \cdot ts^2)$)
vdW	0.5714	3.5000	0.7500
R-K	0.1961	2.9887	0.1784
C-S	0.0943	0.1136	0.0044

根据 EOS 中主要参数的选择 (参见表 8.2), 我们还绘制了 3 条典型曲线, 如图 8.3 所示。从图中可以看出当 T 等于临界温度 $T_c = 0.0943$ tu 时, 只存在一相。当温度低于 T_c 时, 将有两个共存的相态。在图 8.3 中, 对应的曲线 $T = 0.06$ tu, 即 $\dfrac{T}{T_c} = 0.64$。在这个曲线上, 共存的液体和气体密度分别约为 0.381 mu/lu^3 和 0.0022 mu/lu^3。当温度高于 T_c 时, 流体系统达到超临界状态。

8.2.7 热力学一致性

在文献 (He et al., 2002) 中, "热力学一致性" 意味着 "……非平衡输运现象的理论必须恢复到平衡态的热力学理论。也就是说 LBM 模型应该正确地包含所有热力学量, 包括内能、自由能、化学势和熵"。

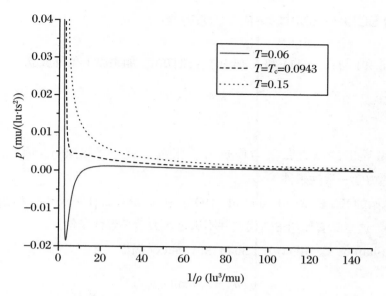

图 8.3　C-S 状态方程的 p-$\frac{1}{\rho}$ 图像 (公式 (8.43))。常数 $a = 1\,\text{lu}/(\text{mu}\cdot\text{ts}^2)$，$b = 4\,\text{lu}^3/\text{mu}$，$R = 1\,\text{lu}^2/(\text{ts}^2\cdot\text{tu})$。图中画出了 $T = 0.06\,\text{tu}$，$T = 0.0943\,\text{tu}$ 和 $T = 0.15\,\text{tu}$ 的曲线

　　首先简要介绍一下自由能。根据文献 (Rowlinson et al., 1982) 和 (Evans, 1979)，压力张量可以从自由能泛函导出：

$$\Psi = \int \left[\psi(\rho, T) + \frac{\kappa}{2}|\nabla\rho|^2 \right] \mathrm{d}\boldsymbol{r} \tag{8.45}$$

其中 ψ 是温度 T 下的体积自由能密度，$\mathrm{d}\boldsymbol{r}$ 表示一个很小的体积分数，κ 是一个常数。

　　压力张量应该以下面这种方式与自由能关联：

$$P_{\alpha\beta} = p_0 \delta_{\alpha\beta} + \kappa\,\partial_\alpha\rho\,\partial_\beta\rho \tag{8.46}$$

这里

$$p_0 = p - \kappa\rho\nabla^2\rho - \frac{\kappa}{2}|\nabla\rho|^2 \tag{8.47}$$

其中

$$p = \rho\psi'(\rho) - \psi(\rho) \tag{8.48}$$

式 (8.48) 是流体的状态方程，其中 $\psi'(\rho) = \dfrac{\mathrm{d}\psi}{\mathrm{d}\rho}$。

　　从上面三个方程我们得到 (Gross et al., 2011)

$$P_{\alpha\beta} = \left[p - \kappa\rho\nabla^2\rho - \frac{1}{2}\kappa(\nabla\rho)^2 \right] \delta_{\alpha\beta} + \kappa\,\partial_\alpha\rho\,\partial_\beta\rho \tag{8.49}$$

在本书中，"热力学一致性" 具体指从 LB 方程中恢复的 N-S 方程应该正确包含上述压力张量，其中包含定义共存曲线的非理想状态方程。

8.2.8　原始 SCMP LBM 模型中的状态方程

比较式 (8.49) 与式 (8.11) 和式 (8.10)，我们知道，如果以下条件成立：

$$\kappa = -\frac{1}{2}G c_{\mathrm{s}}^4$$

$$\psi \propto \rho$$

(8.50)

则由 SC 模型导出的压力张量与该热力学张量一致 (式 (8.49))。因此，式 (8.50) 是 SC-LBM 的热力学一致性条件。

然而在原始的 SC 模型 (Shan et al., 1993) 中，$\psi(\rho) = \rho_0[1 - \exp(-\rho/\rho_0)]$ (式 (8.5)) 并不满足 $\psi \propto \rho$。这意味着原始 SC 模型并不满足热力学一致性条件。

在文献 (Shan et al., 1994) 中，Shan 和 Chen 又提出

$$\psi(\rho) = \psi_0 \exp(-\rho_0/\rho)$$

(8.51)

其中 ψ_0 和 ρ_0 是任意常数。他们指出，通过这种方式，LBM 模型的共存曲线变得更符合热力学理论。对于等温过程，压强-比容曲线满足 Maxwell 等面积律。根据式 (8.50) 这两个条件，我们发现具有此形式 $\psi(\rho)$ 的 SC 模型仍然不满足热力学一致性条件，因为 $\psi \propto \rho$ 不满足 (He et al., 2002)。

接下来我们简要介绍 SC EOS 的例子。该状态方程中

$$p = c_{\mathrm{s}}^2 \rho + \frac{c_{\mathrm{s}}^2 G}{2} \psi^2(\rho)$$

(8.52)

其中 $\psi(\rho) = \psi_0 \exp(-\rho_0/\rho)$(Shan et al., 1994)。

临界 G，即与临界温度类似的 G_{c}，以及相应的 ρ_{c} 可通过以下方式获得：

$$\frac{\partial p}{\partial \rho} = c_{\mathrm{s}}^2 + G_{\mathrm{c}} c_{\mathrm{s}}^2 \psi^2 \frac{\rho_0}{\rho_{\mathrm{c}}^2} = 0$$

(8.53)

$$\frac{\partial^2 p}{\partial \rho^2} = G_{\mathrm{c}} c_{\mathrm{s}}^2 \left(2\psi^2 \frac{\rho_0^2}{\rho_{\mathrm{c}}^4} - 2\psi^2 \frac{\rho_0}{\rho_{\mathrm{c}}^3} \right) = 0$$

(8.54)

其中下标 c 表示临界状态。在推导中，需要注意的是

$$\frac{\partial \psi}{\partial \rho} = \psi_0 \exp\left(-\frac{\rho_0}{\rho} \right) \frac{\rho_0}{\rho^2} = \psi \frac{\rho_0}{\rho^2}$$

(8.55)

求解上述两个方程，我们得到

$$\rho_{\mathrm{c}} = \rho_0$$

(8.56)

$$G_{\mathrm{c}} = \frac{-\rho_0}{[\psi(\rho_{\mathrm{c}})]^2}$$

(8.57)

该 SC EOS 的 p-ρ 图像如图 8.4 所示，其中 $\psi_0 = 4$，$\rho_0 = 200$。根据式 (8.57)，临界状态下 $G_{\mathrm{c}} = \frac{-200}{(4\mathrm{e}^{-1})^2} = -92.4 \ \mathrm{mu} \cdot \mathrm{lu}^{-3}$。图 8.4 也画出了临界状态下的曲线。

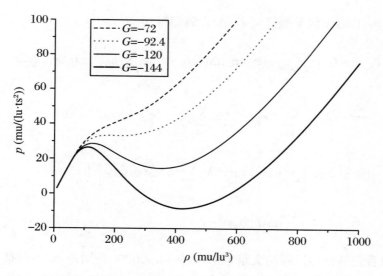

图 8.4　SC 状态方程的 p-ρ 图像。$\psi(\rho) = \psi_0 \exp(-\rho_0/\rho)$，其中 $\psi_0 = 4$，$\rho_0 = 200$

文献中已经有不少使用该 SC 状态方程来研究多相流的实例。这里，我们进一步展示如何将其他 EOS 而非原始的 SC 状态方程合并到 Shan-Chen LBM 中。使用其他状态方程能够实现更高的密度比。

8.2.9　将其他 EOS 融入 SC 模型中

对于前面介绍的流体微团间相互作用力模型 A，从等式 (8.52)，我们可以看到热力学 p 是 ψ 的函数。或者，如果已经知道 p(EOS) 的表达式，我们可以使用自定义的

$$\psi = \sqrt{\frac{2(p - c_s^2 \rho)}{c_s^2 G}} \tag{8.58}$$

来替代式 (8.5) 或式 (8.51) 以融入不同的状态方程。例如，如果我们想将 van der Waals 状态方程融入 SC LBM 中，式 (8.58) 中的 p 应替换为

$$p = \frac{\rho T}{1 - \rho b} - a\rho^2 \tag{8.59}$$

在这里，我们可以再次看到 $\psi(\rho)$ 通常与 ρ 不成比例。因此，将其他状态方程纳入 SC 模型仍不能导致热力学一致性。然而，正如引言中所述，在许多多相流模拟应用中，不满足热力学一致性并不影响等温条件下的结果。

对于前面提到的流体微团间相互作用力模型 B，相应的压力张量可以类似地导出。这里我们给出简要的推导过程：

$$\boldsymbol{F}_{\text{int}}(\boldsymbol{x}, t) = -\psi(\boldsymbol{x}, t) \sum_i \omega_i [G_1 \psi(\boldsymbol{x} + \boldsymbol{e}_i \Delta t, t) + G_2 \psi(\boldsymbol{x} + 2\boldsymbol{e}_i \Delta t, t)] \boldsymbol{e}_i \tag{8.60}$$

将上述方程中的 Taylor 级数展开到 $O(\Delta t)$, 我们得到

$$F_\alpha = -G_1 \psi \sum_i \omega_i \psi(\boldsymbol{x} + \boldsymbol{e}_{i\alpha}\Delta t)\boldsymbol{e}_{i\alpha} - G_2 \psi \sum_i \omega_i \psi(\boldsymbol{x} + 2\boldsymbol{e}_{i\alpha}\Delta t)\boldsymbol{e}_{i\alpha}$$

$$= -G_1 \psi \left[\sum_i \omega_i e_{i\alpha} \psi + \Delta t \sum_i \omega_i e_{i\alpha} e_{i\beta} \, \partial_\beta \psi \right]$$

$$\quad - G_2 \psi \left[\sum_i \omega_i e_{i\alpha} \psi + 2\Delta t \sum_i \omega_i e_{i\alpha} e_{i\beta} \, \partial_\beta \psi \right] + \cdots$$

$$\approx -\frac{G_1 + 2G_2}{2} \Delta t c_{\text{s}}^2 \, \partial_\alpha \psi^2 \tag{8.61}$$

我们可以看到该推导过程与文献 (Benzi et al., 2006) 的附录 A 中的推导过程非常相似, 见式 (8.8)。因此, 相应流体微团间相互作用力模型 B 导致的状态方程为

$$p = c_{\text{s}}^2 \rho + c_{\text{s}}^2 \frac{G_1 + 2G_2}{2} \psi^2(\rho) \tag{8.62}$$

我们建议使用以下公式将不同的物理上的状态方程融合到流体微团间相互作用力模型 B 中：

$$\psi = \sqrt{\frac{2(p - c_{\text{s}}^2 \rho)}{c_{\text{s}}^2 (G_1 + 2G_2)}} \tag{8.63}$$

8.2.10　接触角

液体在固体表面的润湿和扩散在工业和自然过程中至关重要。当液滴与固体接触时, 存在一条接触线, 用于划分湿润和非湿润流体与固体表面之间的接触。流体和表面之间的接触角可以通过杨氏方程 (式 (8.64)) 计算, 前提是流体组分之间的界面张力 σ_{12}, 以及气、液分别与固体表面之间的界面张力 $\sigma_{\text{s}1}, \sigma_{\text{s}2}$ 是已知的 (Finn, 2006; Young, 1805):

$$\cos\theta = \frac{\sigma_{\text{s}2} - \sigma_{\text{s}1}}{\sigma_{12}} \tag{8.64}$$

图 8.5 为接触角的示意图。

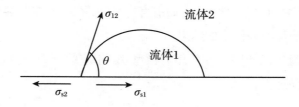

图 8.5　两相接触角模拟

SCMP SC 模型已经被用来研究润湿和扩散现象, 例如 Raiskinmäki 等 (2000) 使用 3D SCMP LBM 模拟了小液滴在光滑和粗糙固体表面上的扩散。Benzi 等 (2006) 提出了固体壁面和 SCMP 流体之间相互作用的介观模型。他们推导出了接触角的解析表达式, 该表达式涵盖了从 0° 到 180° 的接触角范围。具体而言, SCMP SC 模型中可以通过改变壁上的虚拟密度参数 ρ_{w} 来方便地获得所需的接触角 (Benzi et al., 2006)。气 / 液相和固体壁之间的黏附力由式 (8.65) 计算。这里我们假设固相具有密度 ρ_{w}, 即 $\psi(\rho(x_{\mathrm{w}})) = \psi(\rho_{\mathrm{w}})$, 则

$$\boldsymbol{F}_{\mathrm{ads}}(\boldsymbol{x},t) = -G\psi(\rho(\boldsymbol{x},t))\sum_a \omega_a \psi(\rho_{\mathrm{w}})s(\boldsymbol{x}+\boldsymbol{e}_a\Delta t,t)\boldsymbol{e}_a \tag{8.65}$$

指标函数 $s(\boldsymbol{x}+\boldsymbol{e}_a\Delta t,t)$ 在固体和流体域的节点上, 其值分别等于 1 和 0, 用作打开或关闭黏附力的开关。 ρ_{w} 是此处用于调整不同壁面特性的自由参数 (Benzi et al., 2006)。壁面密度与固相的真实密度无关。

在我们的模拟中, 计算域中的任何网格点都代表固体或流体节点。对于固体节点, 在迁移步骤之前执行反弹步骤而不是碰撞步骤, 以模拟无滑壁面边界条件。

下面的 3D 模拟使用了 C-S EOS, 其中 $\dfrac{T}{T_0} = 0.875$。计算域为 $50 \times 50 \times 40$。上下边界都是壁面。周期性边界条件应用于其他边界。初始时刻, 球形液滴与底壁刚好接触。该温度下的液、气共存密度分别约为 $\rho_{\mathrm{l}} = 0.265\ \mathrm{mu/lu}^3$, $\rho_{\mathrm{g}} = 0.038\ \mathrm{mu/lu}^3$。在图 8.6 中, 我们可以看到, 当 ρ_{w} 指定为 0.06, 0.10, 0.18 $(\mathrm{mu/lu})^3$ 时, 我们获得的平衡接触角分别约为 170°, 90°, 30°。然而, 对于 SCMP 模型, 尚未提出明确的公式来预测接触角作为 ρ_{w} 的函数。

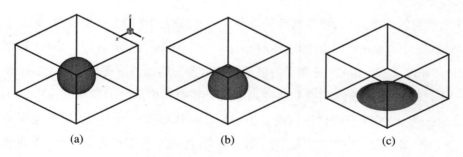

(a)　　　　　　　　　(b)　　　　　　　　　(c)

图 8.6　通过调节壁面密度 ρ_{w} 来获得不同的平衡接触角。模拟中采用 C-S EOS, $\dfrac{T}{T_0} = 0.875$。(a) $\rho_{\mathrm{w}} = 0.06$, (b) $\rho_{\mathrm{w}} = 0.1$, (c) $\rho_{\mathrm{w}} = 0.18$。图中显示的是 $\rho = 0.15$ 等值面。密度单位为 $\mathrm{mu/lu}^3$, 该温度下的液、气共存密度分别为 $\rho_{\mathrm{l}} = 0.265$, $\rho_{\mathrm{g}} = 0.038$

还有许多使用多组分多相 SC 模型研究润湿和扩散现象的工作 (Martys et al., 1996; Pan et al., 2004; Kang et al., 2002, 2005; Huang et al., 2007; Schaap et al., 2007), 将在本章最后一节中讨论。

8.3 SC 模型中的体积力项

这里说的源项 (外力项) 指的是在 LBM 的演化方程 LBE 中的额外项 S_i, 以模拟下面不可压缩 Navier-Stokes 方程中的体力 F_α:

$$\partial_t \rho + \partial_\alpha \rho u_\alpha = D_t \rho + \rho \, \partial_\alpha u_\alpha = 0$$
$$\partial_t \rho u_\alpha + \rho u_\beta \, \partial_\beta u_\alpha = -\partial_\alpha p + \rho \nu \, \partial_\beta (\partial_\beta u_\alpha + \partial_\alpha u_\beta) + F_\alpha \tag{8.66}$$

其中 D_t 是物质导数, 其含义是 $D_t \rho = \partial_t \rho + u_\alpha \, \partial_\alpha \rho$。

对于单相流和多相流, LBM 中外力项的正确处理是一个重要问题。Guo 等 (2002c) 和 Buick 等 (2000) 讨论了 2002 年之前文献中的各种方案。然而, 在这些研究中, 没有研究 SC 多相模型 (Shan et al., 1993) 的外力项方案和 Luo(1998) 之间的联系。基于直接的理论分析, 我们证明了当忽略高于 $O\left(\dfrac{\boldsymbol{F}^2 \Delta t \tau}{\rho}\right)$ 阶项时, Shan 等 (1993) 和 Luo(1998) 的方法是相同的 (Huang et al., 2011c)。最近, Kupershtokh 等 (2009) 也提出了一种所谓的精确差分法 (exact difference method)。经过简单的分析, 我们证明了该外力项方案直到 $O\left(\dfrac{(\boldsymbol{F}\Delta t)^2}{\rho}\right)$ 量级, 与在文献 (Shan et al., 1993) 和 (Luo, 1998) 中使用的外力项方案相同。

对于两相流的模拟, 外力项策略至关重要。一些流行的 LBM 多相模型, 如基于颜色梯度的 LBM (Gunstensen et al., 1991; Rothman et al., 1988; Tölke et al., 2006) 和基于自由能的 LBM(Swift et al., 1995) 通常不明确涉及外力项。然而, He 等 (1999)、Lee 等 (2005) 和 Shan 等 (1993) 提出的两相模型精度则取决于其模型中的外力项策略。Wagner(2006) 和 Kikkinides 等 (2008) 已经详细讨论了 He 等 (1999) 模型中外力项不同方案对两相模型的影响。Kikkinides 等 (2008) 发现, 为了使 He 等 (1999) 模型热力学一致, 表面张力被限制在非常窄的范围内。此外, 他们表明, 只有通过外力项的特殊离散化, 才能实现该模型的热力学一致性指数。

在文献 (Shan, 1994) 中, 从 $\tau = 0.6\Delta t$ 的 SC 模型获得的表面张力与解析解一致。但是, 使用原始 SC 模型中的外力项策略时, 所得密度比和表面张力强烈依赖于 τ。也就是说改变 τ 对结果有显著影响, 这是我们不希望看到的。

8.4　多组分 SC LBM 模型

这里我们也简要介绍一下 Shan 和 Chen(SC) 多组分多相 (MCMP)LBM 模型 (Shan et al., 1995)。在该模型中, 为每一个组分引入一个分布函数。尽管可以考虑很多组分的情形, 但这里我们只考虑两个组分的情形。每个分布函数代表一个流体成分, 并满足以下格子 Boltzmann 方程:

$$f_i^\sigma\left(\boldsymbol{x}+\boldsymbol{e}_i\Delta t, t+\Delta t\right) = f_i^\sigma\left(\boldsymbol{x}, t\right) - \frac{1}{\tau_\sigma}\left[f_i^\sigma\left(\boldsymbol{x}, t\right) - f_i^{\sigma,\mathrm{eq}}\left(\boldsymbol{x}, t\right)\right] \tag{8.67}$$

其中, $f_i^\sigma\left(\boldsymbol{x}, t\right)$ 是第 σ 个组分在速度方向 i 上的概率密度分布函数, τ_σ 是与该组分的运动学黏性系数 ν_σ 相关的松弛因子, 具体关系是 $\nu_\sigma = c_\mathrm{s}^2\left(\tau_\sigma - 0.5\Delta t\right)$。平衡态分布函数 $f_i^{\sigma,\mathrm{eq}}\left(\boldsymbol{x}, t\right)$ 可表示为

$$f_i^{\sigma,\mathrm{eq}}(\boldsymbol{x}, t) = w_i\rho_\sigma\left[1 + \frac{\boldsymbol{e}_i\cdot\boldsymbol{u}_\sigma^{\mathrm{eq}}}{c_\mathrm{s}^2} + \frac{(\boldsymbol{e}_i\cdot\boldsymbol{u}_\sigma^{\mathrm{eq}})^2}{2c_\mathrm{s}^4} - \frac{(\boldsymbol{u}_\sigma^{\mathrm{eq}})^2}{2c_\mathrm{s}^2}\right] \tag{8.68}$$

在式 (8.67) 和式 (8.68) 中, $\boldsymbol{e}_i$ 是离散速度; 对于这里使用的 D2Q9 和 D3Q19 模型, 格子声速 $c_\mathrm{s} = \dfrac{c}{\sqrt{3}}$, 其中 $c = \dfrac{\Delta x}{\Delta t}$。在式 (8.68) 中, ρ_σ 是第 σ 个组分的密度,

$$\rho_\sigma = \sum_i f_i^\sigma \tag{8.69}$$

宏观速度 $\boldsymbol{u}_\sigma^{\mathrm{eq}}$ 为

$$\boldsymbol{u}_\sigma^{\mathrm{eq}} = \boldsymbol{u}' + \frac{\tau_\sigma\boldsymbol{F}_\sigma}{\rho_\sigma} \tag{8.70}$$

其中 $\boldsymbol{u}'$ 是各种组分的共同的速度, 定义为

$$\boldsymbol{u}' = \frac{\displaystyle\sum_\sigma\left(\sum_i\frac{f_i^\sigma\boldsymbol{e}_i}{\tau_\sigma}\right)}{\displaystyle\sum_\sigma\frac{\rho_\sigma}{\tau_\sigma}} \tag{8.71}$$

这个速度可以被认为是包含各组分整个流体的速度。在式 (8.70) 中

$$\boldsymbol{F}_\sigma = \boldsymbol{F}_{\mathrm{c},\sigma} + \boldsymbol{F}_{\mathrm{ads},\sigma} \tag{8.72}$$

这是作用在第 σ 组分上的力, 这里包括流体-流体内聚力 $\boldsymbol{F}_{\mathrm{c},\sigma}$ 和流体-固体黏附力 $\boldsymbol{F}_{\mathrm{ads},\sigma}$。注意下面定义的内聚力参数 G_c 的符号为正, 由此产生的相互作用力为排斥力。

计算域中的每个节点都被每个 σ 组件占用, 在大多数情况下, 一个节点上某一组分占主导, 如下所述。次要组分可视为溶解在主要组分中。使用此处使用的技术, 计算域中某点上包含所有组分流体的总密度 ρ 大致均匀, 因为组分密度看上去是互补的:

$$\rho = \sum_{\sigma} \rho_{\sigma} \tag{8.73}$$

作用在 σ 组分上的内聚力是

$$\boldsymbol{F}_{\mathrm{c},\sigma}(\boldsymbol{x},t) = -G_{\mathrm{c}}\rho_{\sigma}(\boldsymbol{x},t)\sum_{i}\omega_{i}\rho_{\bar{\sigma}}(\boldsymbol{x}+\boldsymbol{e}_{i}\Delta t,t)\boldsymbol{e}_{i} \tag{8.74}$$

其中, σ 和 $\bar{\sigma}$ 分别代表两种不同的流体组分, G_{c} 是一个可以控制内聚力强度的参数。

由于壁面的存在, 作用在 σ 组分上的黏附力大小可以如下计算 (Martys et al., 1996):

$$\boldsymbol{F}_{\mathrm{ads},\sigma}(\boldsymbol{x},t) = -G_{\mathrm{ads},\sigma}\rho_{\sigma}(\boldsymbol{x},t)\sum_{i}\omega_{i}s(\boldsymbol{x}+\boldsymbol{e}_{i}\Delta t)\boldsymbol{e}_{i} \tag{8.75}$$

这里, $s(\boldsymbol{x}+\boldsymbol{e}_{i}\Delta t)$ 是一个指标函数, 在固体和流体域节点上其值分别等于 1 和 0。每种流体组分与壁面之间的相互作用强度可通过参数 $G_{\mathrm{ads},\sigma}$ 进行调整。早期文献表明, $G_{\mathrm{ads},\sigma}$ 对于非润湿流体应为正值, 对于润湿流体应是负值 (Martys et al., 1996; Kang et al., 2002; Pan et al., 2004), 但后来我们证明, 其实是 $G_{\mathrm{ads},\sigma}$ 之间的差异决定了接触角, 与其本身数值正负无关。这种方法与单组分两相 SC 模型中的虚拟壁面密度略有不同, 但是一种等效的替代方法。更详细的相关介绍可以参考文献 (Huang et al., 2015)。

8.5 单组分两相模拟液滴与壁面接触的 Fortran 程序

```
NOTES:
! 1. 整个程序由 head.inc, main.for,
!  streamcollision.for, force.for, output.for 组成。
! 2. head.inc 是一个头文件, 其中定义了一些公共块。
! 3. params.in 是一个放置关键参数的文件。
!   不要在该文件中包含 "c=====..."。该文件以参数开头。
! 4. 在运行此项目之前, 请在工作目录下创建一个子文件夹 out。
! 5. C-S 状态方程只是一个例子。其他 EOS 可以类似地融入模型中。
! 6. 在运行代码之前, 请在工作目录中创建一个新文件夹 out。

head.inc:
c=========================================================
! Domain size is lx \times ly \times \lz
      integer lx,ly,lz
      PARAMETER(lx=51,ly=51,lz=41)
      common/AA/ G,tau,Gads(2),ex(0:18),ey(0:18),ez(0:18),opp(18)
      real*8 G,tau,Gads
```

```
      integer ex,ey,ez, opp

      common/b/ error,vel,xc(0:18),yc(0:18),zc(0:18),t_k(0:18)
      real*8 error,vel,xc,yc,zc,t_k

      common/vel/ c_squ,cc,TT0,rho_w,Ca,RR, Nwri
      real*8 c_squ,cc,TT0, rho_w, Ca,RR
      integer Nwri

      common/app/ t_0,t_1,t_2, rho_h, rho_l
      real*8 t_0,t_1,t_2, rho_h, rho_l
```

main.for
```
c===========================================================
      program D3Q19LBM
      implicit none
      include "head.inc"
      integer t_{\mathrm m}ax,time,k
! This array defines which lattice positions are occupied by fluid nodes (obst=0)
! or solid nodes (obst=1)
      integer obst(lx,ly,lz)
! Velocity components
      real*8  u_x(lx,ly,lz),u_y(lx,ly,lz), u_z(lx,ly,lz)
! Pressure and density
      real*8 p(lx,ly,lz),rho(lx,ly,lz)
! The real fluid density
! which may differ from the velocity components in the above; refer to SC model
      real*8 upx(lx,ly,lz),upy(lx,ly,lz),upz(lx,ly,lz)

! The force components: Fx, Fy, Fz for the interaction between fluid nodes
! Sx, Sy, Sz are the interaction (components) between the fluid nodes and solid nodes
! ff is the distribution function
      real*8  ff(0:18,lx,ly,lz),Fx(lx,ly,lz),Fy(lx,ly,lz),
     &  Fz(lx,ly,lz), Sx(lx,ly,lz),Sy(lx,ly,lz), Sz(lx,ly,lz)

! TTOW is the value of T/T0;   RHW and RLW are the coexisting densities
! in the specified T/T0.
! For initialization, \rho_l (lower density)
! and \rho_h (higher density) are supposed to be known.
      real*8   TTOW(12), RHW(12), RLW(12)
!-------------------------------------------------
! Author: Haibo Huang, Huanghb@ustc.edu.cn
!-------------------------------------------------
! The below data define the D3Q19 velocity model, xc(ex), yc(ey), zc(ez)
! are the components of e_{ix}, e_{iy}, and e_{iz}, respectively.
      data xc/0.d0, 1.d0, -1.d0, 0.d0, 0.d0, 0.d0, 0.d0, 1.d0, 1.d0,
     & -1.d0, -1.d0, 1.d0, -1.d0, 1.d0, -1.d0, 0.d0, 0.d0,
     & 0.d0, 0.d0  /,
     &  yc/0.d0, 0.d0, 0.d0, 1.d0, -1.0d0, 0.d0, 0.d0, 1.d0, -1.d0,
     & 1.d0, -1.d0, 0.d0, 0.d0, 0.d0, 0.d0, 1.d0, 1.d0,
     & -1.d0, -1.d0/,
     &  zc/0.d0, 0.d0, 0.d0, 0.d0, 0.d0, 1.d0, -1.d0, 0.d0, 0.d0,
     & 0.d0, 0.d0, 1.d0, 1.d0, -1.d0, -1.d0, 1.d0, -1.d0,
     & 1.d0, -1.d0/
      data ex/0, 1, -1, 0, 0, 0, 0, 1, 1, -1, -1, 1, -1, 1, -1, 0, 0,
     & 0, 0 /,
     &  ey/0, 0, 0, 1, -1, 0, 0, 1, -1, 1, -1, 0,  0, 0,  0, 1, 1,
     & -1, -1/,
     &  ez/0, 0, 0, 0, 0, 1, -1, 0, 0,  0, 0, 1, 1, -1, -1, 1, -1,
     & 1, -1/
```

! This array gives the opposite direction for e_1, e_2, e_3, ..., e_18

```fortran
! It implements the simple bounce-back rule we use in the collision step
! for solid nodes (obst=1)
      data opp/2,1,4,3,6,5,10,9,8,7,14,13,12,11,18,17,16,15/

! C-S EOS
! RHW and RLW are the coexisting densities in the corresponding specified T/T0.
      data TT0W/0.975d0, 0.95d0, 0.925d0, 0.9d0, 0.875d0, 0.85d0,
     &     0.825d0,  0.8d0, 0.775d0, 0.75d0, 0.7d0, 0.65d0 /,
     &      RHW/ 0.16d0, 0.21d0,  0.23d0, 0.247d0, 0.265d0, 0.279d0,
     &      0.29d0, 0.314d0, 0.30d0,  0.33d0, 0.36d0, 0.38d0 /,
     &      RLW/0.08d0, 0.067d0, 0.05d0, 0.0405d0, 0.038d0, 0.032d0,
     &      0.025d0, 0.0245d0, 0.02d0, 0.015d0, 0.009d0, 0.006d0/
! Speeds and weighting factors
      cc = 1.d0
      c_squ = cc *cc / 3.d0
      t_0 =  1.d0 / 3.d0
      t_1 =  1.d0 / 18.d0
      t_2 =  1.d0 / 36.d0
! Weighting coefficient in the equilibrium distribution function
      t_k(0) = t_0
      do 1 k =1,6
       t_k(k) = t_1
    1 continue
      do 2 k =7,18
       t_k(k) = t_2
    2 continue

! Please specify which temperature
! and corresponding \rho_h, \rho_l in above 'data' are chosen
! Initial T/T0, rho_h, and rho_l for the C-S EOS are listed in above 'data' section
      k = 5    ! important
      TT0 = TT0W(k)
      rho_h = RHW(k)
      rho_l = RLW(k)


c=======================================================================
c      Initialisation
c=======================================================================
      write (6,*) '@@@   3D LBM for single component multiphase @@@'
      write (6,*) '@@@ lattice size lx = ',lx
      write (6,*) '@@@              ly = ',ly
      write (6,*) '@@@              lz = ',lz
      call read_parameters(t_{\mathrm m}ax)
      call read_obstacles(obst)

      call init_density(obst,u_x ,u_y ,rho ,ff )
      open(40,file='./out/residue.dat')
c=======================================================================
! Begin iterations
      do 100 time = 1, t_{\mathrm m}ax
        if ( mod(time, Nwri) .eq. 0 .or. time. eq. 1) then
        write(*,*) time
        call write_results2(obst,rho,p,upx,upy,upz,time)
        end if

        call stream(obst,ff )    ! streaming (propagation) step

! Obtain the macro variables
      call getuv(obst,u_x ,u_y, u_z, rho, ff )

! Calculate the actual velocity
```

```fortran
      call calcu_upr(obst,u_x,u_y,u_z,Fx,Fy,Fz,
     &    Sx,Sy,Sz,rho, upx,upy,upz)

! Calculate the interaction force between fluid nodes,
! and the interaction force between solid and fluid nodes
      call calcu_Fxy(obst,rho,Fx,Fy,Fz,Sx,Sy,Sz,p)

!     BGK model (a single relaxation parameter) is used
      call collision(tau,obst,u_x,u_y,u_z,rho ,ff ,Fx ,Fy ,Fz,
     &    Sx,Sy, Sz )    ! collision step ,

  100 continue
c===== End of the main loop
      close(40)
      write (6,*) '@@@@** end **@@@@'
      end
c-------------------------------------
      subroutine read_parameters(t_{\mathrm m}ax)
      implicit none
      include "head.inc"
      integer  t_{\mathrm m}ax
      real*8 visc

      open(1,file='./params.in')
! Initial radius of the droplet
      read(1,*) RR
! \rho_w in calculation of fluid-wall interaction
      read(1,*) rho_w
! Relaxation parameter, which is related to viscosity
      read(1,*) tau
! Maximum iteration specified
      read(1,*) t_{\mathrm m}ax
! Output data frequency (can be viewed with TECPLOT)
      read(1,*) Nwri
      close(1)
      visc =c_squ*(tau-0.5)
      write (*,'("kinematic viscosity=",f12.5, "lu^2/ts",
     &   2X, "tau=", f12.7)') visc, tau

      end

!-----------------------------------------------------
! Initialize which nodes are wall node (obst=1) and
! which are fluid nodes (obst=0)
      subroutine read_obstacles(obst)
      implicit none
      include "head.inc"

      integer  x,y,z,obst(lx,ly,lz)
        do 11 z = 1, lz
          do 10 y = 1, ly
            do 40 x = 1, lx
              obst(x,y,z) =  0
              if(z .eq. 1)   obst(x, y,1) = 1
   40       continue
   10     continue
   11 continue

      end
!-----------------------------------------------------
      subroutine init_density(obst,u_x,u_y,rho,ff)
      implicit none
```

```fortran
      include "head.inc"

      integer i,j,x,y,z,k,n,obst(lx,ly,lz)
      real*8  u_squ,u_n(0:18),fequi(0:18),u_x(lx,ly,lz),u_y(lx,ly,lz),
     & rho(lx,ly,lz),ff(0:18,lx,ly,lz),u_z(lx,ly,lz)

      do 12 z = 1, lz
       do 11 y = 1, ly
        do 10 x = 1, lx
        u_x(x,y,z) = 0.d0
        u_y(x,y,z) = 0.d0
        u_z(x,y,z) = 0.d0
        rho(x,y,z) = rho_l
        if(real(x-lx/2)**2+real(y-ly/2)**2+real(z-5)**2< RR**2) then
           rho(x,y,z) = rho_h
         endif
  10    continue
  11   continue
  12 continue

      do 82 z = 1, lz
       do 81 y = 1, ly
        do 80 x = 1, lx
           u_squ  =    u_x(x,y,z)*u_x(x,y,z) + u_y(x,y,z)*u_y(x,y,z)
     &             +   u_z(x,y,z) *u_z(x,y,z)
        do 60 k = 0,18
           u_n(k)   = xc(k)*u_x(x,y,z) + yc(k)*u_y(x,y,z)
     &              + zc(k) *u_z(x,y,z)
           fequi(k) = t_k(k)* rho(x,y,z) * ( cc*u_n(k) / c_squ
     &               + (u_n(k)*cc) *(u_n(k)*cc) / (2.d0 * c_squ *c_squ)
     &               - u_squ / (2.d0 * c_squ)) + t_k(k) * rho(x,y,z)
           ff(k,x,y,z)= fequi(k)
  60    continue
  80    continue
  81   continue
  82 continue
      end
! ----------------------------------------------------


streamcollision.for
c===========================================================

      subroutine stream(obst,ff)
      implicit none
      include "head.inc"
      integer  k,obst(lx,ly,lz)
      real*8 ff(0:18,lx,ly,lz),f_hlp(0:18,lx,ly,lz)
      integer  x,y,z,x_e,x_w,y_n,y_s,z_n,z_s

      do 12 z = 1, lz
       do 11 y = 1, ly
        do 10 x = 1, lx
!
          z_n = mod(z,lz) + 1
          y_n = mod(y,ly) + 1
          x_e = mod(x,lx) + 1

          z_s = lz - mod(lz + 1 - z, lz)
          y_s = ly - mod(ly + 1 - y, ly)
          x_w = lx - mod(lx + 1 - x, lx)

c........ Propagation
```

```
                    f_hlp(1 ,x_e,y  ,z  ) = ff(1,x,y,z)
                    f_hlp(2 ,x_w,y  ,z  ) = ff(2,x,y,z)
                    f_hlp(3 ,x  ,y_n,z  ) = ff(3,x,y,z)
                    f_hlp(4 ,x  ,y_s,z  ) = ff(4,x,y,z)
                    f_hlp(5 ,x  ,y  ,z_n) = ff(5,x,y,z)
                    f_hlp(6 ,x  ,y  ,z_s) = ff(6,x,y,z)
                    f_hlp(7 ,x_e,y_n,z  ) = ff(7,x,y,z)
                    f_hlp(8 ,x_e,y_s,z  ) = ff(8,x,y,z)
                    f_hlp(9 ,x_w,y_n,z  ) = ff(9,x,y,z)
                    f_hlp(10,x_w,y_s,z  ) = ff(10,x,y,z)
                    f_hlp(11,x_e,y  ,z_n) = ff(11,x,y,z)
                    f_hlp(12,x_w,y  ,z_n) = ff(12,x,y,z)
                    f_hlp(13,x_e,y  ,z_s) = ff(13,x,y,z)
                    f_hlp(14,x_w,y  ,z_s) = ff(14,x,y,z)
                    f_hlp(15,x  ,y_n,z_n) = ff(15,x,y,z)
                    f_hlp(16,x  ,y_n,z_s) = ff(16,x,y,z)
                    f_hlp(17,x  ,y_s,z_n) = ff(17,x,y,z)
                    f_hlp(18,x  ,y_s,z_s) = ff(18,x,y,z)
   10    continue
   11    continue
   12 continue
c-------------------Update distribution function
        do 22 z = 1, lz
          do 21 y = 1, ly
            do 20 x = 1, lx
              do k =1, 18
                  ff(k,x,y,z) = f_hlp(k,x,y,z)
              enddo
   20       continue
   21    continue
   22 continue

        return
        end


c----------------------------------------
        subroutine getuv(obst,u_x,u_y,u_z,rho,ff)
        include "head.inc"
        integer x,y,obst(lx,ly,lz)
        real*8  u_x(lx,ly,lz),u_y(lx,ly,lz),rho(lx,ly,lz),
      & ff(0:18,lx,ly,lz),u_z(lx,ly,lz)

        do 12 z = 1, lz
         do 11 y = 1, ly
          do 10 x = 1, lx
            rho(x,y,z) = 0.d0

        if(obst(x,y,z) .eq. 0 ) then
            do 5 k = 0 ,18
                rho(x,y,z) = rho(x,y,z) + ff(k,x,y,z)
    5       continue
c----------------------
        if(rho(x,y,z) .ne. 0.d0) then

        u_x(x,y,z)=(ff(1,x,y,z)+ ff(7,x,y,z)+ ff(8,x,y,z) +
      &            ff(11,x,y,z) + ff(13,x,y,z)
      &            -(ff(2,x,y,z) + ff(9,x,y,z) + ff(10,x,y,z)+
      &            ff(12,x,y,z) + ff(14,x,y,z) ))/rho(x,y,z)

        u_y(x,y,z) = (ff(3,x,y,z) + ff(7,x,y,z) + ff(9,x,y,z) +
      &            ff(15,x,y,z) + ff(16,x,y,z)
```

```
     &            -(ff(4,x,y,z) + ff(8,x,y,z) + ff(10,x,y,z) +
     &              ff(17,x,y,z) + ff(18,x,y,z) )) /rho(x,y,z)

        u_z(x,y,z)= (ff(5,x,y,z) + ff(11,x,y,z) + ff(12,x,y,z)+
     &              ff(15,x,y,z) + ff(17,x,y,z)
     &            -(ff(6,x,y,z) + ff(13,x,y,z) + ff(14,x,y,z) +
     &              ff(16,x,y,z) + ff(18,x,y,z) )) /rho(x,y,z)
          endif

          endif

    10    continue
    11  continue
    12 continue
        end
c----------------------------------------
        subroutine calcu_upr(obst,u_x,u_y,u_z,
     & Fx,Fy,Fz,Sx,Sy,Sz,rho,upx,upy,upz)
        implicit none
        include "head.inc"
        integer x,y,z ,obst(lx,ly,lz)
        real*8  u_x(lx,ly,lz),u_y(lx,ly,lz),rho(lx,ly,lz),
     % upx(lx,ly,lz), upy(lx,ly,lz), upz(lx,ly,lz),
     & u_z(lx,ly,lz), Fx(lx,ly,lz), Fy(lx,ly,lz), Fz(lx,ly,lz),
     &  Sx(lx,ly,lz), Sy(lx,ly,lz), Sz(lx,ly,lz)

        do  9 z = 1, lz
         do 10 y = 1, ly
          do 11 x = 1, lx

        if(obst(x,y,z) .eq. 0) then

        upx(x,y,z) = u_x(x,y,z) + (Fx(x,y,z)+Sx(x,y,z))/2.d0/ rho(x,y,z)
        upy(x,y,z) = u_y(x,y,z) + (Fy(x,y,z)+Sy(x,y,z))/2.d0/ rho(x,y,z)
        upz(x,y,z) = u_z(x,y,z) + (Fz(x,y,z)+Sz(x,y,z))/2.d0/ rho(x,y,z)

        else
        upx(x,y,z) = u_x(x,y,z)
        upy(x,y,z) = u_y(x,y,z)
        upz(x,y,z) = u_z(x,y,z)
        endif

    11    continue
    10    continue
    9 continue
       end
c----------------------------------------
        subroutine collision(tauc,obst,u_x,u_y,u_z,
     & rho,ff,Fx,Fy,Fz, Sx, Sy, Sz)
!
        implicit none
        include "head.inc"
        integer l,obst(lx,ly,lz)
        real*8 u_x(lx,ly,lz),u_y(lx,ly,lz),ff(0:18,lx,ly,lz),rho(lx,ly,lz)
        real*8 Fx(lx,ly,lz),Fy(lx,ly,lz), Sx(lx,ly,lz), Sy(lx,ly,lz)
        real*8 Fz(lx,ly,lz),u_z(lx,ly,lz),Sz(lx,ly,lz),temp(18)

        integer  x,y,z,k
        real*8  u_n(0:18),fequ(0:18),fequ2(0:18),u_squ,tauc,ux,uy,uz

        do 4 z = 1, lz
```

```
          do 5 y = 1, ly
            do 6 x = 1, lx
              if(obst(x,y,z) .eq. 1) then
                do k =1, 18
                 temp(k) =ff(k,x,y,z)
                enddo
                do k =1, 18
                 ff(opp(k),x,y,z) = temp(k)
                enddo
              endif

              if(obst(x,y,z) .eq. 0) then
              ux = u_x(x,y,z) +tauc * ( Fx(x,y,z)+Sx(x,y,z) ) / rho(x,y,z)
              uy = u_y(x,y,z) +tauc * ( Fy(x,y,z)+Sy(x,y,z) ) / rho(x,y,z)
              uz = u_z(x,y,z) +tauc * ( Fz(x,y,z)+Sz(x,y,z) ) / rho(x,y,z)

                 u_squ = ux * ux + uy * uy +uz *uz

          do 10 k = 0,18
c..........Equilibrium distribution function
              u_n(k)  = xc(k)*ux + yc(k)*uy + zc(k)*uz
              fequ(k) = t_k(k)* rho(x,y,z) * ( cc*u_n(k) / c_squ
     &                  + (u_n(k)*cc) *(u_n(k)*cc) / (2.d0 * c_squ *c_squ)
     &                  - u_squ / (2.d0 * c_squ)) + t_k(k) * rho(x,y,z)

c..........Collision step
          ff(k,x,y,z) = fequ(k) + (1.d0-1.d0/tauc)*(ff(k,x,y,z) -fequ(k))
   10     continue

          endif
    6     continue
    5     continue
    4     continue
          end
c-----------------------------------------
          subroutine getf_equ(rh,u,v,w,f_equ)
          include 'head.inc'
          real*8 rh, u,v,w,u_squ, f_equ(0:18),u_n(0:18)

              u_squ =u*u +v*v +w*w

          do 10 i =0,18
            u_n(i) = u *xc(i) +v *yc(i)+ w *zc(i)
                f_equ(i) = t_k(i) * rh *( u_n(i)/c_squ
     &                  + u_n(i) *u_n(i) / (2.d0 * c_squ *c_squ)
     &                  - u_squ / (2.d0 * c_squ)) + t_k(i) * rh
   10     continue
          end




force.for
c===========================================================
          subroutine calcu_Fxy(obst,rho,Fx,Fy,Fz,Sx,Sy,Sz,p)
          implicit none
          include "head.inc"
          integer x,y,z,obst(lx,ly,lz),yn,yp,xn,xp,zp,zn, i,j,k
          real*8 Fx(lx,ly,lz),Fy(lx,ly,lz),Fz(lx,ly,lz)
     &    ,psx(lx,ly,lz), sum_x, sum_y, sum_z, psx_w
     &    ,rho(lx,ly,lz), Sx(lx,ly,lz), Sy(lx,ly,lz), Sz(lx,ly,lz)
```

```
      % , Fztemp, R,a,b, Tc, TT, alfa, omega, G1,p(lx,ly,lz)

!  Parameters in YUAN C-S EOS
          R = 1.0d0
          b = 4.d0
          a = 1.d0
          Tc = 0.3773d0*a/(b*R)
          TT= TT0 *Tc

          do 4 k = 1,lz
           do 5 j = 1,ly
            do 6 i = 1,lx
          if (obst(i,j,k ) .eq. 0 .and. rho(i,j,k).ne. 0.d0)   then

          if( (R*TT*
     &      (1.d0+(4.d0* rho(i,j,k)-2.d0* rho(i,j,k)* rho(i,j,k)
     &      )/(1.d0- rho(i,j,k))**3     )
     %        -a* rho(i,j,k) -1.d0/3.d0) .gt. 0.) then
            G1= 1.d0/3.d0
          else
            G1= -1.d0/3.d0
          endif

c++++++++++++++++++++++++++++++++++++++++++++++++++++++++++++++++++++
          psx(i,j,k) = sqrt( 6.d0* rho(i,j,k) * ( R*TT*
     &      (1.d0+ (4.d0* rho(i,j,k)-2.d0*rho(i,j,k)*rho(i,j,k) )
     &    /(1.d0-rho(i,j,k))**3  )
     &        -a* rho(i,j,k) -1.d0/3.d0)
     &        /G1 )
c  Yuan C-S EOS
          p(i,j,k) = rho(i,j,k)/3.d0 + G1/6.d0 * psx(i,j,k) *psx(i,j,k)
         endif
      6 continue
      5 continue
      4 continue


         psx_w = sqrt( 6.d0* rho_w * ( R*TT*
     &      (1.d0+ (4.d0* rho_w-2.d0*rho_w * rho_w )
     &      /(1.d0- rho_w)**3  )
     &      -a* rho_w -1.d0/3.d0)
     &      /G1 )

      do 30 z = 1,lz
       do 20 y = 1,ly
        do 10 x = 1,lx
c.........interaction between neighbouring with periodic boundaries
            Fx(x,y,z) =0.d0
            Fy(x,y,z) =0.d0
            Fz(x,y,z) =0.d0

      if (obst(x,y,z) .eq. 0)   then

        sum_x = 0.d0
        sum_y = 0.d0
        sum_z = 0.d0

      do 11  k =1, 18
       xp=x+ex(k)
       yp=y+ey(k)
       zp=z+ez(k)
       if(xp .lt. 1)  xp = lx
```

```
        if(xp .gt. lx) xp =1
        if(yp .lt. 1)  yp = ly
        if(yp .gt. ly) yp =1
        if(zp .lt. 1)  zp = lz
        if(zp .gt. lz) zp =1


         if (obst(xp,yp,zp) .eq. 1)   then
! Interact with solid nodes (obst=1)
          sum_x = sum_x + t_k(k)*xc(k)
          sum_y = sum_y + t_k(k)*yc(k)
          sum_z = sum_z + t_k(k)*zc(k)
       else
! Interact with fluid nodes (obst=0)
          Fx(x,y,z)=Fx(x,y,z) +t_k(k)*xc(k)* psx(xp,yp,zp)
          Fy(x,y,z)=Fy(x,y,z) +t_k(k)*yc(k)* psx(xp,yp,zp)
          Fz(x,y,z)=Fz(x,y,z) +t_k(k)*zc(k)* psx(xp,yp,zp)
         endif


   11 continue
! Final wall-fluid interaction
         Sx(x,y,z) = -G1*sum_x *psx(x,y,z) *psx_w
         Sy(x,y,z) = -G1*sum_y *psx(x,y,z) *psx_w
         Sz(x,y,z) = -G1*sum_z *psx(x,y,z) *psx_w
! Final fluid-fluid interaction
         Fx (x,y,z)= -G1 *psx (x,y,z)* Fx(x,y,z)
         Fy (x,y,z)= -G1 *psx (x,y,z)* Fy(x,y,z)
         Fz (x,y,z)= -G1 *psx (x,y,z)* Fz(x,y,z)
        endif

   10 continue
   20 continue
   30 continue
      end




output.for
c=======================================================

      subroutine  write_results2(obst,rho,p,upx,upy,upz, n)
      implicit none
      include "head.inc"
      integer   x,y,z,i,n
      real*8  rho(lx,ly,lz),upx(lx,ly,lz),upy(lx,ly,lz)
      real*8  upz(lx,ly,lz), p(lx,ly,lz)
      integer  obst(lx,ly,lz)

      character filename*16, B*6

      write(B,'(i6.6)') n
      filename='out/3D'//B//'.plt'

      open(41,file=filename)

      write(41,*) 'variables = x, y, z, rho, upx, upy, upz, p, obst'
      write(41,*) 'zone i=', lx, ', j=', ly, ', k=', lz, ', f=point'
      do 10 z = 1, lz
       do 10 y = 1, ly
        do 10 x = 1, lx
           write(41,9) x, y, z, rho(x,y,z),
    & upx(x,y,z), upy(x,y,z), upz(x,y,z),
```

```
     &  p(x,y,z), obst(x,y,z)
 10 continue

  9  format(3i4, 5f15.8, i4)

     close(41)
     end
```

params.in
```
c==============================================
15.             ! RR droplet radius
0.12            ! rho_w, density of wall
1.0             ! tau(1)
10000           ! maximum time step
500             ! Nwri: output every Nwri time steps!
```

结果如图 8.6(c) 所示。

第 9 章　自由能两相流模型

9.1　Swift 自由能单组分两相流 LBM

9.1.1　模型简介

Swift 等 (1996) 描述了最初的基于 Swift 自由能的 SCMP LBM。这里给出了详细的推导, 可让读者快速理解。注意到 Swift 等 (1996) 使用了 D2Q7 模型。这里则根据最常用的 D2Q9 速度模型进行推导。Swift 两相流方法是由自由能模型发展而来的, 当两种流体都是理想气体时, 自由能模型是 Galileo 不变量 (He et al., 2002)。Holdych 等 (1998) 增加了密度梯度项以消除考虑非理想流体时 $O(u^2)$ 阶量级上缺乏 Galileo 不变性的问题。与 SC 模型相比, 该模型的优点之一是表面张力更容易调整。该模型已被用于模拟泡沫上升 (Frank et al., 2005; Takada et al., 2000)、微通道中液滴的形成和运动 (van der Graaf et al., 2006; van der Sman et al., 2008; Hao et al., 2009; Zhang, 2011; Varnik et al., 2008; Vrancken et al., 2009; Kusumaatmaja et al., 2008, 2006)、失稳分解 (Kendon et al., 2001; Gonnella et al., 1997; Sofonea et al., 1999)、相分离 (Wagner et al., 1998, 1999; Suppa et al., 2002; Xu et al., 2003, 2004)、气泡迁移 (Holdych et al., 2001)、多孔介质中的气液流动 (Angelopoulos et al., 1998; Hao et al., 2010)、微米级液滴和喷射 (Leopoldes et al., 2003)、表面活性剂吸附到界面 (van der Sman et al., 2006)、热两相流 (Palmer et al., 2000)、胶体悬浮液 (Stratford et al., 2005)、超临界 CO_2 注入含水的多孔介质 (Suekane et al., 2005)、组分在微通道中混合 (Kuksenok et al., 2002) 等。它也被应用于更复杂的流动系统的研究, 如液晶流体动力学 (Denniston et al., 2001) 和三元流体混合物 (Lamura et al., 1999)。9.6 节提供了在 D2Q9 速度模型框架下的代码。

Zheng 等 (2006) 提出了基于 Galileo 不变自由能的 LB 模型。该模型更简单, 但只适用于两相密度相同的情况。Niu 等 (2007) 利用该模型研究了质子交换膜 (PEM) 燃料电池气体扩散层中的水-气传输过程。最近, 为了处理高密度比的情形, Shao 等 (2014) 将 LBE 局部密度变化当作外力项来处理, 修正了 Zheng 等 (2006) 的模型。

Tiribocchi 等 (2009) 在 Swift 等 (1996) 的自由能模型的基础上也提出了两相流体的混合格式, 即求解 N-S 方程采用带体积力的格子 Boltzmann 方程, 求解 Cahn-Hilliard 方程则采用有限差分格式。Swift 的 SCMP 模型中的格子 Boltzmann 方程与其他模型类似:

$$f_i(\boldsymbol{x} + \boldsymbol{e}_i\Delta t, t + \Delta t) - f_i(\boldsymbol{x}, t) = -\frac{1}{\tau}(f_i - f_i^{\mathrm{eq}}) \tag{9.1}$$

其中 Δt 是时间步长, τ 是松弛因子, f_i^{eq} 是平衡态分布函数。流体的密度和动量可以通过以下公式得到:

$$\rho = \sum_i f_i, \quad \rho u_\alpha = \sum_i f_i e_{i\alpha} \tag{9.2}$$

该模型的热力学相容性是通过压力张量 $P_{\alpha\beta}$(Swift et al., 1996) 实现的。在文献 (Swift et al., 1996) 中, 典型的非理想状态方程是 van der Waals 状态方程。相应的系统的自由能是 (Cahn et al., 1958; Rowlinson et al., 1982)

$$\Psi = \int \mathrm{d}\boldsymbol{r} \left[\psi(T, \rho) + \frac{\kappa}{2}(\nabla\rho)^2 \right] \tag{9.3}$$

其中 $\boldsymbol{r}$ 表示一个很小的体积分数, k 是一个常数, $\psi(T, \rho)$ 是温度为 T 时的体自由能密度。对于 van der Waals 系统, 体积自由能密度为

$$\psi(T, \rho) = \rho T \ln\left(\frac{\rho}{1 - \rho b}\right) - a\rho^2 \tag{9.4}$$

压力张量与自由能的关系是 (Swift et al., 1996)

$$P_{\alpha\beta} = p\delta_{\alpha\beta} + \kappa \frac{\partial\rho}{\partial x_\alpha} \frac{\partial\rho}{\partial x_\beta} \tag{9.5}$$

这里

$$p = p_0 - \kappa\rho\nabla^2\rho - \frac{\kappa}{2}|\nabla\rho|^2 \tag{9.6}$$

其中

$$p_0 = \rho \frac{\partial\psi(\rho)}{\partial\rho} - \psi(\rho) = \frac{\rho T}{1 - \rho b} - a\rho^2 \tag{9.7}$$

是 van der Waals 流体的状态方程。van der Waals 参数 a 和 b 的含义与前面章节中所述相同。

对于单相流, 平衡态分布函数为

$$f_i^{\mathrm{eq}}(\boldsymbol{x}, t) = \omega_i \rho \left(1 + \frac{e_{i\beta}u_\beta}{c_\mathrm{s}^2} + \frac{e_{i\beta}u_\beta e_{i\alpha}u_\alpha}{2c_\mathrm{s}^4} - \frac{u_\beta u_\beta}{2c_\mathrm{s}^2} \right) \tag{9.8}$$

然而, 为了融入上述热力学相容性, Swift 等 (1996) 建议更一般的平衡态分布函数为: $\boldsymbol{e}_i$ ($i \neq 0$) 速度方向

$$f_i^{\mathrm{eq}} = A + Bu_\beta e_{i\beta} + Cu^2 + Du_\alpha u_\beta e_{i\alpha}e_{i\beta} + G_{\alpha\beta}e_{i\alpha}e_{i\beta} \tag{9.9}$$

以及零速度方向

$$f_0^{\mathrm{eq}} = A_0 + C_0 u^2 \tag{9.10}$$

系数 A, B 可以通过以下章节确定。

通常, f_i^{eq} 的零阶矩、一阶矩和二阶矩应满足

$$\sum_i f_i^{\mathrm{eq}} = \rho \tag{9.11}$$

$$\sum_i f_i^{\mathrm{eq}} e_{i\alpha} = \rho u_\alpha \tag{9.12}$$

$$\sum_i f_i^{\mathrm{eq}} e_{i\alpha} e_{i\beta} = P_{\alpha\beta} + \rho u_\alpha u_\beta \tag{9.13}$$

9.1.2 平衡态分布函数 (D2Q9 模型) 中系数的推导

D2Q9 模型平衡态分布函数中系数的推导如下所示。

首先, 根据 D2Q9 速度模型的定义, 我们可以得到下面这些公式:

$$\sum_i e_{i\alpha} = 0, \quad \sum_{i=1}^4 e_{i\alpha} e_{i\beta} = 2c^2 \delta_{\alpha\beta}, \quad \sum_{i=5}^8 e_{i\alpha} e_{i\beta} = 4c^2 \delta_{\alpha\beta}$$

$$\sum_i e_{i\alpha} e_{i\beta} e_{i\gamma} = 0, \quad \sum_{i=1}^4 e_{i\alpha} e_{i\beta} e_{i\gamma} e_{i\gamma} = 2c^4 \delta_{\alpha\beta\gamma\delta} \tag{9.14}$$

$$\sum_{i=5}^8 e_{i\alpha} e_{i\beta} e_{i\gamma} e_{i\gamma} = 4c^4 (\delta_{\alpha\beta}\delta_{\gamma\beta} + \delta_{\gamma\beta}\delta_{\alpha\delta} + \delta_{\delta\beta}\delta_{\gamma\alpha}) - 8c^4 \delta_{\alpha\beta\gamma\delta}$$

由于 D2Q9 模型中 1, 2, 3, 4 速度方向的对称性, 我们假定 f_i^{eq} $(i = 1, 2, 3, 4)$ 具有以下相同的形式:

$$f_i^{\mathrm{eq}} = A_1 + B_1 u_\beta e_{i\beta} + C_1 u^2 + D_1 u_\alpha u_\beta e_{i\alpha} e_{i\beta} + G_{\alpha\beta1} e_{i\alpha} e_{i\beta} \tag{9.15}$$

类似地假定 5, 6, 7, 8 方向 f_i^{eq} $(i = 5, 6, 7, 8)$ 也有相同的形式:

$$f_i^{\mathrm{eq}} = A_2 + B_2 u_\beta e_{i\beta} + C_2 u^2 + D_2 u_\alpha u_\beta e_{i\alpha} e_{i\beta} + G_{\alpha\beta2} e_{i\alpha} e_{i\beta} \tag{9.16}$$

对于 D2Q9 速度模型, 根据它的限制条件 (式 (9.11)), 我们有

$$\begin{aligned}
\sum_i f_i^{\mathrm{eq}} &= A_0 + C_0 u^2 + 4(A_1 + C_1 u^2) + D_1 u_\alpha u_\beta (2c^2 \delta_{\alpha\beta}) + G_{\alpha\beta1}(2c^2 \delta_{\alpha\beta}) \\
&\quad + 4(A_2 + C_2 u^2) + D_2 u_\alpha u_\beta (4c^2 \delta_{\alpha\beta}) + G_{\alpha\beta2}(4c^2 \delta_{\alpha\beta}) \\
&= [A_0 + 4(A_1 + A_2)] + [C_0 + 4(C_1 + C_2) + 2c^2(D_1 + 2D_2)]u^2 + 2c^2(G_{\alpha\alpha1} + 2G_{\alpha\alpha2}) \\
&= \rho
\end{aligned} \tag{9.17}$$

因为上式的右端只含密度而不含 u^2 和 c^2 项, 所以第二个等号右边含 u^2 的系数应该为 0, 含 c^2 的系数也应该为 0。于是有

$$\begin{cases} A_0 + 4(A_1 + A_2) = \rho \\ C_0 + 4(C_1 + C_2) + 2c^2(D_1 + 2D_2) = 0 \\ G_{\alpha\alpha1} + 2G_{\alpha\alpha2} = 0 \end{cases} \tag{9.18}$$

根据式 (9.12) 的限定条件, 我们得到

$$\sum_i f_i^{\text{eq}} e_{i\alpha} = \sum_{i=1}^4 B_1 u_\beta e_{i\beta} e_{i\alpha} + \sum_{i=5}^8 B_2 u_\beta e_{i\beta} e_{i\alpha} = 2c^2(B_1 + 2B_2)u_\alpha = \rho u_\alpha \tag{9.19}$$

也就是

$$2c^2(B_1 + 2B_2) = \rho \tag{9.20}$$

根据式 (9.13) 的限定条件, 我们得到

$$\begin{aligned}
\sum_i f_i^{\text{eq}} e_{i\alpha} e_{i\beta} &= (A_1 + C_1 u^2)\sum_{i=1}^4 e_{i\alpha} e_{i\beta} + (D_1 u_\gamma u_\delta + G_{\gamma\delta1})\sum_{i=1}^4 e_{i\alpha} e_{i\beta} e_{i\gamma} e_{i\delta} \\
&= (A_2 + C_2 u^2)\sum_{i=5}^8 e_{i\alpha} e_{i\beta} + (D_2 u_\gamma u_\delta + G_{\gamma\delta2})\sum_{i=5}^8 e_{i\alpha} e_{i\beta} e_{i\gamma} e_{i\delta} \\
&= 2c^2\delta_{\alpha\beta}(A_1 + C_1 u^2) + 2c^4\delta_{\alpha\beta\gamma\delta}(D_1 u_\gamma u_\delta + G_{\gamma\delta1}) + 4c^2\delta_{\alpha\beta}(A_2 + C_2 u^2) \\
&\quad + [4c^4(\delta_{\alpha\beta}\delta_{\gamma\delta} + \delta_{\gamma\beta}\delta_{\alpha\delta} + \delta_{\delta\beta}\delta_{\gamma\alpha}) - 8c^4\delta_{\alpha\beta\gamma\delta}](D_2 u_\gamma u_\delta + G_{\gamma\delta2}) \\
&= 2c^2(A_1 + 2A_2)\delta_{\alpha\beta} + u^2(2c^2)\delta_{\alpha\beta}(C_1 + 2C_2 + 2c^2 D_2) + 8c^4 D_2 u_\alpha u_\beta \\
&\quad + 2c^4\delta_{\alpha\beta\gamma\delta}[(D_1 - 4D_4)u_\gamma u_\delta + (G_{\gamma\delta1} - 4G_{\gamma\delta2})] + 4c^4 G_{\gamma\gamma2}\delta_{\alpha\beta} + 8c^4 G_{\alpha\beta2} \\
&= \rho u_\alpha u_\beta + \left(p_0 - \kappa\rho\nabla^2\rho - \frac{\kappa}{2}|\nabla\rho|\right)\delta_{\alpha\beta} + \kappa\frac{\partial\rho}{\partial x_\alpha}\frac{\partial\rho}{\partial x_\beta}
\end{aligned} \tag{9.21}$$

我们可以作出以下合理的选择以满足上述约束 (注意这里的选择可能并不是唯一的):

$$\begin{cases} 2c^2(A_1 + 2A_2) = p_0 - \kappa\rho\nabla^2\rho \\ G_{\gamma\gamma2} = 0 \\ C_1 + 2C_2 + 2c^2 D_2 = 0 \\ D_1 - 4D_2 = 0 \\ G_{\gamma\delta1} - 4G_{\gamma\delta2} = 0 \\ 8c^4 D_2 = \rho \\ 8c^4 G_{\alpha\beta2} = -\frac{k}{2}|\nabla\rho|^2\delta_{\alpha\beta} + \kappa\frac{\partial\rho}{\partial x_\alpha}\frac{\partial\rho}{\partial x_\beta} \end{cases} \tag{9.22}$$

很容易检查式 (9.22) 中的最后一个选项与公式 $G_{\gamma\gamma} = 0$ 是一致的。具体理由如下: 当 $\alpha = \beta = x$ 时, 有

$$8c^4 G_{xx} = -\frac{\kappa}{2}[(\partial_x\rho)^2 + (\partial_y\rho)^2] + \kappa(\partial_x\rho)^2 = \frac{\kappa}{2}[(\partial_x\rho)^2 - (\partial_y\rho)^2] \tag{9.23}$$

当 $\alpha = \beta = y$ 时, 有

$$8c^4 G_{yy} = -\frac{\kappa}{2}[(\partial_x \rho)^2 + (\partial_y \rho)^2] + \kappa(\partial_y \rho)^2 = \frac{\kappa}{2}[(\partial_y \rho)^2 - (\partial_x \rho)^2] \tag{9.24}$$

因此 $G_{\alpha\alpha} = G_{xx} + G_{yy} = 0$。

从上述等式 (9.18), (9.20), (9.22) 可以看出有 12 个系数 (A_0, C_0, A_1, B_1, C_1, D_1, A_2, B_2, C_2, D_2, $G_{\alpha\beta1}$, $G_{\alpha\beta2}$), 但是只有 9 个有效的方程 (式 (9.18) 中的最后一个方程和式 (9.22) 中的第 2 个、第 5 个及最后一个不是独立的)。需要添加额外的 3 个方程来求解整个方程组。

这里我们假定 (Briant et al., 2004a)

$$A_1 = 4A_2, \quad B_1 = 4B_2, \quad C_1 = 4C_2 \tag{9.25}$$

我们来说明这个假设的合理性。在平衡态分布函数 (D2Q9 模型) 中, 权重系数 $\omega_0 = \frac{4}{9}$, 而对于 $i = 1, 2, 3, 4$, $\omega_i = \frac{1}{9}$; 对于 $i = 5, 6, 7, 8$, $\omega_i = \frac{1}{36}$。我们可以看出 $\omega_0 = 4\omega_i$, 其中 $i = 1, 2, 3, 4$。同时 $\omega_i = 4\omega_j$, 其中 $i = 1, 2, 3, 4$; $j = 5, 6, 7, 8$。在式 (9.25) 中, 我们采纳了类似于上述 ω_i 之间的关系。

这样求解的结果为

$$
\begin{aligned}
&A_0 = n - 4(A_1 + A_2) = n - \frac{5}{3c^2}(p_0 - \kappa\rho\nabla^2\rho) \\
&A_1 = 4A_2 = \frac{1}{3c^2}(p_0 - \kappa\rho\nabla^2\rho) \\
&A_2 = \frac{1}{12c^2}(p_0 - \kappa\rho\nabla^2\rho) \\
&B_1 = 4B_2 = \frac{\rho}{3c^2}, \quad B_2 = \frac{\rho}{12c^2} \\
&C_0 = -4(C_1 + C_2) - \frac{3\rho}{2c^2} = -\frac{2\rho}{3c^2}, \quad C_1 = 4C_2 = -\frac{\rho}{6c^2}, \quad C_2 = -\frac{\rho}{24c^2} \\
&D_1 = \frac{\rho}{2c^4}, \quad D_2 = \frac{\rho}{8c^4} \\
&G_{\alpha\beta1} = 4G_{\alpha\beta2} = \frac{1}{2c^4}\left(-\frac{k}{2}|\nabla\rho|^2\delta_{\alpha\beta} + \kappa\frac{\partial\rho}{\partial x_\alpha}\frac{\partial\rho}{\partial x_\beta}\right) \\
&G_{\alpha\beta2} = \frac{1}{8c^4}\left(-\frac{k}{2}|\nabla\rho|^2\delta_{\alpha\beta} + \kappa\frac{\partial\rho}{\partial x_\alpha}\frac{\partial\rho}{\partial x_\beta}\right)
\end{aligned} \tag{9.26}
$$

类似地, $G_{\alpha\beta1}$ 和 $G_{\alpha\beta2}$ 具体编程时可以写出其分量 G_{xx}, G_{yy} 和 G_{xy}。下面给出了 G_{xx1}, G_{yy1} 和 G_{xy1} 示例:

$$
\begin{aligned}
&G_{xx1} = -G_{yy1} = \frac{k}{4c^4}\left[(\partial_x \rho)^2 - (\partial_y \rho)^2\right] \\
&G_{xy1} = \frac{k}{2c^4}\partial_x\rho\partial_y\rho
\end{aligned} \tag{9.27}
$$

这里我们可以看到, 在这个方案中, 我们必须确定密度导数和 $\nabla^2\rho$, 以及 $\partial_x\rho\partial_y\rho$。有限差分法可以用来处理这个问题。导数是各向同性的, 在有限差分的观点中使用周围的 6

个点。在 D2Q9 模型中具体计算方法如下:

$$\partial_\alpha \rho \approx \frac{1}{c_s^2 \Delta x} \sum_i \omega_i \rho(\boldsymbol{x} + \boldsymbol{e}_i \Delta t) e_{i\alpha} \tag{9.28}$$

以及

$$\nabla^2 \rho \approx \frac{2}{c_s^2 (\Delta x)^2} \sum_i \omega_i \left[\rho(\boldsymbol{x} + \boldsymbol{e}_i \Delta t) - \rho(\boldsymbol{x}) \right] \tag{9.29}$$

9.2 Chapman-Enskog 展开

通过 Taylor 展开, 保留直到 $O((\Delta t)^2)$ 量级的项, 则格子 Boltzmann 方程 (9.1) 可以变成

$$\Delta t \left(\frac{\partial}{\partial t} + e_{i\alpha} \frac{\partial}{\partial x_\alpha} \right) f_i + \frac{(\Delta t)^2}{2} \left(\frac{\partial}{\partial t} + e_{i\alpha} \frac{\partial}{\partial x_\alpha} \right)^2 f_i + O((\Delta t)^2)$$

$$= -\frac{1}{\tau} (f_i - f_i^{\text{eq}}) \tag{9.30}$$

因为只对展开到二阶感兴趣, 所以我们将概率密度分布函数展开为 $f_i = f_i^{(0)} + \Delta t f_i^{(1)} + (\Delta t)^2 f_i^{(2)}$, $\partial_t = \partial_{t_1} + \Delta t \, \partial_{t_2}$,

$$O(\epsilon) : (f_i^{(0)} - f_i^{\text{eq}})/\tau = 0 \tag{9.31}$$

$$O(\epsilon^1) : (\partial_{t_1} + e_{i\alpha} \partial_\alpha) f_i^{(0)} + \frac{1}{\tau} f_i^{(1)} = 0 \tag{9.32}$$

$$O(\epsilon^2) : \partial_{t_2} f_i^{(0)} + \left(1 - \frac{1}{2\tau} \right) (\partial_{t_1} + e_{i\alpha} \partial_\alpha) f_i^{(1)} + \frac{1}{\tau} f_i^{(2)} = 0 \tag{9.33}$$

为了得到连续性方程和动量方程 (Navier-Stokes 方程), 我们从方程 (9.31)~(9.33) 开始。

1. 连续性方程

对指标 i 求和, 方程 (9.32) 导出

$$\partial_{t_1} \left(\sum f_i^{(0)} \right) + \partial_\alpha \left(\sum e_{i\alpha} f^{(0)} \right) + \frac{1}{\tau} \sum f_i^{(1)} = 0 \tag{9.34}$$

从方程 $\sum_i f_i^{(0)} = \rho$, $\sum_i f_i^{(1)} = 0$, $\sum_i f_i^{(2)} = 0$ $\left(因为 \sum_i f_i = \rho, \ f_i = f_i^{(0)} + \Delta t f_i^{(1)} + (\Delta t)^2 f_i^{(2)} \right)$, 我们知道

$$\partial_{t_1} \rho + \partial_\alpha (\rho u_\alpha) = 0 \tag{9.35}$$

从方程 (9.32)，我们得到 $f_i^{(1)} = -\tau(\partial_{t_1} + e_{i\alpha}\partial_\alpha)f_i^{(0)}$，将其代入式 (9.33)，有

$$\partial_{t_2}f_i^{(0)} - \left(\tau - \frac{1}{2}\right)(\partial_{t_1} + e_{i\alpha}\partial_\alpha)(\partial_{t_1} + e_{i\beta}\partial_\beta)f_i^{(0)} + \frac{1}{\tau}f_i^{(2)} = 0 \tag{9.36}$$

对 i 求和，方程 (9.33) 导出

$$\partial_{t_2}\rho - \left(\tau - \frac{1}{2}\right)\left[\partial_{t_1}^2\rho + 2\partial_{t_1}\partial_\alpha(\rho u_\alpha) + \partial_\alpha\partial_\beta\Pi_{\alpha\beta}^0\right] = 0 \tag{9.37}$$

其中

$$\Pi_{\alpha\beta}^0 = \sum_i f_i^{(0)}e_{i\alpha}e_{i\beta} \tag{9.38}$$

合并方程 (9.35) 和方程 (9.37)，有

$$\partial_t\rho + \partial_\alpha(\rho u_\alpha) - \Delta t\left(\tau - \frac{1}{2}\right)\left[\partial_{t_1}^2\rho + 2\partial_{t_1}\partial_\alpha(\rho u_\alpha) + \partial_\alpha\partial_\beta\Pi_{\alpha\beta}^0\right] + O((\Delta t)^2) = 0 \tag{9.39}$$

其中 $\partial_t\rho = \partial_{t_1}\rho + \Delta t\partial_{t_2}\rho$。

方程 (9.32) 乘 $e_{i\beta}$ 再对 i 求和，有

$$\partial_{t_1}(\rho u_\beta) + \partial_\alpha\Pi_{\alpha\beta}^0 = 0 \tag{9.40}$$

将方程 (9.35) 和方程 (9.40) 代入方程 (9.39)，我们立即发现其中一项 $\partial_{t_1}^2\rho + 2\partial_{t_1}\partial_\alpha(\rho u_\alpha) + \partial_\alpha\partial_\beta\Pi_{\alpha\beta}^0$ 消失，我们得到 $O((\Delta t)^2)$ 量级下

$$\partial_t\rho + \partial_\alpha(\rho u_\alpha) = 0 \tag{9.41}$$

这就是流动的连续性方程。

2. 动量方程 (N-S)

将方程 (9.33) 乘 $e_{i\beta}$ 再对 i 求和，得到

$$\partial_{t_2}(\rho u_\beta) - \left(\tau - \frac{1}{2}\right)\Delta t\left[\partial_{t_1}^2(\rho u_\beta) + 2\partial_{t_1}\partial_\alpha\Pi_{\alpha\beta}^0 + \partial_\alpha\partial_\gamma\sum_i f_i^{(0)}e_{i\alpha}e_{i\beta}e_{i\gamma}\right] = 0 \tag{9.42}$$

从方程 (9.40) 和方程 (9.42)，我们知道

$$\partial_t(\rho u_\beta) = -\partial_\alpha\left(\Pi_{\alpha\beta}^0\right) + O(\Delta t) \tag{9.43}$$

其中 $\partial_t(\rho u_\beta) = \partial_{t_1}(\rho u_\beta) + \Delta t\partial_{t_2}(\rho u_\beta)$。这是无黏性理想流体的 Euler 方程。

采用公式 (9.13) 中 f_i^0 的二阶矩的定义，有

$$\partial_\alpha\Pi_{\alpha\beta}^0 = \partial_\alpha(P_{\alpha\beta} + \rho u_\alpha u_\beta) \approx \partial_\beta p_0 + \partial_\alpha(\rho u_\alpha u_\beta) \tag{9.44}$$

这里利用了式 (9.5) 并且忽略了高阶导数。类似地，我们有

$$\partial_{t_1}\partial_\alpha\Pi_{\alpha\beta}^0 = \partial_{t_1}\partial_\alpha(P_{\alpha\beta} + \rho u_\alpha u_\beta)$$

$$\approx \partial_\beta \, \partial_{t_1} p_0 + \partial_\alpha [u_\alpha \, \partial_{t_1}(\rho u_\beta) + u_\beta \, \partial_{t_1}(\rho u_\alpha) - u_\alpha u_\beta \, \partial_{t_1}\rho]$$

$$\approx -\partial_\beta \frac{\mathrm{d}p_0}{\mathrm{d}\rho} \partial_\gamma(\rho u_\gamma) - \partial_\alpha(u_\alpha \, \partial_\beta p_0 + u_\beta \, \partial_\alpha p_0) \tag{9.45}$$

以上推导中, $\partial_t p_0 = \dfrac{\partial p_0}{\partial \rho} \partial_t \rho = \dfrac{\partial p_0}{\partial \rho}[-\partial_\gamma(\rho u_\gamma)]$。在式 (9.43) 和式 (9.44) 中注意到 $\partial_{t_1}(\rho u_\alpha) \approx -\partial_\alpha p_0 + \partial_\beta(\rho u_\alpha u_\beta)$；从式 (9.41) 可知 $\partial_{t_1}\rho = -\partial_\alpha(\rho u_\alpha)$。将这些公式代入以上的推导过程中, 并且忽略掉高阶项, 例如含 $O(u^3)$ 项, 我们最终可以得到式 (9.45)。

使用 $f_i^{(0)}$ 的定义和式 (9.14), 式 (9.42) 中括号内的最后一项可以写成

$$\partial_\alpha \, \partial_\gamma \sum_i f_i^{(0)} e_{i\alpha} e_{i\beta} e_{i\gamma} = \frac{c^2}{4} \partial_\alpha \, \partial_\gamma(\rho u_\gamma \delta_{\alpha\beta} + \rho u_\beta \delta_{\alpha\gamma} + \rho u_\alpha \delta_{\beta\gamma})$$

$$= \frac{c^2}{4}[2\partial_\beta \, \partial_\gamma(\rho u_\gamma) + \partial_\gamma \, \partial_\gamma \rho u_\beta] \tag{9.46}$$

将式 (9.44)~ 式 (9.46) 代入式 (9.40) 和式 (9.42), 然后将式 (9.40) 和式 (9.42) 组合, 我们得到

$$\partial_t(\rho u_\beta) + \partial_\alpha(\rho u_\alpha u_\beta)$$

$$= -\partial_\beta p_0 + \partial_\alpha(\nu \, \partial_\alpha \rho u_\beta) + \partial_\beta[\lambda(\rho) \, \partial_\alpha \rho u_\alpha] - \left(\tau - \frac{1}{2}\right)\Delta t \, \partial_\alpha \left[\frac{\mathrm{d}p_0}{\mathrm{d}\rho}(u_\beta \, \partial_\alpha \rho + u_\alpha \, \partial_\beta \rho)\right] \tag{9.47}$$

其中

$$\lambda(\rho) = \left(\tau - \frac{1}{2}\right)\left(\frac{c^2}{2} - \frac{\mathrm{d}p_0}{\mathrm{d}\rho}\right)\Delta t, \quad \nu = \left(\tau - \frac{1}{2}\right)\frac{c^2}{4}\Delta t \tag{9.48}$$

在式 (9.47) 的推导过程中, 我们采用了以下公式:

$$\partial_{t_1}^2(\rho u_\beta) + 2\partial_{t_1} \, \partial_\alpha \Pi_{\alpha\beta}^0 + \partial_\alpha \, \partial_\gamma \sum_i f_i^{(0)} e_{i\alpha} e_{i\beta} e_{i\gamma}$$

$$= -\partial_{t_1}(\partial_\alpha \Pi_{\alpha\beta}^0) + 2\partial_{t_1} \, \partial_\alpha \Pi_{\alpha\beta}^0 + \partial_\alpha \, \partial_\gamma \sum_i f_i^{(0)} e_{i\alpha} e_{i\beta} e_{i\gamma}$$

$$= \partial_{t_1} \, \partial_\alpha \Pi_{\alpha\beta}^0 + \partial_\alpha \, \partial_\gamma \sum_i f_i^{(0)} e_{i\alpha} e_{i\beta} e_{i\gamma}$$

$$= -\partial_\beta \frac{\mathrm{d}p_0}{\mathrm{d}\rho} \partial_\gamma(\rho u_\gamma) - \partial_\alpha(u_\alpha \, \partial_\beta p_0 + u_\beta \, \partial_\alpha p_0) + \frac{c^2}{4}[2\partial_\beta \, \partial_\gamma(\rho u_\gamma) + \partial_\gamma^2(\rho u_\beta)] \tag{9.49}$$

在式 (9.49) 的推导过程中, 用到了链式求导法则:

$$\partial_\beta p_0 = \frac{\partial p_0}{\partial \rho} \frac{\partial \rho}{\partial x_\beta} = \frac{\mathrm{d}p_0}{\mathrm{d}\rho} \frac{\partial \rho}{\partial x_\beta} = \frac{\mathrm{d}p_0}{\mathrm{d}\rho} \partial_\beta \rho \tag{9.50}$$

注意到式 (9.50) 中, $\dfrac{\partial p_0}{\partial \rho} = \dfrac{\mathrm{d}p_0}{\mathrm{d}\rho}$, 因为从式 (9.7) 可以知道等温下 p_0 仅仅是密度 ρ 的函数并且这里仅仅考虑等温情形。

如果我们定义

$$\zeta = \left(\tau - \frac{1}{2}\right)\frac{\mathrm{d}p_0}{\mathrm{d}\rho}\Delta t \tag{9.51}$$

那么 N-S 方程 (9.47) 变成

$$
\begin{aligned}
&\partial_t(\rho u_\beta) + \partial_\alpha(\rho u_\alpha u_\beta)\\
&= -\partial_\beta p_0 + \partial_\alpha(\nu\,\partial_\alpha\rho u_\beta) + \partial_\beta(\lambda\,\partial_\alpha\rho u_\alpha) - \partial_\alpha\left[\zeta(u_\beta\,\partial_\alpha\rho + u_\alpha\,\partial_\beta\rho)\right]
\end{aligned} \tag{9.52}
$$

从式 (9.48) 的定义可以知道

$$\zeta = \left(\tau - \frac{1}{2}\right)\frac{\mathrm{d}p_0}{\mathrm{d}\rho}\Delta t = \left(\tau - \frac{1}{2}\right)\frac{c^2}{2}\Delta t - \lambda = 2\nu - \lambda \tag{9.53}$$

9.3 Galileo 不变性

从我们高中学过的知识来讲, Galileo 不变性指的是: 在陆地上做力学实验与在某匀速运动的船舱里做实验没有差别, 即力学测量结果相同。换成数学的语言: Galileo 不变性指的是一个函数, 它是速度 u 的函数 $A(u)$, 它应该等于 $A(u+U)$, 其中 U 是一个速度常量, 也就是说 $A(u) = A(u+U)$。

在式 (9.47) 中, 黏性项 $\partial_\beta[\lambda\,\partial_\alpha(\rho u_\alpha)]$ 不满足 Galileo 不变性, 因为当速度梯度不为 0, 也就是 $\partial_\alpha\rho \neq 0$ 时。这是因为

$$\partial_\alpha[\rho(u_\alpha + U)] = \rho\,\partial_\alpha(u_\alpha + U) + (u_\alpha + U)\,\partial_\alpha\rho = \rho\,\partial_\alpha u_\alpha + (u_\alpha + U)\,\partial_\alpha\rho \neq \partial_\alpha(\rho u_\alpha) \tag{9.54}$$

还需要注意的是, 这里的 Galileo 不变性始终与密度梯度相关。若没有密度梯度, 即 $\partial_\alpha\rho = 0$, 该项满足 Galileo 不变性, 因为 $\partial_\alpha[\rho(u_\alpha + U)] = \partial_\alpha(\rho u_\alpha)$。一些非 Galileo 不变性相关的项可以通过在压力张量 (式 (9.13)) 中添加一些项来消除 (Swift et al., 1996):

$$\sum_i f_i^{\mathrm{eq}} e_{i\alpha} e_{i\beta} = P_{\alpha\beta} + \rho u_\alpha u_\beta + \xi_1(u_\beta\,\partial_\alpha\rho + u_\alpha\,\partial_\beta\rho) + \xi_2 u_\gamma\,\partial_\gamma\rho \tag{9.55}$$

这样一来, N-S 方程 (9.52) 可以写成

$$
\begin{aligned}
&\partial_t(\rho u_\beta) + \partial_\alpha(\rho u_\alpha u_\beta)\\
&= -\partial_\beta p_0 + \partial_\alpha(\nu\rho\,\partial_\alpha u_\beta) + \partial_\beta(\lambda\rho\,\partial_\alpha u_\alpha) + \partial_\alpha[(\nu - \xi_1 - \zeta)u_\beta\,\partial_\alpha\rho]\\
&\quad + \partial_\beta[(\lambda - \xi_2)u_\alpha\,\partial_\alpha\rho] + \partial_\alpha[(-\zeta - \xi_1)u_\alpha\,\partial_\beta\rho]
\end{aligned} \tag{9.56}
$$

在这个推导过程中用到了以下公式:

$$\partial_\alpha(\nu\,\partial_\alpha\rho u_\beta) = \partial_\alpha(\nu\rho\,\partial_\alpha u_\beta) + \partial_\alpha(\nu u_\beta\,\partial_\alpha\rho) \tag{9.57}$$

和

$$\partial_\beta(\lambda\partial_\alpha\rho u_\alpha) = \partial_\beta(\lambda\rho\partial_\alpha u_\alpha) + \partial_\beta(\lambda u_\alpha\partial_\alpha\rho) \tag{9.58}$$

在式 (9.56) 中, 如果满足 $\nu - \xi_1 - \zeta = 0$, $\lambda - \xi_2 = 0$ 和 $-\zeta - \xi_1 = 0$, 那么 N-S 方程完全满足 Galileo 不变性。然而, 事实并非如此, 不可能通过选择 ξ_1 和 ξ_2 来满足此要求。根据文献 (Swift et al., 1996), "这是因为 $f_i^{(0)}$ 的二阶矩相对于下标交换来说是对称的, 但黏性项没有对称性"。Swift 等 (1996) 建议通过选择

$$\xi_1 = -\zeta, \quad \xi_2 = \lambda \tag{9.59}$$

来改善模型的 Galileo 不变性。

Holdych 等 (1998) 改进了自由能模型 (Swift et al., 1996) 的 Galileo 不变性。通过为平衡动量张量选择以下形式, "……以引入新的低阶项的小代价消除了动量方程的主要误差项……"(Holdych et al., 1998)。

在文献 (Holdych et al., 1998) 中, $\partial_{t_1}\Pi_{\alpha\beta}^0$ 这一项写作

$$\partial_{t_1}\Pi_{\alpha\beta}^0 = \partial_{t_1}P_{\alpha\beta} + \partial_{t_1}(\rho u_\alpha u_\beta)$$
$$= -\partial_\rho P_{\alpha\beta}\,\partial_\gamma(\rho u_\gamma) - [u_\alpha\,\partial_\gamma P_{\beta\gamma} + u_\beta\,\partial_\gamma P_{\alpha\gamma} + \partial_\gamma(\rho u_\alpha u_\beta u_\gamma)] \tag{9.60}$$

在推导中, 使用了连续性方程 (式 (9.41)) 和 Euler 方程 (式 (9.43)):

$$\partial_{t_1}P_{\alpha\beta} = \frac{\partial P_{\alpha\beta}}{\partial\rho}\left(\frac{\partial\rho}{\partial t_1}\right) = -(\partial_\rho P_{\alpha\beta})\,\partial_\gamma(\rho u_\gamma) \tag{9.61}$$

$$\partial_{t_1}(\rho u_\alpha u_\beta) = u_\alpha\,\partial_{t_1}(\rho u_\beta) + u_\beta\,\partial_{t_1}(\rho u_\alpha) - u_\alpha u_\beta\,\partial_{t_1}\rho$$
$$= -u_\alpha[\partial_\gamma P_{\beta\gamma} + \partial_\gamma(\rho u_\beta u_\gamma)] - u_\beta[\partial_\gamma P_{\alpha\gamma} + \partial_\gamma(\rho u_\alpha u_\gamma)] + u_\alpha u_\beta\,\partial_\gamma(\rho u_\gamma)$$
$$= -u_\alpha\,\partial_\gamma P_{\beta\gamma} - u_\beta\,\partial_\gamma P_{\alpha\gamma} - \partial_\gamma(\rho u_\alpha u_\beta u_\gamma) \tag{9.62}$$

在上述推导中应该注意到

$$u_\alpha\,\partial_\gamma(\rho u_\beta u_\gamma) + u_\beta\,\partial_\gamma(\rho u_\alpha u_\gamma) - u_\alpha u_\beta\,\partial_\gamma(\rho u_\gamma) = \partial_\gamma(\rho u_\alpha u_\beta u_\gamma) \tag{9.63}$$

通过 Chapman-Enskog 展开, N-S 方程变为 (Holdych et al., 1998)

$$\partial_t(\rho u_\alpha) + \partial_\beta(\rho u_\alpha u_\beta) = -\partial_\beta P_{\alpha\beta} + \nu[\partial_\beta\rho(\partial_\beta u_\alpha + \partial_\alpha u_\beta + \partial_\gamma u_\gamma\delta_{\alpha\beta})]$$
$$+ \nu[\partial_\beta(u_\alpha\,\partial_\beta\rho + u_\beta\,\partial_\alpha\rho + u_\gamma\,\partial_\gamma\rho\delta_{\alpha\beta})]$$
$$- \frac{3\nu}{c^2}\,\partial_\beta[u_\alpha\,\partial_\gamma P_{\beta\gamma} + u_\beta\,\partial_\gamma P_{\alpha\gamma} + \partial_\gamma(\rho u_\alpha u_\beta u_\gamma)]$$
$$- \frac{3\nu}{c^2}\,\partial_\beta[(\partial_\rho P_{\alpha\beta})\,\partial_\gamma(\rho u_\gamma)] + O(\delta^2) \tag{9.64}$$

其中运动黏度 $\nu = c_s^2(\tau - 0.5)\Delta t = \frac{1}{3}c^2(\tau - 0.5)\Delta t$。假设压力梯度项最多为一阶 $O(u)$, 并

且 ν 为一阶, 则上述方程第 3 行和第 4 行的误差最多为 $O(u^2)$ 量级。在两相流中, 密度梯度可以是一阶的, 上述方程第 2 行中的项 (与非 Galileo 不变性相关) 与 N-S 方程的黏性项和迁移项具有相同的阶数 (Holdych et al., 1998)。因此, 第 2 行中的项应该被消除。注意到文献 (Holdych et al., 1998) 中的公式 (22) 的最后一行中有一个小的印刷错误, 它应该是 $\partial_\rho P_{\alpha\beta}$, 而不是 $\partial_P P_{\alpha\beta}$。

　　为了消除与非 Galileo 不变性相关的项, Holdych 等 (1998) 重新定义了平衡应力张量:

$$\Pi_{\alpha\beta}^{0+} = P_{\alpha\beta} + \rho u_\alpha u_\beta + \nu\left(u_\alpha\,\partial_\beta\rho + u_\beta\,\partial_\alpha\rho + u_\gamma\,\partial_\gamma\rho\delta_{\alpha\beta}\right) \tag{9.65}$$

这样, 不满足 Galileo 不变性的项, 即

$$\nu\left[\partial_\beta(u_\alpha\,\partial_\beta\rho + u_\beta\,\partial_\alpha\rho + u_\gamma\,\partial_\gamma\rho\delta_{\alpha\beta})\right] \tag{9.66}$$

在恢复的 N-S 方程中被消除了 (Holdych et al., 1998)。

　　重新定义平衡应力张量将引入新的低阶项。例如, 由于这一新的定义, 式 (9.60) 变为

$$
\begin{aligned}
\partial_{t_1}\Pi_{\alpha\beta}^{0+} =&\, \partial_{t_1}P_{\alpha\beta} + \partial_{t_1}(\rho u_\alpha u_\beta) + \partial_{t_1}\left[\nu(u_\alpha\,\partial_\beta\rho + u_\beta\,\partial_\alpha\rho + u_\gamma\,\partial_\gamma\rho\delta_{\alpha\beta})\right]\\
=&- \partial_\rho P_{\alpha\beta}\,\partial_\gamma(\rho u_\gamma) - \left[u_\alpha\,\partial_\gamma P_{\beta\gamma} + u_\beta\,\partial_\gamma P_{\alpha\gamma} + \partial_\gamma(\rho u_\alpha u_\beta u_\gamma)\right]\\
&- u_\alpha\nu(u_\beta\,\partial_\gamma\rho + u_\gamma\,\partial_\beta\rho + u_\lambda\,\partial_\lambda\rho\delta_{\alpha\beta})\\
&- u_\beta\nu(u_\alpha\,\partial_\gamma\rho + u_\gamma\,\partial_\alpha\rho + u_\lambda\,\partial_\lambda\rho\delta_{\alpha\beta})\\
&+ \nu\,\partial_{t_1}(u_\alpha\,\partial_\beta\rho + u_\beta\,\partial_\alpha\rho + u_\gamma\,\partial_\gamma\rho\delta_{\alpha\beta})
\end{aligned}
\tag{9.67}
$$

由于该定义中式 (9.62) 变成

$$
\begin{aligned}
\partial_{t_1}(\rho u_\alpha u_\beta) =&\, u_\alpha\,\partial_{t_1}(\rho u_\beta) + u_\beta\,\partial_{t_1}(\rho u_\alpha) - u_\alpha u_\beta\,\partial_{t_1}\rho\\
=&- u_\alpha\left[\partial_\gamma P_{\beta\gamma} + \partial_\gamma(\rho u_\beta u_\gamma) + \nu(u_\beta\,\partial_\gamma\rho + u_\gamma\,\partial_\beta\rho + u_\lambda\,\partial_\lambda\rho\delta_{\alpha\beta})\right]\\
&- u_\beta\left[\partial_\gamma P_{\alpha\gamma} + \partial_\gamma(\rho u_\alpha u_\gamma) + \nu(u_\alpha\,\partial_\gamma\rho + u_\gamma\,\partial_\alpha\rho + u_\lambda\,\partial_\lambda\rho\delta_{\alpha\beta})\right]\\
&+ u_\alpha u_\beta\,\partial_\gamma(\rho u_\gamma)\\
=&- u_\alpha\,\partial_\gamma P_{\beta\gamma} - u_\beta\,\partial_\gamma P_{\alpha\gamma} - \partial_\gamma(\rho u_\alpha u_\beta u_\gamma)\\
&- u_\alpha\nu(u_\beta\,\partial_\gamma\rho + u_\gamma\,\partial_\beta\rho + u_\lambda\,\partial_\lambda\rho\delta_{\alpha\beta})\\
&- u_\beta\nu(u_\alpha\,\partial_\gamma\rho + u_\gamma\,\partial_\alpha\rho + u_\lambda\,\partial_\lambda\rho\delta_{\alpha\beta})
\end{aligned}
\tag{9.68}
$$

　　最后恢复的 N-S 方程为 (Holdych et al., 1998)

$$
\begin{aligned}
\partial_t(\rho u_\alpha) + \partial_\beta(\rho u_\alpha u_\beta) =&- \partial_\beta P_{\alpha\beta} + \nu\left[\partial_\beta\rho\left(\partial_\beta u_\alpha + \partial_\alpha u_\beta + \partial_\gamma u_\gamma\delta_{\alpha\beta}\right)\right]\\
&- \frac{3\nu}{c^2}\,\partial_\beta\left[u_\alpha\,\partial_\gamma P_{\beta\gamma} + u_\beta\,\partial_\gamma P_{\alpha\gamma} + \partial_\gamma(\rho u_\alpha u_\beta u_\gamma)\right]
\end{aligned}
$$

$$-\frac{3\nu}{c^2}\partial_\beta\left[(\partial_\rho P_{\alpha\beta})\partial_\gamma(\rho u_\gamma)\right]$$

$$-\frac{3\nu^2}{c^2}\partial_\beta\left[u_\alpha\partial_\gamma(u_\beta\partial_\gamma\rho+u_\gamma\partial_\beta\rho+u_\lambda\partial_\lambda\rho\delta_{\alpha\beta})\right]$$

$$-\frac{3\nu^2}{c^2}\partial_\beta\left[u_\beta\partial_\gamma(u_\alpha\partial_\gamma\rho+u_\gamma\partial_\alpha\rho+u_\lambda\partial_\lambda\rho\delta_{\alpha\beta})\right]$$

$$+\frac{3\nu^2}{c^2}\partial_\beta\left[\partial_{t_1}(u_\alpha\partial_\beta\rho+u_\beta\partial_\alpha\rho+u_\gamma\partial_\gamma\rho\delta_{\alpha\beta})\right]+O(\delta^2) \tag{9.69}$$

我们可以看到，与式 (9.64) 相比，上述等式最后 3 行中的项是新的误差项，并且消除了等式第 2 行中与非 Galileo 不变性相关的项。新的误差项最多为 $O(u^2)$ 阶 (Holdych et al., 1998)。在文献 (Holdych et al., 1998) 中，使用了 3 种基准验证算例，包括 Couette 流、液滴的纯剪切和液滴的平流，来证明自由能两相流模型的改善。

由于平衡应力张量与文献 (Swift et al., 1996) 中的不同，因此平衡态分布函数中的系数应该与我们在 9.1.2 小节中获得的结果略有不同。如果读者对该模型感兴趣，可以按照 9.1.2 小节中的程序轻松推导出自己的公式。类似的推导也可以在文献 (Kalarakis et al., 2002) 和 (Inamuro et al., 2000) 中找到。

9.4　相变模拟

本节提供了液体和气体相分离和共存的数值示例。在文献 (Swift et al., 1996) 中选择的参数是 $a=\frac{9}{49}$ 和 $b=\frac{2}{21}$。在这里，我们也采用这些值。

为了检验液体和气体的平衡共存密度是否与解析得到的密度一致，我们模拟了无重力条件下浸入气体中的液滴情形。在我们的模拟中，计算域为 100×100，周期性边界条件应用于所有边界。域中心的圆形区域初始化为液体区域 (较高密度)，而其他区域初始化为较低密度的气体。在模拟达到平衡状态后，我们检查液体和气体的平衡密度。如果未指定，则在本节中 $\tau=1$。如果 $\kappa=0.01$，则相应的共存密度分别为 $\rho_1=4.523\ \mathrm{mu/lu^3}$ 和 $\rho_g=2.552\ \mathrm{mu/lu^3}$。可以根据液滴的半径或虚假速度达到恒定值来设置收敛准则，例如，$E_u<0.5\%$ 超过 $1\,000$ ts，其中

$$E_u=\sqrt{\frac{\sum\limits_x|u(x,t)-u(x,t-1\,000\Delta t)|^2}{\sum\limits_x|u(x,t)|^2}} \tag{9.70}$$

典型的模拟结果如图 9.1(a) 所示。最初，半径为 $r_0=30$ lu 的圆形液滴内的密度设置为 $\rho_1=4.5$，另一个区域设置为 $\rho_g=2.3$。图 9.1(a) 显示了平衡状态和虚假电

流。液滴变小 (液滴的平衡半径约为 24 lu)。变小是正确的, 因为整个体系质量应该守恒。我们可以在下面做一个简单的估算。最初, 系统中的质量为 $\rho_l \pi r_0^2 + \rho_g(L^2 - \pi r_0^2) = 4.5\pi \times 30^2 + 2.3(100^2 - \pi \times 30^2) \approx 29\,200\,\text{mu}$。在达到平衡状态后, 液滴的半径约为 24 lu, 系统中的整体质量为 $\rho_l \pi r^2 + \rho_g(L^2 - \pi r^2) = 4.523\pi \times 30^2 + 2.552(100^2 - \pi \times 30^2) \approx 29\,100\,\text{mu}$。初始质量和最终质量之间的微小差异是由液滴半径的微小测量误差造成的。由于初始气体密度 $\rho_g = 2.3$ 低于热力学平衡 $\rho_g = 2.552$, 因此一些初始液体的质量被转化为气体的质量。如果最初设置的密度在热力学上是一致的 (精确的在指定 T 下共存的密度), 则液滴的直径将保持不变。

表面张力可以数值计算出来。在上述情况下, 液滴内部和外部的压力分别为 $p_{\text{in}} = 0.692118\,\text{mu}/(\text{lu} \cdot \text{ts}^2)$ 和 $p_{\text{out}} = 0.691805\,\text{mu}/(\text{lu} \cdot \text{ts}^2)$。液滴的半径为 $r = 23.75$ lu。因此, 根据拉普拉斯定律, 表面张力为 $\sigma = (p_{\text{in}} - p_{\text{out}})r = 0.00743\,\text{mu}/\text{ts}^2$。

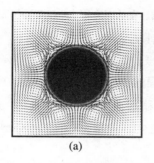 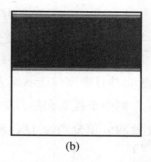

(a)　　　　　　　　　(b)

图 9.1　(a) 浸入气体中的液滴的平衡状态。在模拟中, $T = 0.56$ 和 $\kappa = 0.01$。液体和气体的平衡密度分别为 $\rho_l = 4.523$ 和 $\rho_g = 2.552$。虚假速度的最大幅值为 8.8×10^{-5} lu/ts。(b) $T = 0.56$ 时, 具有平坦界面的共存液体和气体的平衡状态快照。中间水平线上方和下方的密度分别初始化为 $\rho_l = 4.5$ 和 $\rho_g = 2.3$。平衡密度为 $\rho_l = 4.51$ 和 $\rho_g = 2.54$

对于侧重于测量平衡共存的模拟, 具有水平界面的验证算例适用于消除界面曲率诱导压力 (密度) 变化。该模型的结果如图 9.1(b) 所示。在模拟中, 周期性边界条件应用于所有边界。最初, 上半平面和下半平面分别被液体和气体占据。这里我们可以再次看到, 因为初始密度值不是平衡共存值, 所以平衡时液体所占的面积略小于一半。还应注意, 对于该水平界面, 界面附近没有虚假速度。数值模拟中出现的虚假速度与界面曲率有关 (Shan, 2006)。

通过模拟不同 T 下的许多平面界面情况并测量密度, 我们可以得出共存曲线。图 9.2 显示了 $T = 0.52, 0.54, 0.55, \cdots$ 的 LBM 结果与解析共存密度相比较的情况。结果表明, LBM 结果与解析结果一致。如前一章所述, 可以用 Maxwell 等面积律来获得解析的两相共存密度。

典型的 van der Waals 状态方程 $p = \dfrac{T}{1/\rho - b} - \dfrac{a}{1/\rho^2}$, 其中 $T = 0.56$, $a = \dfrac{9}{49}$, $b = \dfrac{2}{21}$, 如图 9.3 所示。这里, 对于 $T = 0.56$, 平衡密度 $\rho_l \approx 4.50$ 和 $\rho_g \approx 2.55$。如果流体系统最初

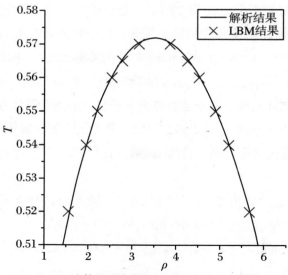

图 9.2 van der Waals 流体的共存曲线。在状态方程 (式 (9.7)) 中, $a = \dfrac{9}{49}$ 和 $b = \dfrac{2}{21}$。相应的临界密度和温度分别为 $\rho_c = \dfrac{7}{2}$ 和 $T_c = \dfrac{4}{7}$

被指定具有均匀密度 ρ 并且密度位于状态方程的不稳定部分 (图 9.3 中点 1 和 2 之间的部分, 即 $\rho_2 < \rho < \rho_1$), 则由于扰动和热力学不稳定, 会出现密度 ρ_1 和 ρ_g 的两相分离。在图 9.3 中, 点 1 和 2 处的 ρ 值分别为 4.08 和 2.92。这里, 测试了相分离的情况。

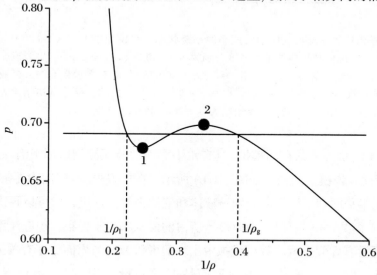

图 9.3 EOS $p = \dfrac{T}{1/\rho - b} - \dfrac{a}{1/\rho^2}$, 其中 $T = 0.56, a = \dfrac{9}{49}, b = \dfrac{2}{21}$。1 点和 2 点的密度值分别为 4.08 和 2.92, 它们处于状态方程非物理部分的两端。为了模拟自发的两相分离, 应在这个区间选择初始密度。平衡态时两相密度 ρ_1 和 ρ_g 分别大约为 4.50 和 2.55

最初, 密度场被设置为

$$\rho(\boldsymbol{x}) = 3.00 + 0.01\theta \tag{9.71}$$

其中 θ 是 $(0,1)$ 中的随机数。图 9.4 显示了相分离的一些快照。可以看出, 最初形成了小液滴。当它们碰撞时, 它们可能聚结形成更大的液滴。此外, 该模型也可以模拟蒸发、冷凝和气相传输发生。最后, 一个大液滴出现在平衡状态。注意, 平衡时出现大液滴或气泡取决于我们指定的初始密度。当初始均匀密度 $\rho \approx 3$ 接近平衡 ρ_g 时, 气体可能在最终平衡状态下占主导地位。这就是液滴在平衡时出现在系统中的原因。如果初始均匀密度接近液体密度 ρ_l, 例如 $\rho = 3.8$, 则液体将占主导地位, 并出现气泡。我们的数值模拟证实了这一行为。

　　这里我们可以再次确认质量守恒。最初, 系统中的质量约为 $3.05 \times L^2 \approx 3 \times 10^4$ mu。在平衡状态下, 液滴的半径为 $r \approx 26.4$ lu, 质量为 $\rho_l \pi r^2 + \rho_g(L^2 - \pi r^2) = 4.52\pi \times 26.4^2 + 2.552 \times (100^2 - \pi \times 26.4^2) \approx 3 \times 10^4$ mu。

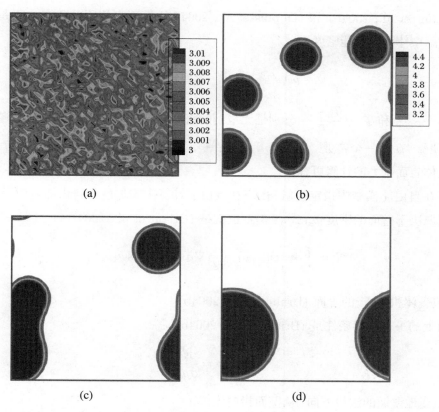

(a)　　　　　　　　　　(b)

(c)　　　　　　　　　　(d)

图 9.4　两相分离。(a) $t = 0$ ts; (b) $t = 2\,000$ ts; (c) $t = 8\,000$ ts; (d) $t = 20\,000$ ts。这个算例中, 平均密度为 3.00 的最初密度场中存在小幅度扰动 (式 (9.71), 参见图例), $T = 0.56$, $\kappa = 0.01$。密度等值线如图 (b)~(d) 所示 (图例见图 (b) 的右边)。图中白色部分密度约为 2.552

9.5 接 触 角

9.5.1 如何设定接触角？

基于自由能的 LBM(包括 Swift 模型) 已成为研究润湿现象的良好工具 (Briant et al., 2004b; Dupuis et al., 2004; Kusumaatmaja et al., 2007, 2009; Pooley et al., 2008)。例如, Briant 等 (2004b) 研究了剪切界面附近的接触线移动。Dupuis 等 (2004) 研究了介观液滴在均匀和非均匀表面上的扩散。在上述模拟中, 使用了 van der Waals 状态方程。然而, 在文献 (Briant et al., 2004b) 和 (Dupuis et al., 2004) 的模型中使用的状态方程是不同的。这两篇文献中体积自由能密度为

$$\psi = p_c(\rho' + 1)^2(\rho'^2 - 2\rho' + 3 - 2\beta T') \tag{9.72}$$

其中 $\rho' = \dfrac{\rho - \rho_c}{\rho_c}$ 和 $T' = \dfrac{T_c - T}{T_c}$ 分别是无量纲的密度和温度。T_c, p_c, ρ_c 分别是临界温度、压力和密度。β 是一个常数。$p_0 = \rho\,\partial_\rho\psi - \psi$ 是流体的状态方程。该自由能密度的选择使得壁面流体表面张力的计算更容易。

为了在自由能模型中指定接触角, 应在自由能计算中添加壁面自由能密度函数 $\Phi(\rho_s)$, 该函数仅取决于壁面的密度 ρ_s(式 (9.3)), 也就是 (Briant et al., 2004)

$$\Psi = \int_V dr \left[\psi(T, \rho) + \frac{\kappa}{2}(\nabla\rho)^2\right] + \int_S ds\Phi(\rho_s) \tag{9.73}$$

其中 S 包裹体积为 V 的表面 (Briant et al., 2004b)。

壁面上的平衡边界条件是 (Briant et al., 2004b)。

$$\kappa\boldsymbol{n} \cdot \nabla\rho = \frac{d\Phi}{d\rho_s} \tag{9.74}$$

其中 $\boldsymbol{n}$ 是当地壁面的法线方向 (从壁面指向流体)。

依据 de Gennes(1985) 的方法, 可以把 Φ 展开成级数, 保留线性项就可以了, 即 $\Phi(\rho_s) = -\omega\rho_s$, 其中 ω 可以被称为润湿势 (壁面润湿特性)。因此式 (9.74) 变成 $\kappa\,\partial_y\rho = -\omega$, 其中假定 y 方向是壁面的法线方向。

因此, 一个有关 ρ 的壁面边界条件是 (Briant et al., 2004b)

$$n \cdot (\nabla\rho)_s = \partial_y\rho|_{y=1} = -\frac{\omega}{\kappa} \tag{9.75}$$

在文献 (Briant et al., 2004b) 中, 从密度更大的一边 ρ_l 算起的接触角表达式是 (Briant et al., 2004b)

$$\cos\theta = \frac{1}{2}[(\sqrt{1-\Omega})^3 - (\sqrt{1+\Omega})^3] \tag{9.76}$$

其中

$$\Omega = \frac{\omega}{\beta T'\sqrt{2\kappa p_c}} \tag{9.77}$$

对于所需接触角 θ, 可根据式 (9.76) 获得所需的 ω。

虽然选择除传统 van der Waals 状态方程之外的状态方程可能会产生一些优势 (计算壁面流体表面张力更容易)(Briant et al., 2004b), 但为了与原始 Swift 模型一致, 在这里我们仍然选择 van der Waals 状态方程。然后一个问题是: 使用 van der Waals 状态方程时, 如何指定所需的润湿势? 这里我们提出了一个公式:

$$\Omega = \frac{\omega}{\left(\dfrac{\rho_l - \rho_g}{2\rho_c}\right)^2 \sqrt{\sigma}} \tag{9.78}$$

然后式 (9.76) 仍然适用。在下面的小节中, 我们将验证式 (9.78)。

9.5.2　数值验证

在 9.4节中, 根据液滴模拟和拉普拉斯定律, 我们知道当 $\kappa = 0.01$ 时, 表面张力 $\sigma = 0.00743 \text{ mu/ts}^2$。类似地, 当 $\kappa = 0.02$ 时, 我们得到了 $\sigma = 0.0112 \text{ mu/ts}^2$。

在我们的数值模拟中, 计算域为 200×60。周期性边界条件应用于左右边界。假设 i 和 j 分别是水平和垂直网格位置。计算域最上层 ($j=$ly) 和最下层 ($j = 1$) 是固体点。这些固体节点应该执行反弹。为简单起见, 采用了 $\tau = 1$。

根据式 (9.26), 我们必须在固体点处指定或计算 $\nabla\rho$ 和 $\nabla^2\rho$。壁面法向上的一阶偏导数应该指定。壁面上的二阶导数 ($\nabla^2\rho$) 则应该使用偏心和中心差分格式的混合计算。

文献 (Huang et al., 2009b):

$$\partial_x\rho|_{i,j} = (\rho_{i+1,j} - \rho_{i-1,j})/(2\Delta x) \tag{9.79}$$

$$\partial_y\rho|_{i,j} = -\omega/\kappa \tag{9.80}$$

$$\partial_{xx}\rho|_{i,j} = (\rho_{i+1,j} - 2\rho_{i,j} + \rho_{i-1,j})/(\Delta x)^2 \tag{9.81}$$

$$\partial_{yy}\rho|_{i,j} = \frac{1}{4\Delta x^2}(6\omega\Delta x/\kappa + \rho_{i,j+2} + 4\rho_{i,j+1} - 5\rho_{i,j}) \tag{9.82}$$

在上面的推导过程中用到的偏心差分公式 (9.82) 是通过以下过程得到的 (Briant et al., 2002; Huang et al., 2009b):

$$\partial_{yy}\rho|_{i,j} = (-3\,\partial_y\rho|_{i,j} + 4\,\partial_y\rho|_{i,j+1} - \partial_y\rho|_{i,j+2})/(2\Delta x) \tag{9.83}$$

其中 $\partial_y\rho|_{i,j+1}$ 和 $\partial_y\rho|_{i,j+2}$ 通过以下公式代入：

$$\partial_y\rho|_{i,j+1} = (\rho_{i,j+2} - \rho_{i,j})/(2\Delta x) \tag{9.84}$$

$$\partial_y\rho|_{i,j+2} = (3\rho_{i,j+2} - 4\rho_{i,j+1} + \rho_{i,j})/(2\Delta x) \tag{9.85}$$

计算域内的其他流体节点时，可以通过中心差分格式方便地获得一阶和二阶偏导数。应用上述边界条件，可以通过改变参数 ω 获得不同的接触角，如图 9.5 所示。在模拟中，黑色相（具有 $\rho_l = 4.52$）的初始形状是半径为 25 个网格（25 lu）的半圆附着在壁上，最终稳态如图所示。从图 9.5 可以看出，模拟的接触角与根据式 (9.76) 计算的理论接触角 (θ^a) 非常吻合。另一方面，该公式似乎与 SC-MCMP 接触角有类似的局限性：在大接触角下有一个很大的误差 (17°)(图 9.5 (d))。

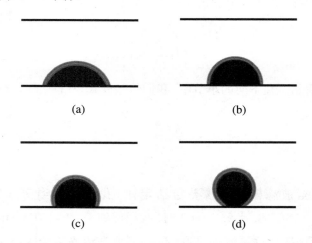

图 9.5 通过调节参数 ω 可以获得不同的接触角。计算域的大小是 $200 \times 60\ \text{lu}^2$，$\tau = 1$，$\kappa = 0.02$。各子图中 ω、测量得到的 θ 以及解析的 θ^a 分别是：(a) $\omega = 0.002$，$\theta = 73.9°$，$\theta^a = 68.7°$；(b) $\omega = 0.0$，$\theta = 93.1°$，$\theta^a = 90°$；(c) $\omega = -0.002$，$\theta = 112.5°$，$\theta^a = 111.3°$；(d) $\omega = -0.0055$，$\theta = 152.3°$，$\theta^a = 169.2°$

接触角作为靠近壁面的密度梯度 $(\nabla\rho)_s$ 的函数如图 9.6 所示。从图中可以看出，模拟的接触角（圆圈）与根据式 (9.76) 计算的理论接触角（实线）相吻合。

在本章提供的代码中，要模拟接触角的话，我们应该插入如下小段代码，计算密度的一阶导数。这里，数组 $\text{obst}(x,y)$ 用于表示点 (x,y) 是壁面点 ($\text{obst}(x,y)=1$) 还是流体节点 ($\text{obst}(x,y)=0$)。

```
if(obst(x,y) .eq. 1) then
Fx(x,y) = 0
Fy(x,y) = -omg1/kappa
endif
```

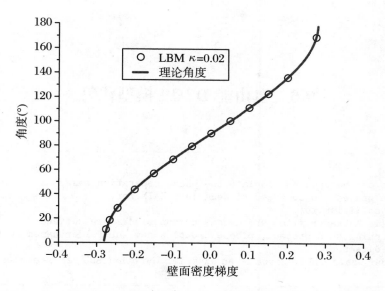

图 9.6　作为壁面密度梯度 $\left(-\dfrac{\omega}{\kappa}\right)$ 函数的平衡接触角。圆圈是根据 LBM 结果测量的角度。实线由式 (9.76) 和 $\kappa = 0.02$ 计算得出。在 LBM 模拟中，计算域为 200×60，$\tau = 1$

二阶导数可通过如下代码求得：

```
if(y.eq. 1) then
temp(x,y)= 0.25d0*(6.d0* omg1/kappa +rho(x,3) + 4.d0*rho(x,2)
&  -5.d0*rho(x,1))
endif
if(y.eq. ly) then
temp(x,y)= 0.25d0*(6.d0 *omg1/kappa +rho(x,y-2) + 4.d0*rho(x,y-1)
&  -5.d0*rho(x,y))
endif
```

注意，应该同时执行反弹方案。在执行迁移步骤后，可以通过简单的反弹方案来获得上下层壁面点上的未知分布函数。例如，在下层 $y = 1$ 处，通过 $f_2 = f_4$，$f_5 = f_7$，$f_6 = f_8$ 获得未知的 f_2，f_5，f_6。

需要注意的是，不应在代码中指定壁面节点上的密度 (ρ_s)。它应该像往常一样通过分布函数的求和来计算，即迁移并在壁面点上执行反弹后，执行 $\rho_s = \sum\limits_i f_i$。

我们在此不讲述 Swift 的多组分多相模型。更多信息请参考文献 (Swift et al., 1996)。为了指定该多组分模型中的接触角，Grubert 等 (1999) 给出一些示例。Langaas 等 (2000) 使用二组分流体模型研究了二维黏性指进现象。Takada 等 (2001) 应用该模型研究重力作用下的气泡运动。

9.6 自由能 D2Q9 模型代码

NOTES:
```
! 1. This code can be used to simulate the phase separation case.
! 2. The whole project is composed of head.inc, MAIN.for,
! Getfeq.for, collision.for.
! 3. head.inc is a header file, where some common blocks are defined.
! 4. Before running this project, please create a new sub-folder named 'out' under
! the working directory.
! 5. Here van der Waals EOS is given as an example. The other EOS can be included similarly.
```

```
c FILE head.inc
c=============================================
        integer lx,ly
c Define the dimension of the computational domain
        PARAMETER(lx=100,ly=100)

c Array xc, yc are $e_{ix}$ and $e_{iy}$, respectively.
c Array t_k is the weighting coefficient in f_i^{\mathrm{eq}}
        common/b/ xc(0:8),yc(0:8),t_k(0:8)
        real*8 xc,yc,t_k

c 'cc' is the lattice velocity. 'RR' is the droplet's initial radius.
c a, b, TT are parameters in van der Waals EOS.
        common/vel/ c_squ,cc, RR,df,  a,b, TT
        real*8 c_squ,cc, RR, df,  a,b,  TT

c \tau is the relaxation parameter and 'nu' is the kinematic viscosity.
c \kappa is a key parameter to adjust the surface tension strength
        common/gg/  kappa, tau, nu
        real*8  kappa, tau, nu

c 'Nwri' is the frequency of output (dump data every 'Nwri' time step).
c t_{\mathrm m}ax is the desired maximum time step.
        common/oo/  Nwri, t_{\mathrm m}ax
        integer Nwri, t_{\mathrm m}ax


c FILE  MAIN.for c=========================================== c In
this program the Swift free-energy model for D2Q9 model is
presented.

        program Swift_D2Q9
        implicit none
        include "head.inc"
        integer time, k, m, n

        integer obst(lx,ly),x,y
c 'obst' denotes the lattice node occupied by fluid (obst=0) or solid (obst=1)
c The 9-speed lattice is used here:
```

```
c              6    2    5
c               \  |  /
c              3 - 0 - 1
c               /  |  \
c              7    4    8
c Array u_x and u_y are x- and y- components of the velocity, respectively.
c 'rho' denotes the density of the fluid.
c-----------------------------------------------
c     Author: Haibo Huang, huanghb@ustc.edu.cn
c-----------------------------------------------

       real*8  u_x(lx,ly),u_y(lx,ly),rho(lx,ly)

c Array 'ff' is the distribution function. Array 'p' is the pressure.
       real*8  ff(0:8,lx,ly),Fx(lx,ly),Fy(lx,ly),
      &   p(lx,ly)

       data xc/0.d0,1.d0,0.d0, -1.d0, 0.d0, 1.d0, -1.d0, -1.d0, 1.d0/,
      &    yc/0.d0,0.d0,1.d0, 0.d0, -1.d0, 1.d0, 1.d0, -1.d0, -1.d0/

       character filename*16, B2*2, C*3, D*2

c-----------------------------------------------------------
c    lattice speed cc=1 lu/ts.
       cc = 1.d0
       c_squ = cc *cc / 3.d0

       Nwri= 2000

       write (6,*) '@@@  Swift D2Q9 starting ...        @@@'
       write (6,*) 'Computational domain lx = ,', lx, ' ly = ',ly

c Begin initialization-------
c Read parameters.
       call read_parametrs()
c Initialize the fluid nodes.
       call read_obstacles(obst)
c Initialize the macro variables and distribution functions.
       call init_density(obst,u_x ,u_y ,rho ,p, ff, Fx, Fy)
c Dump initial flow field
        call write_results(obst,rho,u_x,u_y,p, 0)

c Begin iteration ------

       do 100 time = 1, t_{\mathrm m}ax
c Dump flow field data
       if ( mod(time, Nwri) .eq. 0) then
            write(*,*) time
            call write_results(obst,rho,u_x,u_y,p, time)
       end if
c Streaming step.
       call stream(obst,ff )

c Update the macro variables.
       call getuv(obst,u_x ,u_y, rho, ff )

c Collision step.
       call collision(tau,obst,u_x,u_y,rho ,ff, p )

  100 continue
c End iteration ------
```

```fortran
      write (6,*) '------   end   ---------'
      end


c-------------------------------------------------
      subroutine read_parametrs()
      implicit none
      include "head.inc"
      real*8 Re1, V1
! Parameters  in the van der Waals EOS.
      TT = 0.56d0
      a = 9.d0/49.d0
      b = 2.d0/21.d0

! Parameter to adjust the surface tension.
      kappa = 0.01d0

! The other parameters control the flow.
      t_{\mathrm m}ax  = 40000
      tau = 1.0d0       ! Relaxation time constant
      nu = ( tau -0.5d0 )/3.d0  ! Kinematic viscosity
      end


c-------------------------------------------------
      subroutine read_obstacles(obst)
      implicit none
      include "head.inc"
      integer  x,y,obst(lx,ly)
        do 10 y = 1, ly
          do 40 x = 1, lx
 40         obst(x,y) = 0    ! Set all nodes to be fluid nodes
 10     continue
      end


c-------------------------------------------------
      subroutine init_density(obst,u_x,u_y,rho,p, ff, Fx, Fy)
      implicit none
      include "head.inc"
      integer i,j,x,y,k,n,obst(lx,ly)
      real*8  u_squ, xx, u_n(0:8),u_x(lx,ly),u_y(lx,ly),
     & rho(lx,ly),ff(0:8,lx,ly), p(lx,ly)
      real*8 Fx(lx,ly),Fy(lx,ly)

c Initialize the macro variables.
      do 10 y = 1, ly
        do 10 x = 1, lx
        u_x(x,y) = 0.d0
        u_y(x,y) = 0.d0
        Fx(x,y) = 0.d0
        Fy(x,y) = 0.d0
c        rho(x,y) = 2.3d0
   10 continue

      do 20 x = 1, lx
      do 30 y = 1, ly

c---------------------
c Initial a uniform density with small disturbance.
      call random_number (xx) ! Get a random number between [0,1]
        rho(x,y) = 3.8d0 + 0.01d0 * xx
c---------------------
c  Initialize a droplet or a bubble inside the computational domain
c      if(  sqrt(float(x-lx/2)**2+float(y-ly/2)**2) .lt. 30.d0)
```

```
c     &  rho(x,y) = 4.5d0

  30 continue
  20 continue

c  Initialize the distribution functions.
      call get_feq(rho,u_x,u_y,ff, p)

       end

c------------------------------------------------------
      subroutine EOS(rho, tmp)
      include 'head.inc'
      real*8 rho, tmp
        tmp= rho*TT/(1.d0 -rho*b) -a *rho *rho
      return
      end

c------------------------------------------------------
      subroutine  write_results(obst,rho,upx,upy,p, n)
      implicit none
      include "head.inc"
      integer  x,y,n,obst(lx,ly)
      real*8  rho1, rho(lx,ly), upx(lx,ly), upy(lx,ly)
     & , p(lx,ly)
      character filename*20,  D*7

      write(D,'(i7.7)') n
      filename='out/swift'//D//'.plt'

      open(41,file=filename)

      write(41,*) 'variables = x, y, u, v, rho1, p, obst'
      write(41,*) 'zone i=', lx, ', j=', ly, ', f=point'
c   Write results to file (an ASCII file)
      do 10 y = 1, ly
      do 10 x = 1, lx
          write(41,9) x, y,
     &         upx(x,y), upy(x,y), rho(x,y), p(x,y), obst(x,y)
  10 continue

   9  format(i4,i5, 3f15.8, f15.8, i4 )

      close(41)
      end
c------------------------------------------------------




c FILE Getfeq.for
c===========================================

      subroutine get_feq(rho, u_x, u_y, fequ, pre)
      implicit none
      include "head.inc"
      integer x,y,yn,yp,xn,xp
      real*8 Fx(lx,ly),Fy(lx,ly),temp(lx,ly),
     &  rho(lx,ly), u_x(lx,ly), u_y(lx,ly),R

      real*8 fequ(0:8,lx,ly),pre(lx,ly),u_n(0:8),rh,u_squ
```

```fortran
      real*8 A1, A2, A0, B1, B2, D1, D2, C0, C1, C2, p, Gxx1, Gxx2,
     & Gyy1, Gyy2, Gxy1, Gxy2
      integer k



      do 15 x = 1, lx
         do 15 y = 1, ly
! Periodic boundary condition
         xp = x+1
         yp = y+1
         xn = x-1
         yn = y-1
         if (xp.gt.lx ) xp = 1
         if (xn.lt.1 )  xn = lx
         if (yp.gt.ly ) yp = 1
         if (yn.lt.1 )  yn = ly
! Calculate Laplacian operator on density
         temp(x,y) =
     *  ( ( rho(xp,y) + rho(xn,y) + rho(x,yp)+ rho(x,yn) )*4.d0/6.d0
     *     +( rho(xp,yp)+ rho(xn,yn)
     *     +  rho(xp,yn)+ rho(xn,yp) )/6.d0
     *     - 20.d0* rho(x,y)/6.d0
     *     )

   15 continue

c----------------------------------------
      do 20 x = 1, lx
         do 20 y = 1, ly
! Periodic boundary condition
         xp = x+1
         yp = y+1
         xn = x-1
         yn = y-1
         if (xp.gt.lx ) xp = 1
         if (xn.lt.1 )  xn = lx
         if (yp.gt.ly ) yp = 1
         if (yn.lt.1 )  yn = ly

! Calculate density gradient. Either simple finite difference or homogeneous
! finite difference can be used.
         Fx(x,y) = (rho(xp,y)- rho(xn,y) )/2.d0
c     * ( (rho(xp,y)- rho(xn,y) )/3.d0
c     *      +(rho(xp,yp)- rho(xn,yn) )/12.d0
c     *      +(rho(xp,yn)- rho(xn,yp) )/12.d0
c     *      )

         Fy(x,y) =  (rho(x,yp)- rho(x,yn) )/2.d0
c     & ( (rho(x,yp)- rho(x,yn) )/3.d0
c     &      +(rho(xp,yp)- rho(xn,yn) )/12.d0
c     &      +(rho(xn,yp)- rho(xp,yn) )/12.d0  )


   20 continue

      do 30 x = 1, lx
        do 30 y = 1, ly

          rh = rho(x,y)

          u_squ = u_x(x,y)*u_x(x,y) + u_y(x,y)*u_y(x,y)
```

```
! Get thermodynamic pressure from the equation of state
        call EOS(rh, p)
        pre(x,y) = p

! Calculate the coefficients or terms in the equilibrium distribution function.

        A1 = 1.d0/3.d0 *(p- kappa*rh *temp(x,y) )
        A2 = A1/4.d0
        A0 = rho(x,y) - 5.d0/3.d0*(p- kappa*rh *temp(x,y))
        B1 = rho(x,y)/3.d0
        B2 = B1/4.d0
        D1 = rho(x,y)/2.d0
        D2 = D1/4.d0
        C1 = -rho(x,y)/6.d0
        C2 = C1/4.d0
        C0 = -rho(x,y)*2.d0/3.d0   !!!important
        Gxx1 = kappa/4.d0*(Fx(x,y)*Fx(x,y)- Fy(x,y)*Fy(x,y))
        Gxx2 = Gxx1/4.d0
        Gyy1 = -Gxx1
        Gyy2 = -Gxx2
        Gxy1 = kappa/2.d0 *Fx(x,y)*Fy(x,y)
        Gxy2 = Gxy1/4.d0

    do 65 k = 0, 8
        u_n(k)  = xc(k)*u_x(x,y) + yc(k)*u_y(x,y)
 65 continue

c   Calculate the equilibrium distribution functions.

        fequ(0,x,y) = A0 + C0* u_squ

        fequ(1,x,y) = A1 + B1*u_n(1) +C1*u_squ +D1*u_n(1)*u_n(1)
     &     + Gxx1
        fequ(2,x,y) = A1 + B1*u_n(2) +C1*u_squ +D1*u_n(2)*u_n(2)
     &     + Gyy1
        fequ(3,x,y) = A1 + B1*u_n(3) +C1*u_squ +D1*u_n(3)*u_n(3)
     &     + Gxx1
        fequ(4,x,y) = A1 + B1*u_n(4) +C1*u_squ +D1*u_n(4)*u_n(4)
     &     + Gyy1

        fequ(5,x,y) = A2 + B2*u_n(5) +C2*u_squ +D2*u_n(5)*u_n(5)
     &     + Gxx2 + Gyy2 + 2.d0 * Gxy2
        fequ(6,x,y) = A2 + B2*u_n(6) +C2*u_squ +D2*u_n(6)*u_n(6)
     &     + Gxx2 + Gyy2 - 2.d0 * Gxy2
        fequ(7,x,y) = A2 + B2*u_n(7) +C2*u_squ +D2*u_n(7)*u_n(7)
     &     + Gxx2 + Gyy2 + 2.d0 * Gxy2
        fequ(8,x,y) = A2 + B2*u_n(8) +C2*u_squ +D2*u_n(8)*u_n(8)
     &     + Gxx2 + Gyy2 - 2.d0 * Gxy2

 30 continue

    end


c FILE collision.for
c=============================================
      subroutine stream(obst,ff)
      implicit none
      include "head.inc"
      integer  k,obst(lx,ly)
      real*8 ff(0:8,lx,ly),f_hlp(0:8,lx,ly)
      integer  x,y,x_e,x_w,y_n,y_s,l,m,n
```

```
      do 10 y = 1, ly
        do 10 x = 1, lx

! Set periodic boundary conditions
        y_n = mod(y,ly) + 1
        x_e = mod(x,lx) + 1
        y_s = ly - mod(ly + 1 - y, ly)
        x_w = lx - mod(lx + 1 - x, lx)

        f_hlp(1,x_e,y  ) = ff(1,x,y)
        f_hlp(2,x  ,y_n) = ff(2,x,y)
        f_hlp(3,x_w,y  ) = ff(3,x,y)
        f_hlp(4,x  ,y_s) = ff(4,x,y)
        f_hlp(5,x_e,y_n) = ff(5,x,y)
        f_hlp(6,x_w,y_n) = ff(6,x,y)
        f_hlp(7,x_w,y_s) = ff(7,x,y)
        f_hlp(8,x_e,y_s) = ff(8,x,y)

   10 continue

      do 20 y = 1, ly
        do 20 x = 1, lx
          do 20 k = 1, 8
          ff(k,x,y) = f_hlp(k,x,y)
   20 continue

      end
c------------------------------------------------------
      subroutine getuv(obst,u_x,u_y,rho,ff)
      include "head.inc"
      integer x,y,obst(lx,ly)
      real*8  u_x(lx,ly),u_y(lx,ly),rho(lx,ly),
     & ff(0:8,lx,ly)

      do 10 y = 1, ly
        do 10 x = 1, lx

      if(obst(x,y) .eq. 0) then
            rho(x,y) = ff(0,x,y) +ff(1,x,y) +ff(2,x,y)
     &               + ff(3,x,y) +ff(4,x,y) +ff(5,x,y)
     &               + ff(6,x,y) +ff(7,x,y) +ff(8,x,y)
      endif

      if(obst(x,y) .eq. 0) then
          u_x(x,y) = cc* (ff(1,x,y) + ff(5,x,y) + ff(8,x,y)
     &          -(ff(3,x,y) + ff(6,x,y) + ff(7,x,y))) /rho(x,y)

          u_y(x,y) = cc* (ff(2,x,y) + ff(5,x,y) + ff(6,x,y)
     &          -(ff(4,x,y) + ff(7,x,y) + ff(8,x,y))) /rho(x,y)
      else
      u_x(x,y) = 0.d0
      u_y(x,y) = 0.d0

      endif

   10  continue

      end


c------------------------------------------------------
```

```
c The BGK collision
      subroutine collision(tauc,obst,u_x,u_y,rho,ff, pre)
      implicit none
      include "head.inc"
      integer  l,obst(lx,ly)
      real*8   u_x(lx,ly),u_y(lx,ly),ff(0:8,lx,ly),rho(lx,ly)
      real*8 Fx(lx,ly),Fy(lx,ly), pre(lx,ly)
      integer  x,y,k,ip,jp
      real*8   u_n(0:8),fequ(0:8, lx,ly),u_squ,temp,tauc,ux,uy

        call get_feq(rho, u_x, u_y, fequ, pre)


      do 5 y = 1, ly
       do 5 x = 1, lx
          do 10 k = 0,8
          ff(k,x,y) = fequ(k,x,y)
     &        + (1.d0-1.d0/tauc)*( ff(k,x,y) - fequ(k,x,y) )
 10   continue
 5    continue
      end
```

第 10 章 格子 Boltzmann 相场方法

最早的格子 Boltzmann 相场方法可以追溯到文献 (He et al., 1999), 但那篇文章从宏观上来说并没有恢复到传统界面演化方程, 即 Cahn-Hilliard 方程。因此, 该 LBM 方法与宏观 CFD 方程还有一定的差别。He 等 (1999) 能模拟的密度比也不高, 最多只有 $O(10)$ 量级。

后来的研究人员在 He 等 (1999) 的基础上进行了很多改进, 例如 Amaya-Bower 等 (2010) 和 Lee 等 (2006, 2005, 2010) 提出了许多改进意见, 目的就是提高模拟的密度比和稳定性。然后更多的文章, 例如文献 (Fakhari et al., 2010, 2017), 则采用 MRT 将相场模型的密度比进一步提高。我们知道 MRT 中有少数几个自由参数, 但 MRT 中参数的选择也是遵循一定规律的, 并不是任意的。但是有一些文章, 如 (Fakhari et al., 2017), 通过任意的选择的确得到了高密度比, 所以文献 (Fakhari et al., 2017) 中的模拟也不一定就完全正确。一方面, 对于两相流中的密度比, 其实有的物理问题的结果是不敏感的: 用小一些密度比的 LBM 模拟也可以得到, 非常接近真实的大密度比的结果。另一方面, 任意选择 MRT 中的参数有可能使得宏观恢复到的方程可压缩性更大, 因此它能轻松地模拟更大的密度比。这不是我们希望看到的。一般我们考虑的是不可压缩两相流模拟。

本章首先从相场方法的宏观界面演化方程讲起, 如 Cahn-Hilliard 方程和 Allen-Cahn 方程, 再讲讲文献中格子 Boltzmann 相应的求解这些演化方程的方法。两相界面演化方程在形式上无非是一个迁移扩散方程。迁移扩散方程本身比 N-S 方程要简单很多, 也没必要非得用求解 N-S 方程的 LBM 来求解这个方程 (不少文献中采用 D2Q5 这些简化速度模型来处理二维情况下的演化方程)。这里我倒是建议用传统的有限差分法来求解界面的演化方程, 这样的话更简洁一些, 还可以更节省内存。

10.1　相 场 模 型

经典的两相界面演化方程包括 Cahn-Hilliard 方程和 Allen-Cahn 方程。这里我们只介绍常用的这两种。

Cahn-Hilliard 方程 (以 John W. Cahn 和 John E. Hilliard 名字命名) 是描述相分离过程的数学物理方程, 通过该过程, 二元流体的两个组分自发分离并形成单纯的每个组分的区域。Cahn-Hilliard 方程在多个领域都有应用: 复杂流体和软物质 (界面流体流动、聚合物科学和工业应用)。我们在计算流体力学中感兴趣的是 Cahn-Hilliard 方程的相分离与流体流动的 Navier-Stokes 方程的耦合。

Allen-Cahn 方程 (以 Sam Allen 和 John W. Cahn 名字命名) 是数学物理学的反应–扩散方程, 它描述了多组分合金系统中的相分离过程, 包括有序–无序转变。它可以从 Ginzburg-Landau 自由能泛函推导出来, 与 Cahn-Hilliard 方程密切相关。

我们考虑两种密度 ρ_{H}, ρ_{L} 和黏度 μ_{H}, μ_{L} 的不混溶牛顿流体的混合物。为了确定两种流体所占据的区域, 我们引入了一个序参量 ϕ,

$$\phi = \frac{\rho - \rho_{\mathrm{L}}}{\rho_{\mathrm{H}} - \rho_{\mathrm{L}}} \phi_{\mathrm{H}} + \frac{\rho - \rho_{\mathrm{H}}}{\rho_{\mathrm{L}} - \rho_{\mathrm{H}}} \phi_{\mathrm{L}} \tag{10.1}$$

其中 ϕ_{H} 和 ϕ_{L} 是分别对应于 ρ_{H} 和 ρ_{L} 的两个常数。为了简单而不失一般性, 下面的分析使用 $\phi_{\mathrm{H}} > \phi_{\mathrm{L}}$ 的假设。注意, 通常很多文献中为简单起见, ϕ_{H} 和 ϕ_{L} 的取值分别是 1 和 0。混合物的界面可以用序参量集描述 $(\varGamma = x): \phi(x,t) = \frac{\phi_{\mathrm{H}} + \phi_{\mathrm{L}}}{2}$。在相场理论中, 系统的自由能密度可以简写为 (Jacqmin, 1999; Wang et al., 2019)

$$f(\phi, \nabla\phi) = \frac{k}{2} |\nabla\phi|^2 + \psi(\phi) \tag{10.2}$$

其中 k 为正常数, 与界面厚度 W 和表面张力 σ 有关。由式 (10.2) 定义的自由能密度包括两部分: 第一项是梯度能; 第二项是两相系统的体积能, 它有两个极小值。通常, 体积能可以表示为

$$\psi(\phi) = \beta (\phi - \phi_{\mathrm{H}})^2 (\phi - \phi_{\mathrm{L}})^2 \tag{10.3}$$

其中 β 也是一个与界面厚度和表面张力有关的常数。根据上述自由能密度, 还可以定义混合能 F 和化学势 μ:

$$F(\phi, \nabla\phi) = \int_{\Omega} f(\phi, \nabla\phi) \mathrm{d}\Omega = \int_{\Omega} \left[\psi(\phi) + \frac{k}{2} |\nabla\phi|^2 \right] \mathrm{d}\Omega \tag{10.4}$$

$$\mu = \frac{\delta F}{\delta \phi} = -\nabla \cdot \left(\frac{\partial F}{\partial \nabla \phi} \right) + \frac{\partial F}{\partial \phi}$$
$$= -k\nabla^2\phi + \psi'(\phi) \tag{10.5}$$

其中 Ω 是两相系统所在的物理区域, ψ' 是函数 ψ 对 ϕ 的导数, 即

$$\psi'(\phi) = 4\beta (\phi - \phi_{\mathrm{H}}) (\phi - \phi_{\mathrm{L}}) \left(\phi - \frac{\phi_{\mathrm{H}} + \phi_{\mathrm{L}}}{2} \right) \tag{10.6}$$

当扩散界面处于平衡时, 化学势为零, 即

$$\mu = \frac{\delta F}{\delta \phi} = -k\nabla^2\phi + \psi'(\phi) = 0 \tag{10.7}$$

对于一维问题, 结合边界条件 $\left. \dfrac{\mathrm{d}\phi}{\mathrm{d}x} \right|_{x \to \pm\infty} = 0$, 求解方程 (10.7), 可以得到平衡状态时 ϕ 的分布:

$$\phi(x) = \frac{\phi_{\mathrm{H}} + \phi_{\mathrm{L}}}{2} + \frac{\phi_{\mathrm{H}} - \phi_{\mathrm{L}}}{2} \tanh \left(\sqrt{\frac{2\beta}{k}} \frac{\phi_{\mathrm{H}} - \phi_{\mathrm{L}}}{2} \right) x \tag{10.8}$$

引入参数 W 来表示界面厚度,

$$W = \frac{1}{\phi_{\mathrm{H}} - \phi_{\mathrm{L}}} \sqrt{\frac{8k}{\beta}} \tag{10.9}$$

式 (10.8) 可改写为

$$\phi(x) = \frac{\phi_{\mathrm{H}} + \phi_{\mathrm{L}}}{2} + \frac{\phi_{\mathrm{H}} - \phi_{\mathrm{L}}}{2} \tanh \left(\frac{2x}{W} \right) \tag{10.10}$$

那么表面张力 σ 可以写成

$$\sigma = k \int_{-\infty}^{+\infty} \left(\frac{\mathrm{d}\phi}{\mathrm{d}x} \right)^2 \mathrm{d}x \tag{10.11}$$

经过处理, 可以获得

$$\sigma = \frac{(\phi_{\mathrm{H}} - \phi_{\mathrm{L}})^3}{6} \sqrt{2k\beta} \tag{10.12}$$

接下来我们对界面演化方程, 即 Cahn-Hilliard 方程和质量守恒的局部 Allen-Cahn 方程, 分别进行介绍.

10.1.1 Cahn-Hilliard 方程

如果我们考虑一个有迁移速度 $\boldsymbol{u}$ 的两相体系, 扩散由化学势梯度驱动, 则 Cahn-Hilliard 方程可由序参量 ϕ 描述为

$$\partial_t \phi + \nabla \cdot (\phi \boldsymbol{u}) = \nabla \cdot (M_\phi \nabla \mu) \tag{10.13}$$

其中 M_ϕ 为迁移系数. 注意 Cahn-Hilliard 方程可以在局部保持质量守恒, 但它是一个四阶偏微分方程. 因此, 我们需要一个高阶数值格式来解这个方程.

10.1.2　质量守恒的局部 Allen-Cahn 方程

根据前人的工作 (Sun et al., 2007), 界面迁移方程可表示为

$$\phi_{\mathrm{t}} + (u_{\mathrm{n}}\boldsymbol{n} + \boldsymbol{u}) \cdot \nabla\phi = 0 \tag{10.14}$$

其中, $\boldsymbol{u}$ 为外部迁移速度, $\boldsymbol{n}$ 和 u_{n} 分别为单位法向量和法向界面速度,

$$\boldsymbol{n} = \frac{\nabla\phi}{|\nabla\phi|}, \quad u_{\mathrm{n}} = -M_{\phi}\kappa \tag{10.15}$$

其中, M_{ϕ} 为正常数, 也称为迁移率; κ 为界面曲率, 可以表示为

$$\kappa = \nabla \cdot \boldsymbol{n} = \nabla \cdot \left(\frac{\nabla\phi}{|\nabla\phi|}\right) = \frac{1}{|\nabla\phi|}\left[\nabla^2\phi - \frac{(\nabla\phi \cdot \nabla)|\nabla\phi|}{|\nabla\phi|}\right] \tag{10.16}$$

由平衡状态下的分布 (式 (10.8)) 可知 ϕ 的梯度及其法向量可以写成

$$\nabla\phi = \frac{\mathrm{d}\phi}{\mathrm{d}x} = \sqrt{\frac{2\beta}{k}}\,(\phi_{\mathrm{H}} - \phi)\,(\phi - \phi_{\mathrm{L}}) = \frac{-4\,(\phi - \phi_{\mathrm{H}})\,(\phi - \phi_{\mathrm{L}})}{W\,(\phi_{\mathrm{H}} - \phi_{\mathrm{L}})} \tag{10.17}$$

$$\frac{(\nabla\phi \cdot \nabla)|\nabla\phi|}{|\nabla\phi|} = \frac{4\beta}{k}\,(\phi - \phi_{\mathrm{H}})\,(\phi - \phi_{\mathrm{L}})\left(\phi - \frac{\phi_{\mathrm{H}} + \phi_{\mathrm{L}}}{2}\right) \tag{10.18}$$

将式 (10.18) 代入式 (10.16), 可以得到曲率的表达式:

$$\kappa = \frac{1}{|\nabla\phi|}\left[\nabla^2\phi - \frac{4\beta}{k}\,(\phi - \phi_{\mathrm{H}})\,(\phi - \phi_{\mathrm{L}})\left(\phi - \frac{\phi_{\mathrm{H}} + \phi_{\mathrm{L}}}{2}\right)\right] \tag{10.19}$$

借助方程 (10.15) 和方程 (10.19), 可以将式 (10.14) 改写为

$$\phi_{\mathrm{t}} + \boldsymbol{u} \cdot \nabla\phi = M_{\phi}\left[\nabla^2\phi - \frac{4\beta}{k}\,(\phi - \phi_{\mathrm{H}})\,(\phi - \phi_{\mathrm{L}})\left(\phi - \frac{\phi_{\mathrm{H}} + \phi_{\mathrm{L}}}{2}\right)\right] \tag{10.20}$$

则按照文献 (Chiu et al., 2011) 中的方法, 在不可压缩条件 ($\nabla \cdot \boldsymbol{u} = 0$) 下, 将式 (10.20) 改写为守恒形式:

$$\phi_{\mathrm{t}} + \nabla \cdot (\phi\boldsymbol{u})$$

$$= M_{\phi}\left[\nabla^2\phi - \nabla \cdot \left(\sqrt{\frac{2\beta}{k}}\,(\phi_{\mathrm{H}} - \phi)\,(\phi - \phi_{\mathrm{L}})\,\frac{\nabla\phi}{|\nabla\phi|}\right)\right]$$

$$= M_{\phi}\nabla \cdot \left[\left(1 - \sqrt{\frac{2\beta}{k}}\,(\phi_{\mathrm{H}} - \phi)\,(\phi - \phi_{\mathrm{L}})\,\frac{1}{|\nabla\phi|}\right)\nabla\phi\right] \tag{10.21}$$

这就是局部 Allen-Cahn 方程。

10.2 HCZ 模型简介

这里, 我们简要介绍 He 等 (1999) 的模型, 该模型中引入了两个分布函数 $\bar{g}_i$ 和 $\bar{f}_i$ 以及对应的两个格子 Boltzmann 演化方程, 宏观上分别恢复到 N-S 方程和类似 C-H 方程。该模型已经应用在不少两相流模拟中, 如气泡在水中上升、液滴撞击壁面等 (Amaya-Bower et al., 2010; Lee et al., 2005, 2006, 2010)。该模型的缺陷是能模拟的密度比不高。它们分别满足以下格子 Boltzmann 方程 (He et al., 1999):

$$\bar{g}_i(\boldsymbol{x}+\boldsymbol{e}_i\Delta t,t+\Delta t)=\bar{g}_i(\boldsymbol{x},t)-\frac{1}{\tau_1}(\bar{g}_i(\boldsymbol{x},t)-\bar{g}_i^{\text{eq}}(\boldsymbol{x},t))+S_i(\boldsymbol{x},t)\Delta t \qquad (10.22)$$

$$\bar{f}_i(\boldsymbol{x}+\boldsymbol{e}_i\Delta t,t+\Delta t)=\bar{f}_i(\boldsymbol{x},t)-\frac{1}{\tau_2}(\bar{f}_i(\boldsymbol{x},t)-\bar{f}_i^{\text{eq}}(\boldsymbol{x},t))+S_i'(\boldsymbol{x},t)\Delta t \qquad (10.23)$$

其中, τ_1 是松弛因子, 它与运动学黏性系数相关, $\nu=c_s^2(\tau_1-0.5)\Delta t$。$\tau_2$ 与 C-H 方程中的迁移率有关。在模拟中通常有

$$\tau_2=\tau_1 \qquad (10.24)$$

$S_i(\boldsymbol{x},t)$ 和 $S_i'(\boldsymbol{x},t)$ 分别是方程 (10.22) 和方程 (10.23) 中的源项。$\bar{g}_i^{\text{eq}}(\boldsymbol{x},t)$ 和 $\bar{f}_i^{\text{eq}}(\boldsymbol{x},t)$ 的平衡态分布函数可以如下计算:

$$\bar{g}_i^{\text{eq}}(\boldsymbol{x},t)=\omega_i\left[p+c_s^2\rho\left(\frac{e_{i\alpha}u_\alpha}{c_s^2}+\frac{e_{i\alpha}u_\alpha e_{i\beta}u_\beta}{2c_s^4}-\frac{u_\alpha u_\alpha}{2c_s^2}\right)\right] \qquad (10.25)$$

和

$$\bar{f}_i^{\text{eq}}(\boldsymbol{x},t)=\omega_i\phi\left[1+\frac{e_{i\alpha}u_\alpha}{c_s^2}+\frac{e_{i\alpha}u_\alpha e_{i\beta}u_\beta}{2c_s^4}-\frac{u_\alpha u_\alpha}{2c_s^2}\right] \qquad (10.26)$$

其中, p 和 ρ 分别是水动力学压力和流体密度; ϕ 是序参数。

宏观变量由以下公式给出:

$$\phi=\sum\bar{f}_i \qquad (10.27)$$

和

$$p=\sum\bar{g}_i+\frac{\Delta t}{2}u_\beta E_\beta \qquad (10.28)$$

其中

$$E_\beta=-\frac{\partial\psi(\rho)}{\partial\beta} \qquad (10.29)$$

以及

$$\rho u_\alpha c_s^2=\sum e_{i\alpha}\bar{g}_i+\frac{\Delta t}{2}c_s^2 F_\alpha \qquad (10.30)$$

ψ 是 ρ 或 ϕ 的函数。$\psi(\rho)$ 和 $\psi(\phi)$ 与水动力学压力 p 和热力学压力 p_{th} 的关系分别是 (Chao et al., 2011)

$$\psi(\rho) = p - c_{\mathrm{s}}^2 \rho \tag{10.31}$$

$$\psi(\phi) = p_{\mathrm{th}} - c_{\mathrm{s}}^2 \phi \tag{10.32}$$

其中 p_{th} 可以由非理想状态方程 Carnahan-Starling 方程计算出来 (He et al., 1999; Chao et al., 2011):

$$p_{\mathrm{th}} = \phi c_{\mathrm{s}}^2 \frac{1 + b\phi/4 + (b\phi/4)^2 - (b\phi/4)^3}{(1 - b\phi/4)^3} - a\phi^2 \tag{10.33}$$

值得一提的是, 在文献 (He et al., 1999) 中, 我们无法区分热力学压力和水动力学压力。这可能会让读者感到困惑, 因为: 一方面, 我们可以由式 (10.28) 获得压力; 另一方面, 一旦 ρ 已知, 就可以由上述状态方程计算压力。以上两种方式获得的压力可能不同。后来 Zhang 等 (2000) 和 Chao 等 (2011) 澄清了这个问题, 流体水动力学压力和热力学压力都有清楚的描述, 我们遵循他们的描述。

与文献 (He et al., 1999) 中的选择相同, 在我们的模拟中, a 和 b 分别设置为 $12RT$ 和 4。从 Maxwell 构造中, 我们得到共存的序函数值 $\phi_{\mathrm{l}} = 0.251, \phi_{\mathrm{g}} = 0.024$, 它们分别表示液态和气态的 ϕ 值。一旦序函数 $\phi(\boldsymbol{x}, t)$ 已知, 我们就可以根据以下公式轻松获得流体的密度 (ρ)、运动学黏性系数 (ν) 以及松弛因子 (τ_1):

$$\rho(\phi) = \rho_{\mathrm{g}} + \frac{\phi - \phi_{\mathrm{g}}}{\phi_{\mathrm{l}} - \phi_{\mathrm{g}}} (\rho_{\mathrm{l}} - \rho_{\mathrm{g}}) \tag{10.34}$$

$$\nu(\phi) = \nu_{\mathrm{g}} + \frac{\phi - \phi_{\mathrm{g}}}{\phi_{\mathrm{l}} - \phi_{\mathrm{g}}} (\nu_{\mathrm{l}} - \nu_{\mathrm{g}}) \tag{10.35}$$

和

$$\tau_1(\phi) = \tau_{\mathrm{g}} + \frac{\phi - \phi_{\mathrm{g}}}{\phi_{\mathrm{l}} - \phi_{\mathrm{g}}} (\tau_1 - \tau_{\mathrm{g}}) \tag{10.36}$$

其中 ρ_{l} 和 ρ_{g} 分别是液体和气体的密度。$\nu_{\mathrm{l}} = c_{\mathrm{s}}^2 (\tau_1 - 0.5) \Delta t$ 和 $\nu_{\mathrm{g}} = c_{\mathrm{s}}^2 (\tau_{\mathrm{g}} - 0.5) \Delta t$ 分别是液体和气体的运动学黏性系数。τ_1 和 τ_{g} 分别是液体和气体的松弛因子。ϕ_{l} 和 ϕ_{g} 分别是最大和最小的序函数值。它们是通过非理想状态方程得到的。通过在模拟中选择 $\rho_{\mathrm{l}} = 0.251$ 和 $\rho_{\mathrm{g}} = 0.024$, 可以获得最大密度比 (约为 10)(Zhang et al., 2000)。

方程 (10.22) 和 (10.23) 中出现的源项是 (He et al., 1999)

$$S_i = \left(1 - \frac{1}{2\tau_1}\right)(e_{i\alpha} - u_\alpha) F_\alpha \Gamma_i(\boldsymbol{u}) + \left(1 - \frac{1}{2\tau_1}\right)(e_{i\alpha} - u_\alpha) E_\alpha [\Gamma_i(\boldsymbol{u}) - \Gamma_i(0)] \tag{10.37}$$

其中

$$\Gamma_i(\boldsymbol{u}) = \bar{f}_i^{\mathrm{eq}}/\rho \tag{10.38}$$

$$F_\alpha = \kappa \rho \, \partial_\alpha \left(\partial_\delta^2 \rho\right) \tag{10.39}$$

以及

$$S'_i = \left(1 - \frac{1}{2\tau_2}\right) \frac{(e_{i\alpha} - u_\alpha) F'_\alpha}{c_s^2 \rho} \bar{f}_i^{\mathrm{eq}} \tag{10.40}$$

其中

$$F'_\alpha = -\partial_\alpha \psi(\phi) \tag{10.41}$$

通过 Chapman-Enskog 展开, 可以看到以上的两个格子 Boltzmann 方程 (10.22) 和 (10.23) 分别恢复到 N-S 方程和类似于 C-H 的界面演化方程。具体过程参见文献 (Huang et al., 2015)。

$$\partial_t(\rho u_\beta) + \partial_\alpha(\rho u_\alpha u_\beta) = -\partial_\beta p + \nu\,\partial_\alpha\left[\rho\left(\partial_\beta u_\alpha + \partial_\alpha u_\beta\right)\right] + F_\beta \tag{10.42}$$

上面式 (10.37) 中 $E_\alpha = -\partial_\alpha(p - c_s^2\rho)$ 的确保证了模型的 Galileo 不变性。

通过 Chapman-Enskog 展开, 我们可以得到函数 $\bar{f}_i$ 的格子 Boltzmann 方程宏观上可以恢复到类似于 C-H 的方程:

$$\partial_t\phi + \partial_\alpha(\phi u_\alpha) = \frac{1}{2}\left(1 - \frac{1}{2\tau_2}\right)\partial_\alpha F'_\alpha \tag{10.43}$$

将 $F'_\alpha = -\partial_\alpha(p - c_s^2\phi)$ 代入, 得到

$$\partial_t\phi + \partial_\alpha(\phi u_\alpha) = -\frac{1}{2}\left(1 - \frac{1}{2\tau_2}\right)\partial_\alpha^2(p - c_s^2\phi) \tag{10.44}$$

此即类似于 C-H 的界面演化方程。

10.3　界面追踪方程

这里介绍的格子 Boltzmann 相场方法 (Fakhari et al., 2017) 可以模拟高密度比情形。 Fakhari 等 (2017) 采用界面追踪方程和 N-S 方程来模拟两相流系统。界面追踪方程是基于 Allen-Cahn 方程的 (在 10.1 节中令 ϕ_{H} 和 ϕ_{L} 的取值分别是 1 和 0):

$$\frac{\partial\phi}{\partial t} + \nabla\cdot(\phi\boldsymbol{u}) = \nabla\cdot\left\{M\left[\nabla\phi - \frac{4}{W}\phi(1-\phi)\right]\boldsymbol{n}\right\} \tag{10.45}$$

其中, ϕ 是范围从 0 到 1 的组分函数, 分别对应低密度 ρ_{L} 流体和高密度 ρ_{H} 流体; t 为时间; $\boldsymbol{u}$ 为宏观速度矢量; M 为扩散迁移系数, 决定了界面的扩散速度; W 为界面厚度; $\boldsymbol{n}$ 为垂直于界面指向高密度流体的单位矢量, 即

$$\boldsymbol{n} = \frac{\nabla\phi}{|\nabla\phi|} \tag{10.46}$$

在扩散界面模型中, 平衡态界面分布用于初始化流场中的界面:

$$\phi(x) = \frac{1}{2}\left(1 \pm \tanh\frac{|x - x_0|}{W/2}\right) \tag{10.47}$$

其中 x_0 表示界面位置, 即 $\phi_0 = 0.5$。其中 "$\pm$" 被用来把最小相位场的值分配给轻流体, 比如加号用于初始化气泡, 而减号用于初始化液滴。采用等温不可压缩 Navier-Stokes 方程来描述两相流系统:

$$\frac{\partial \rho}{\partial t} + \nabla \cdot (\rho \boldsymbol{u}) = 0 \tag{10.48}$$

$$\rho\left[\frac{\partial \boldsymbol{u}}{\partial t} + \boldsymbol{u} \cdot \nabla \boldsymbol{u}\right] = -\nabla p + \nabla \cdot \left\{\mu\left[\nabla \boldsymbol{u} + (\nabla \boldsymbol{u})^{\mathrm{T}}\right]\right\} + \boldsymbol{F}_{\mathrm{s}} + \boldsymbol{F}_{\mathrm{b}} \tag{10.49}$$

其中 ρ 为当地流体密度, μ 为动力学黏度, p 为宏观压力, $\boldsymbol{F}_{\mathrm{s}}$ 为表面张力, $\boldsymbol{F}_{\mathrm{b}}$ 为体积力。这里表面张力的表达形式为

$$\boldsymbol{F}_{\mathrm{s}} = \mu_\phi \nabla \phi \tag{10.50}$$

其中 μ_ϕ 是化学势, 其表达形式为

$$\mu_\phi = 4\beta\phi(\phi - 1)\left(\phi - \frac{1}{2}\right) - \kappa\nabla^2\phi \tag{10.51}$$

其中 β 和 κ 都是与表面张力 σ 和界面厚度 W 有关的变量, 形式分别为 $\beta = 12\sigma/W$ 和 $\kappa = 3\sigma W/2$。

10.3.1　界面追踪方程的数值求解

通过格子 Boltzmann 方法数值求解方程 (10.45),(10.47),(10.49), 界面追踪方程的 LB 离散形式为

$$h_i(\boldsymbol{x} + \boldsymbol{e}_i\delta t, t + \delta t) = h_i(\boldsymbol{x}, t) - \frac{h_i(\boldsymbol{x}, t) - h_i^{\mathrm{eq}}(\boldsymbol{x}, t)}{\tau_\phi + 1/2} + S_i^\phi(\boldsymbol{x}, t) \tag{10.52}$$

其中, 源项 S_i^ϕ 的表达形式为

$$S_i^\phi(\boldsymbol{x}, t) = \delta t\left[\frac{4}{W}\phi(1 - \phi)\right]\omega_i\boldsymbol{e}_i \cdot \frac{\nabla\phi}{|\nabla\phi|} \tag{10.53}$$

h_i 为相场分布函数, τ_ϕ 为相场松弛时间, $\boldsymbol{e}_i$ 为离散速度集, 这里采用单松弛 (LBGK)D2Q9 模型。分布函数根据平衡态分布函数 h_i^{eq} 进行初始化, 平衡态相场分布函数定义为

$$h_i^{\mathrm{eq}} = \phi\Gamma_i - \frac{1}{2}S_i^\phi \tag{10.54}$$

其中, Allen-Cahn 方程中的界面迁移系数 $M = \tau_\phi c_{\mathrm{s}}^2\Delta t$, c_{s}^2 为声速且 $c_{\mathrm{s}} = c/\sqrt{3}$; Γ_i 表示为

$$\Gamma_i = \omega_i\left[1 + \frac{\boldsymbol{e}_i \cdot \boldsymbol{u}}{c_{\mathrm{s}}^2} + \frac{(\boldsymbol{e}_i \cdot \boldsymbol{u})^2}{2c_{\mathrm{s}}^4} - \frac{\boldsymbol{u} \cdot \boldsymbol{u}}{2c_{\mathrm{s}}^2}\right] \tag{10.55}$$

注意这里 τ_ϕ 跟我们前面 LBE(10.22), (10.23) 分母中的 τ 稍微有点不同, 差个常数 $\frac{1}{2}$, 如果认为 $\tau = \tau_\phi + \frac{1}{2}$, 那么应该和前面几章的 LBE 也是一样的, 只是那样的话, 迁移率 M 的计算要改成 $M = (\tau - 0.5)c_s^2\Delta t$。下面求解 N-S 方程的 LBE 也有类似的情形。总之, 这些差一个常数 $\frac{1}{2}$ 的松弛因子定义不会对方法本身以及恢复成的宏观方程造成影响。ω_i 为 D2Q9 速度模型中的权系数。格子 Boltzmann 演化方程 (10.52) 可分解为碰撞和迁移两步, 分别为

$$h_i^+(\boldsymbol{x},t) = h_i(\boldsymbol{x},t) - \frac{h_i(\boldsymbol{x},t) - h_i^{\mathrm{eq}}(\boldsymbol{x},t)}{\tau_\phi + 1/2} \tag{10.56}$$

和

$$h_i(\boldsymbol{x} + \boldsymbol{e}_i\Delta t, t + \Delta t) = h_i^+(\boldsymbol{x},t) \tag{10.57}$$

位于 x 处 t 时刻的组分函数 ϕ 可通过分布函数恢复为

$$\phi = \sum_i h_i \tag{10.58}$$

流体的宏观密度 ρ 通过线性插值计算得到:

$$\rho = \rho_\mathrm{L} + \phi(\rho_\mathrm{H} - \rho_\mathrm{L}) \tag{10.59}$$

10.3.2　N-S 方程的数值求解

除了要求解界面追踪方程, 还要求解 N-S 方程与其进行耦合。N-S 方程通过如下的格子 Boltzmann 演化方程进行求解:

$$\bar{g}_i(\boldsymbol{x} + \boldsymbol{e}_i\Delta t, t + \Delta t) = \bar{g}_i(\boldsymbol{x},t) + \Omega_i(\boldsymbol{x},t) + S_i(\boldsymbol{x},t) \tag{10.60}$$

其中, $\bar{g}_i$ 为概率密度分布函数; S_i 为源项, 包括表面张力和体积力的影响, 形式为

$$S_i = \Delta t\left[(\Gamma_i - \omega_i)(\rho_\mathrm{H} - \rho_\mathrm{L})c_s^2 + \Gamma_i\mu_i\right](\boldsymbol{e}_i - \boldsymbol{u}) \cdot \nabla\phi + \Delta t\Gamma_i(\boldsymbol{e}_i - \boldsymbol{u}) \cdot \boldsymbol{F}_\mathrm{b} \tag{10.61}$$

这里采用多松弛 (MRT) 标准 D2Q9 模型, 与单松弛模型相比, 它在计算稳定性方面更具优势。Ω_i 为多松弛时间 (MRT) 的碰撞算子, 形式为 $\Omega_i = -\boldsymbol{M}^{-1}\boldsymbol{P}\boldsymbol{M}(\bar{g}_i - \bar{g}_i^{\mathrm{eq}})$, 其中 $\boldsymbol{M}$ 是

正交变换矩阵, 即

$$\boldsymbol{M} = \begin{bmatrix} 1 & 1 & 1 & 1 & 1 & 1 & 1 & 1 & 1 \\ -4 & -1 & -1 & -1 & -1 & 2 & 2 & 2 & 2 \\ 4 & -2 & -2 & -2 & -2 & 1 & 1 & 1 & 1 \\ 0 & 1 & 0 & -1 & 0 & 1 & -1 & -1 & 1 \\ 0 & -2 & 0 & 2 & 0 & 1 & -1 & -1 & 1 \\ 0 & 0 & 1 & 0 & -1 & 1 & 1 & -1 & -1 \\ 0 & 0 & -2 & 0 & 2 & 1 & 1 & -1 & -1 \\ 0 & 1 & -1 & 1 & -1 & 0 & 0 & 0 & 0 \\ 0 & 0 & 0 & 0 & 0 & 1 & -1 & 1 & -1 \end{bmatrix} \tag{10.62}$$

$\boldsymbol{P}$ 为对角松弛模型矩阵, 形式为

$$\boldsymbol{P} = \mathrm{diag}(1,1,1,1,1,1,1,s_v,s_v) \tag{10.63}$$

其中

$$s_v = \frac{1}{\tau + 1/2} \tag{10.64}$$

τ 为水动力学方程的松弛时间, 与系统的运动学黏性系数相关, 有 $\nu = \tau c_{\mathrm{s}}^2 \Delta t$。在两相流系统中, 不同位置流体的密度和黏度都不相同, 有很多方法利用组分函数 ϕ 来求解松弛时间 τ。这里介绍两种比较常用的方法, 第一种采用调和插值的方法:

$$\frac{1}{\tau} = \frac{1}{\tau_{\mathrm{H}}} + \phi\left(\frac{1}{\tau_{\mathrm{H}}} - \frac{1}{\tau_{\mathrm{L}}}\right) \tag{10.65}$$

其中 τ_{H} 和 τ_{L} 分别为高密度和低密度流体的松弛时间, 分别满足 $\nu_{\mathrm{H}} = \tau_{\mathrm{H}} c_{\mathrm{s}}^2 \Delta t$ 和 $\nu_{\mathrm{L}} = \tau_{\mathrm{L}} c_{\mathrm{s}}^2 \Delta t$。第二种采用线性插值的方法:

$$\tau = \tau_{\mathrm{L}} + \phi(\tau_{\mathrm{H}} - \tau_{\mathrm{L}}) \tag{10.66}$$

这里要注意的是, 以上公式中, Fakhari 等 (2017) 通过 MRT 自由参数的任意选择的确得到了高密度比, 但是文献 (Fakhari et al., 2017) 中的模拟也不一定就完全正确。

在分层 Poiseuille 流数值模拟中我们可以看到两种方法的计算精度相差并不大, 所以这里数值模型采用了第一种方法。分布函数根据平衡态分布函数进行初始化, 这里为修正平衡态分布函数 (减去了 $S_i/2$):

$$\bar{g}_i^{\mathrm{eq}} = g_i^{\mathrm{eq}} - S_i/2 \tag{10.67}$$

其中

$$g_i^{\mathrm{eq}} = p\omega_i + \rho c_{\mathrm{s}}^2(\varGamma_i - \omega_i) \tag{10.68}$$

格子 Boltzmann 演化方程 (10.60) 也可分解为碰撞和迁移两步, 分别为

$$\bar{g}_i^+(\boldsymbol{x},t) = \bar{g}_i(\boldsymbol{x},t) + \varOmega_i(\boldsymbol{x},t) + S_i(\boldsymbol{x},t) \tag{10.69}$$

和

$$\bar{g}_i(\boldsymbol{x}+\boldsymbol{e}_i\delta t,t+\delta t)=\bar{g}_i^+(\boldsymbol{x},t) \tag{10.70}$$

位于 $\boldsymbol{x}$ 处 t 时刻的宏观速度和压力可由分布函数得到：

$$\boldsymbol{u}=\frac{1}{\rho c_{\mathrm{s}}^2}\sum_i\bar{g}_i\boldsymbol{e}_i+\frac{\delta t}{2\rho}(\boldsymbol{F}_{\mathrm{s}}+\boldsymbol{F}_{\mathrm{b}}) \tag{10.71}$$

$$p=\sum_i\bar{g}_i+\frac{\delta t}{2}(\rho_{\mathrm{H}}+\rho_{\mathrm{L}})c_{\mathrm{s}}^2\boldsymbol{u}\cdot\nabla\phi \tag{10.72}$$

为了将现有模型的结果与其他文献的结果进行比较，定义了无量纲的 Atwood 数和 Reynolds 数

$$At=\frac{\rho_{\mathrm{H}}-\rho_{\mathrm{L}}}{\rho_{\mathrm{H}}+\rho_{\mathrm{L}}} \tag{10.73}$$

$$Re=\frac{\rho_{\mathrm{H}}U_0L}{\mu_{\mathrm{H}}} \tag{10.74}$$

其中 $U_0=\sqrt{gL}$ 为参考速度标度。为了唯一地定义所有物理量，我们还需要 μ^* 和毛细数 $Ca=\dfrac{\mu_{\mathrm{H}}U_0}{\sigma}$ 两个物理量。另外，Péclet 数被定义为 $Pe=\dfrac{U_0L}{M}$。

模拟中取 $L=256$ lu，参考时间为 $t_0=\sqrt{L/g}\sqrt{At}=16\,000$，$t^*=\dfrac{t}{t_0}$ 为无量纲时间。

$\dfrac{\mu_{\mathrm{H}}}{\mu_{\mathrm{L}}}=1$，$Ca=0.26$，$W=5$ lu。图 10.1描述了 $At=0.5$ 时的 Rayleigh-Taylor 不稳定性的时间演化。这里选择 $Re=3\,000$ 和 $Pe=1\,000$ 来匹配可对照文献中的参数。在产生反向旋转漩涡之前，观察到重流体对称地穿透较轻的流体，形成 "尖钉"，同时轻流体上升成为 "气泡"。

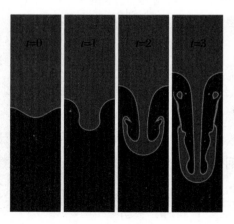

图 10.1 单模 (单个尖钉气泡)Rayleigh-Taylor 不稳定性的演化，参数为 $At=0.5\left(\dfrac{\rho_{\mathrm{H}}}{\rho_{\mathrm{L}}}=3\right)$，$Re=3\,000$，$\dfrac{\mu_{\mathrm{H}}}{\mu_{\mathrm{L}}}=1$，$Ca=0.26$，$Pe=1\,000$

下面的程序模拟的算例是气体中悬浮着一个液滴。程序由两个文件组成，一个是 main.f90，另一个是 amodule.f90。输入参数的文件是 inputFlow.dat。

inputFlow.dat 内容如下:

```
2.0000D-2          read(111,*) Mobility
10                 read(111,*) Peclet
5.D0               read(111,*) IFwidth
200, 200           read(111,*) xDim, yDim
100.00D0           read(111,*) DropDiameter
1.0000D-2          read(111,*) sigma
1.0000D+0          read(111,*) rhoH
1.0000D+3          read(111,*) rho_ratio
1.0000D-3          read(111,*) muH
1.0000D2           read(111,*) mu_rati
```

! --

amodule.f90 中定义的参数和数组内容如下:

```
    MODULE    CommonValue
    real(8)                         :: pi=3.141562653589793d0
    integer                         :: tstep
    real(8)                         :: gravx,gravy
    END MODULE
    MODULE    InterfaceTracking
    use CommonValue
    integer,       parameter  ::  SpcDim = 2, LBMDim = 8
    integer,       parameter  ::  ghostLayer = 1
    integer,       parameter  ::  ee(0:LBMDim, 1:SpcDim) = reshape( [&
                    0, 1, 0,-1, 0, 1,-1,-1, 1,&
                    0, 0, 1, 0,-1, 1, 1,-1,-1 ],[LBMDim+1,SpcDim])
    integer,       parameter  ::  oppo(0:LBMDim) = [0, 3, 4, 1, 2, 7, 8, 5, 6]
    real(8),       parameter  ::  wt(0:LBMDim) = [&
                4.0d0/ 9.0d0,1.0d0/ 9.0d0,1.0d0/ 9.0d0,1.0d0/ 9.0d0,1.0d0/ 9.0d0, &
                    1.0d0/36.0d0,1.0d0/36.0d0,1.0d0/36.0d0,1.0d0/36.0d0 ]

    real(8)                         :: Cs2 = 1.d0/3.d0

    integer                     ::  xDim,yDim   ! 计算域
    real(8)                     ::  Tau_phi, Mobility, if_omega, IFwidth,
        Uref, Tref, Lref,DropDiameter,PressRef,MassRef
    real(8)                     ::  DropxCent, DropyCent,Peclet

    real(8),    allocatable :: phi(:,:),phi0(:,:),phih(:,:,:),uuu(:,:,:),
        u_bef(:,:,:),phix(:,:),phiy(:,:),phixx(:,:),phiyy(:,:),muphi(:,:)
        !phih: phase field distribution phih, uuu: velocity field

    END MODULE

    MODULE Multiphase

    real(8),    allocatable :: rho(:,:),prs(:,:),ggg(:,:,:)
    real(8)                 :: rhoH,rhoL,rho_ratio,muH, mu_ratio, tauH,tauL,beta,kappa, sigma
    real(8),    allocatable :: M_COLLID(:,:),M_MRT(:,:),M_MRTI(:,:),S_D(:,:)
    real(8),    parameter   :: dh = 1.d0, dt=1.d0
    END MODULE
```

! --

主程序的内容:

```
    Program main
    use InterfaceTracking
    use Multiphase
    implicit none
    integer::x ,y
    CALL system('mkdir DatFlow')
    tstep = 0
```

```fortran
call readFile()
call initialization()

do while(tstep/Tref .lt. 20)   ! 主循环
    tstep = tstep + 1
    call collision()       ! 碰撞
    call stream()          ! 迁移
    call cptmacro()        ! 计算宏观量
    if(mod(tstep,5000) == 0)then
        call writeflow()
    endif
enddo
end Program main




subroutine readFile()
use InterfaceTracking
use Multiphase
implicit none


open(unit=111,file="inputFlow.dat") ! 读入参数
read(111,*) Mobility ! mobility 迁移率
read(111,*) Peclet
read(111,*) IFwidth   ! 界面厚度, interfacial thickness, $\xi$
read(111,*) xDim, yDim
read(111,*) DropDiameter ! the diameter of drop
read(111,*) sigma ! surface tension between gas and liquid
read(111,*) rhoH     ! the density of higher fluid
read(111,*) rho_ratio ! rhoH/rhoL
read(111,*) muH   ! the dynamic viscosity of heavy fluid
read(111,*) mu_ratio ! nuH/nuL
close(111)

    Lref = DropDiameter   ! we choose dropdiameter as the reference length
    DropxCent = ( 1.d0+real(xDim) )/2.d0
    DropyCent = ( 1.d0+real(yDim) )/2.d0

    rhoL = rhoH/rho_ratio
    gravx = 0.d0
    gravy = 0.d0 !!! 不考虑重力

    Uref = sqrt(sigma/rhoH/Lref) !!! 参考速度
    Tref = sqrt(rhoH*Lref**3/sigma) !!! 参考时间

    beta = 12.d0*sigma/IFwidth
    kappa = 1.5d0*sigma*IFwidth

    if_omega = 1.d0/(Mobility/Cs2+0.5d0)   ! M = \tau_{\phi} c_{\mathrm s}^2 \delta t

    tauH = muH/(rhoH*Cs2)
    tauL = muH/mu_ratio/(rhoL*Cs2)



  PressRef = 0.5d0*rhoH*Uref**2
      !Fref=0.5d0*rhoH*Uref**2*Lref
!   Eref=0.5d0*rhoH*Uref**2*Lref*Lref
!   Pref=0.5d0*rhoH*Uref**2*Lref*Uref
!   MassRef = 0.25d0*pi*Lref**2*rhoH
!   MomentRef = MassRef*Uref
```

```
        end subroutine

subroutine initialization()
    use InterfaceTracking
    use Multiphase

    implicit none
    integer :: x, y, k, xp, yp, xm, ym
    real(8) :: Radius,nx,ny,edotu,usq,gamma_alp
    real(8) :: F_alp(0:lbmDim),g_alp_eqBar(0:lbmDim),phihEq(0:lbmDim)
    allocate(phi(1:yDim,1:xDim),phi0(1:yDim,1:xDim),uuu(1:yDim,1:xDim,1:SpcDim),
        u_bef(1:yDim,1:xDim,1:SpcDim),phih(1:yDim,1:xDim,0:LBMDim),phix(1:yDim,1:xDim),
        phiy(1:yDim,1:xDim),phixx(1:yDim,1:xDim),phiyy(1:yDim,1:xDim))
        allocate(rho(1:yDim,1:xDim),prs(1:yDim,1:xDim),ggg(1:yDim,1:xDim,0:LBMDim),
        muphi(1:yDim,1:xDim))
  allocate(M_COLLID(0:lbmDim,0:lbmDim),M_MRT(0:lbmDim,0:lbmDim),M_MRTI(0:lbmDim,0:lbmDim),
        S_D(0:lbmDim,0:lbmDim))

    !!!!! 参数初始化
    Lref = DropDiameter

    phi = 0.d0
    phi0 = 0.d0
    uuu = 0.d0
    phih = 0.d0
    phix = 0.d0        ! \phi 的一阶偏导数
    phiy = 0.d0
    phixx = 0.d0    ! \phi 的二阶导数
    phiyy = 0.d0
    rho = 0.d0
    prs = 0.d0    ! 初始压力也为 0
    ggg = 0.d0
    muphi = 0.d0
    Radius = 0.5d0*DropDiameter

    !!!!! 初始化速度、组分、密度、压力
    do x = 1,xDim
        do y = 1,yDim
                uuu(y,x,1) = 0.d0
                uuu(y,x,2) = 0.d0
                phi(y,x) = 0.5d0- 0.5d0*tanh( 2.d0* (sqrt( ( x-DropxCent)**2
                    + (y-DropyCent)**2 )- Radius) /IFwidth  )
                rho(y,x) = rhoL + (rhoH-rhoL)*phi(y,x)
                prs(y,x) = phi(y,x)*sigma/Radius  ! 液滴内部压力 (拉布拉斯公式)
        enddo
    enddo

    !!!!! 初始化分布函数
    do x = 1, xDim
        do y = 1, yDim

            ! periodic boundary condition
                xp = mod(x,xDim) + 1
                yp = mod(y,yDim) + 1
                xm = xDim - mod(xDim + 1 - x, xDim)
                ym = yDim - mod(yDim + 1 - y, yDim)
                phix(y,x) = 0.5*( (phi(yp,xp)-phi(yp,xm))/6.d0 + 4.d0/6.d0*(phi(y,xp)
                    - phi(y,xm)) + (phi(ym,xp)-phi(ym,xm))/6.d0 )
                phiy(y,x) = 0.5*( (phi(yp,xp)-phi(ym,xp))/6.d0 + 4.d0/6.d0*(phi(yp,x)
                    - phi(ym,x)) + (phi(yp,xm)-phi(ym,xm))/6.d0 )
```

```fortran
      phixx(y,x) = (phi(yp,xp)- 2.d0*phi(yp,x) + phi(yp,xm))/12.d0 +
     &      (phi(y,xp)-2.d0*phi(y,x) + phi(y,xm))*10.d0/12.d0 +
     &      (phi(ym,xp)- 2.d0*phi(ym,x) +phi(ym,xm))/12.d0
      phiyy(y,x) = (phi(yp,xp)- 2.d0*phi(y,xp) + phi(ym,xp))/12.d0 +
     &      (phi(yp,x)-2.d0*phi(y,x) + phi(ym,x))*10.d0/12.d0 +
     &      (phi(yp,xm)- 2.d0*phi(y,xm) +phi(ym,xm))/12.d0
      muPhi(y,x) = 4.d0*beta*phi(y,x)*(phi(y,x)-1.d0)*(phi(y,x) -0.5d0) -
     &      kappa*(phixx(y,x)+phiyy(y,x))

      nx = phix(y,x)/sqrt(phix(y,x)**2 + phiy(y,x)**2+1e-32)
      ny = phiy(y,x)/sqrt(phix(y,x)**2 + phiy(y,x)**2+1e-32)

      usq = uuu(y,x,1)*uuu(y,x,1)+uuu(y,x,2)*uuu(y,x,2)
      do k = 0,8
          edotu = ee(k,1)*uuu(y,x,1) + ee(k,2)*uuu(y,x,2)
          phihEq(k) = phi(y,x)*wt(k)*(1.d0+ edotu/Cs2 + edotu*edotu/(2.d0*
     &      Cs2*Cs2)-usq/(2.d0*Cs2)) + Mobility*4.d0*phi(y,x)*(1 - phi(y,x))/
     &      Cs2/IFwidth*wt(k)*(ee(k,1)*nx + ee(k,2)*ny)
      phih(y,x,k) = phihEq(k)

          gamma_alp = wt(k)*(1.d0+ edotu/Cs2 + edotu*edotu/(2.d0*Cs2*Cs2)-
     &      usq/(2.d0*Cs2))

          F_alp(k) = ( (gamma_alp - wt(k))*(rhoH-rhoL)*Cs2 +
     &      gamma_alp*muphi(y,x))*( (ee(k,1)-uuu(y,x,1))*phix(y,x) +
     &      (ee(k,2) -uuu(y,x,2))*phiy(y,x) ) + & gamma_alp*( (ee(k,1) -
     &      uuu(y,x,1))*rho(y,x)*gravx+ (ee(k,2) -uuu(y,x,2))*
     &      rho(y,x)*gravy )

          g_alp_eqBar(k) = prs(y,x)*wt(k) + rho(y,x)*Cs2*(gamma_alp - wt(k))
     &      - 0.5d0*F_alp(k)
          ggg(y,x,k) = g_alp_eqBar(k)
      enddo

      enddo
      enddo


      call cptMRTM()

      end subroutine


      SUBROUTINE cptMRTM()
      use InterfaceTracking
      use Multiphase
      implicit none
      integer:: I
      real(8):: M(0:lbmDim,0:lbmDim)
      real(8):: S(0:lbmDim)

!     ========================================================
!     计算 MRT 变换矩阵
      DO I=0,lbmDim
          M_MRT(0,I)= 1.0d0
          M_MRT(1,I)=-4.0d0+3.0d0*SUM(ee(I,1:2)**2)
          M_MRT(2,I)=(9.0d0*SUM(ee(I,1:2)**2)**2-21.0d0*SUM(ee(I,1:2)**2)+8.0d0)/2.0

          M_MRT(3,I)=ee(I,1)
          M_MRT(5,I)=ee(I,2)

          M_MRT(4,I)=(3.0d0*SUM(ee(I,1:2)**2)-5.0d0)*ee(I,1)
```

```fortran
        M_MRT(6,I)=(3.0d0*SUM(ee(I,1:2)**2)-5.0d0)*ee(I,2)

        M_MRT(7,I)=ee(I,1)**2-ee(I,2)**2
        M_MRT(8,I)=ee(I,1)*ee(I,2)
    enddo
!   计算 MRT 逆变换矩阵
    M_MRTI=TRANSPOSE(M_MRT)
    M=MATMUL(M_MRT,M_MRTI)
    DO I=0,lbmDim
        M_MRTI(0:lbmDim,I)=M_MRTI(0:lbmDim,I)/M(I,I)
    ENDDO
    END SUBROUTINE


    subroutine collision()
    use InterfaceTracking
    use Multiphase
    implicit none
    integer :: i,x,y,k,xp,yp,xm,ym
    real(8) :: omega_alp(0:lbmDim), F_alp(0:lbmDim), gamma_alp, g_alp_eqBar(0:lbmDim),
        phihEq(0:lbmDim),edotu, usq,ns_omega,nx,ny
    real(8) :: S(0:lbmDim)


    do x = 1, xDim
        do y = 1, yDim

                nx = phix(y,x)/sqrt(phix(y,x)**2 + phiy(y,x)**2+1e-32)
                ny = phiy(y,x)/sqrt(phix(y,x)**2 + phiy(y,x)**2+1e-32)
                usq = uuu(y,x,1)*uuu(y,x,1)+uuu(y,x,2)*uuu(y,x,2)
                do k = 0,8
                    edotu = ee(k,1)*uuu(y,x,1) + ee(k,2)*uuu(y,x,2)
                    phihEq(k) = phi(y,x)*wt(k)*(1.d0+ edotu/Cs2 + edotu*edotu/(2.d0*
                        Cs2*Cs2)-usq/(2.d0*Cs2)) + Mobility*4.d0*phi(y,x)*(1 - phi(y,x))/
                        Cs2/IFwidth*wt(k)*(ee(k,1)*nx + ee(k,2)*ny)
                    phih(y,x,k) = phih(y,x,k) - if_omega*(phih(y,x,k) - phihEq(k))

                    gamma_alp = wt(k)*(1.d0+ edotu/Cs2 + edotu*edotu/(2.d0*Cs2*Cs2)-
                        usq/(2.d0*Cs2))

                    F_alp(k) =( (gamma_alp - wt(k))*(rhoH-rhoL)*Cs2 + gamma_alp*
                        muphi(y,x))*( (ee(k,1) -uuu(y,x,1))*phix(y,x) + (ee(k,2)
                        -uuu(y,x,2))*phiy(y,x) ) + & gamma_alp*( (ee(k,1) -uuu(y,x,1))
                        *rho(y,x)*gravx+ (ee(k,2) - uuu(y,x,2))*rho(y,x)*gravy )

                    g_alp_eqBar(k) = prs(y,x)*wt(k) + rho(y,x)*Cs2*(gamma_alp -
                        wt(k)) - 0.5d0*F_alp(k)
                enddo

                ns_omega = 1.d0/(  0.5d0 + 1.d0/(1.d0/tauL + phi(y,x)*
                    ( 1.d0/tauH - 1.d0/tauL))  )
                S(0:lbmDim)=[1.d0,1.d0,1.d0,1.d0,1.d0,1.d0,1.d0,ns_omega,ns_omega]
                S_D(0:lbmDim,0:lbmDim)=0.0D0
                DO i=0,lbmDim
                S_D(i,i)=S(i)
                ENDDO
                M_COLLID=MATMUL(MATMUL(M_MRTI,S_D),M_MRT)
                omega_alp(0:lbmDim) = - matmul( M_COLLID(0:lbmDim,0:lbmDim),
                ggg(y,x,0:lbmDim)-g_alp_eqBar(0:lbmDim))

            ggg(y,x,0:lbmDim) = ggg(y,x,0:lbmDim) + omega_alp(0:lbmDim) + F_alp(0:lbmDim)
```

```fortran
        enddo
    enddo


end subroutine

subroutine stream()
use InterfaceTracking
use Multiphase
implicit none

integer :: i,k
integer:: strmDir(0:lbmDim,1:2)
strmDir(0:lbmDim,1) =-ee(0:lbmDim,2)
strmDir(0:lbmDim,2) =-ee(0:lbmDim,1)

!!!!! 周期性边界条件
do  i = 0, lbmDim
    do  k = 1, 2
        if(strmDir(i,k)/=0)then
            phih(:,:,i)=cshift(phih(:,:,i),shift=strmDir(i,k),dim=k)
        endif
    enddo
enddo

do  i = 0, lbmDim
    do  k = 1, 2
        if(strmDir(i,k)/=0)then
            ggg(:,:,i)=cshift(ggg(:,:,i),shift=strmDir(i,k),dim=k)
        endif
    enddo
enddo
end subroutine

subroutine cptmacro()
use InterfaceTracking
use Multiphase
implicit none
integer :: x,y,xp,yp,xm,ym

do x = 1, xDim
    do y = 1, yDim
    phi(y,x) = SUM(phih(y,x,:))
            if(phi(y,x) .LT. -1.0D-5)then ! 限制值的大小不越界
                phi(y,x) = -1.0D-5
            elseif(phi(y,x) .GT. 1.d0)then
                !phi(y,x) = 1.d0
            endif
            rho(y,x) = rhoL + (rhoH-rhoL)*phi(y,x)   ! 根据序参数求密度
            enddo
enddo

do x = 1, xDim
    do y = 1, yDim

        ! periodic boundary condition
            xp = mod(x,xDim) + 1
            yp = mod(y,yDim) + 1
            xm = xDim - mod(xDim + 1 - x, xDim)
            ym = yDim - mod(yDim + 1 - y, yDim)
            phix(y,x) = 0.5*( (phi(yp,xp)-phi(yp,xm))/6.d0 + 4.d0/6.d0*
                (phi(y,xp) - phi(y,xm)) + (phi(ym,xp)-phi(ym,xm))/6.d0 )
```

```fortran
                phiy(y,x) = 0.5*( (phi(yp,xp)-phi(ym,xp))/6.d0 + 4.d0/6.d0*
                    (phi(yp,x) - phi(ym,x)) + (phi(yp,xm)-phi(ym,xm))/6.d0 )
                phixx(y,x) = (phi(yp,xp)- 2.d0*phi(yp,x) + phi(yp,xm))/12.d0 +
                    (phi(y,xp)- 2.d0*phi(y,x) + phi(y,xm))*10.d0/12.d0 +
                    (phi(ym,xp)- 2.d0*phi(ym,x) + phi(ym,xm))/12.d0
                phiyy(y,x) = (phi(yp,xp)- 2.d0*phi(y,xp) + phi(ym,xp))/12.d0 +
                    (phi(yp,x)- 2.d0*phi(y,x) + phi(ym,x))*10.d0/12.d0 +
                    (phi(yp,xm)- 2.d0*phi(y,xm) + phi(ym,xm))/12.d0
                muPhi(y,x) = 4.d0*beta*phi(y,x)*(phi(y,x)-1.d0)*(phi(y,x) -
                    0.5d0) - kappa*(phixx(y,x)+phiyy(y,x))
            enddo
        enddo


    do x = 1, xDim
        do y = 1,yDim
                uuu(y,x,1) = dot_product(ggg(y,x,:),ee(:,1))/(rho(y,x)*Cs2) +
                    (muphi(y,x)*phix(y,x) + rho(y,x)*gravx)/(2.d0*rho(y,x))
                uuu(y,x,2) = dot_product(ggg(y,x,:),ee(:,2))/(rho(y,x)*Cs2) +
                    (muphi(y,x)*phiy(y,x) + rho(y,x)*gravy)/(2.d0*rho(y,x))
                prs(y,x) = sum(ggg(y,x,:)) + 0.5d0*(rhoH-rhoL)*Cs2*( uuu(y,x,1)*
                    phix(y,x) + uuu(y,x,2)*phiy(y,x))

        enddo
    enddo


    end subroutine


    subroutine writeflow()
    use InterfaceTracking
    use Multiphase
    implicit none

    integer:: x,y,i,isT
    integer,parameter::nameLen=10
    character (LEN=nameLen):: fileName
        !=================================================
        integer::       nv
    integer,parameter:: namLen=40,idfile=100,numVar=7
    real(4),parameter:: ZONEMARKER=299.0,EOHMARKER =357.0
    character(namLen):: ZoneName='ZONE 1',title="Binary File.",&
                        varname(numVar)=['x','y','phi','rho','u','v','prs']

    write(fileName,'(F10.5)') real(tstep/Tref)
    fileName = adjustr(fileName)
        do i=1,nameLen
            if(fileName(i:i)==' ')fileName(i:i)='0'
        enddo
    open(idfile,file='./DatFlow/Flow'//trim(fileName)//'.plt',form='BINARY')


!Header Section=======================================
    ! i. Magic number, version number
    write(idfile) "#!TDV101"

    ! ii. integer value of 1
    write(idfile) 1 ! this is used to determine the byte order of the reader,
        relative to the writer

    ! iii. title and variable names
```

```
    call dumpstring(title,idfile) ! characterToAscii, title
    write(idfile) numVar ! number of variables(NumVar) in the datafile
    do  nv=1,numVar
        call dumpstring(varname(nv),idfile)!
    enddo

    ! iv. zones
        write(idfile) ZONEMARKER ! zone marker. value = 299.0
        call dumpstring(zonename,idfile) ! zone name
        write(idfile) -1,0,1,0,0,yDim,xDim,1,0
    !================================================

    write(idfile) EOHMARKER !separate the header from the data
!Data Section====================================

    ! i. For both ordered and fe zones
    write(idfile) ZONEMARKER !Zone marker Value = 299.0
    do  nv=1,numVar
            write(idfile) 1 !variable data format, 1=Float, 2=Double, 3=LongInt,
                    4=ShortInt, 5=Byte, 6=Bit
            enddo
            write(idfile) 0,-1

    ! ii. specific to ordered zones
    do  x=1, xDim
    do  y=1, yDim
            write(idfile) real((x-DropxCent)/Lref),real((y-DropyCent)/Lref),
                real(phi(y,x)), real(rho(y,x)),real(uuu(y,x,1)/Uref),
                real(uuu(y,x,2)/Uref),real(prs(y,x)/PressRef)
        enddo
    enddo
    close(idfile)
    end subroutine


    subroutine dumpstring(instring,idfile)
        implicit none
    character(40) instring
    integer:: nascii,ii,len,idfile
    len=LEN_TRIM(instring)
    do ii=1,len
    nascii=ICHAR(instring(ii:ii))
        write(idfile) nascii
    enddo
    write(idfile) 0
    return
    endsubroutine dumpstring
```

第 11 章 LBM 中的多块网格与非均匀网格

11.1 多块网格

正如我们所知, LBM 最初的数值网格是均匀 Cartesian 网格, 与分子晶格相同。这使得 LBM 精确模拟流场中包含局部大梯度变化区域时, 整个计算域使用均匀粗网格会使结果在局部显得不那么精确; 若整个计算域使用均匀细网格, 则 LBM 模拟显得不那么高效。后来, Nannelli 等 (1992) 提出了有限体积格子 Boltzmann 格式来处理 Cartesian 非均匀网格。基于插值策略, 一些研究还将 LBM 方法扩展到贴体曲线网格 (He et al., 1997b)。然而, 如果计算网格间距与分子晶格非常不同, 则在宏观变量变化剧烈区域, 格式的精度可能会降低 (Filippova et al., 1998)。

为了避免数值网格和分子晶格的解耦, Filippova 等 (1998) 在研究中采用了均匀 Cartesian 网格的局部加密补丁, 这意味着一些细网格被叠加在粗网格上。粗网格和细网格具有不同的松弛时间常数 τ。根据粗网格, 计算以较小的 τ 进行, 而在具有较大 τ 的细网格上, 执行多个时间步以前进到同一时间水平。这样, 可以保持 LBGK 格式的精度。Filippova 等 (1998) 通过重新缩放分布函数的非平衡部分以及不同网格间过渡的二阶空间插值, 解决了不同网格上解的耦合问题。

Yu 等 (2003) 提出了黏性流动的多块网格方法, 与 Filippova 等 (1998) 略有不同。Yu 等 (2003) 将整个计算域分解为几个子域。一些子域采用细网格, 其他子域采用粗网格。不同网格上的信息耦合处理与 Filippova 等 (1998) 相同, 只是将信息从粗网格传输到附近的细网格时, 采用了用于空间和时间插值的高阶拟合。

尽管 Yu 等 (2003) 使用了 3 次样条插值, Filippova 等 (1998) 在网格界面上使用了二阶插值, 但根据 Filippova 等 (2000) 的分析, 来自粗网格相邻节点 c 的 $f_i^{eq,c}$ 线性插值, 在粗网格和细网格之间的界面上的传递引入的误差与粗网格上解的精度是一致的。因此, 在我们的研究中, 对于二维情况, 粗、细网格转换可采用最简单的线性插值方法。对于三维情况, 当分布函数从粗网格转换为细网格时, 使用双线性空间插值。细网格上信息的时间插值也是线性的。下面详细描述 3D 情况的多块策略。

在我们的研究中，整个三维计算域被分解为几个粗网格或细网格的子域。通过这种方式，可以以适当的精度求解计算域内的所有部分，与均匀精细网格相比，可以节省内存和 CPU 时间。然而，由于 LBGK 格式的显式方式，需要不同网格界面中的 f_i^+ 转换，并且根据细化比，精细网格上需要多个时间步长 (Filippova et al., 2000)。两个不同间隔块之间的典型界面结构如图 11.1 所示。在图中，网格间距比为 $n = \dfrac{\delta x_{\rm c}}{\delta x_{\rm f}} = 2$。细网格块的边界面 $ABCD$ 嵌入粗网格块中，粗网格块的边界面 $EFGH$ 也嵌入细网格块中。

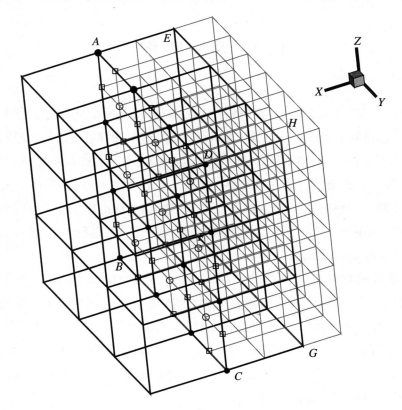

图 11.1 粗、密网格交界附近网格点

为了实现多块策略，除了空间和时间插值方法，计算过程几乎与 Yu 等 (2003) 的相同。下面简要描述了 $n = \dfrac{\delta x_{\rm c}}{\delta x_{\rm f}} = 2$ 的计算过程。

① 初始化流场。

② 将粗块边界面 (图 11.1 中的 $EFGH$) 上的 $f_i^{+,{\rm f}}(\boldsymbol{x}, n\delta_{\rm c})$ 转换为 $f_i^{+,{\rm c}}(\boldsymbol{x}, n\delta_{\rm c})$。

③ 在粗网格块中迁移。

④ 在粗网格块碰撞中，获得所有粗网格点上的 $f_i^{+,{\rm c}}(\boldsymbol{x}, (n+1)\delta_{\rm c})$。

⑤ 在密网格块边界面 (图 11.1 中的 $ABCD$) 上，对于由 "●" 表示的网格，将 $f_i^{+,{\rm c}}(\boldsymbol{x}, n\delta_{\rm c})$ 转换为 $f_i^{+,{\rm f}}(\boldsymbol{x}, n\delta_{\rm c})$，获得由圆圈和小方框表示的网格点处的 $f_i^{+,{\rm f}}(\boldsymbol{x}, n\delta_{\rm c})$，

需要采用空间插值。

⑥ 在密网格块中迁移。

⑦ 在密网格块中碰撞, 获得所有密网格块中网格点上的 $f_i^{+,\mathrm{f}}(\boldsymbol{x}, (n+0.5)\delta_{\mathrm{c}})$。

⑧ 从粗、密网格边界上的 $f_i^{+,\mathrm{c}}(\boldsymbol{x}, n\delta_{\mathrm{c}})$ 和 $f_i^{+,\mathrm{c}}(\boldsymbol{x}, (n+1)\delta_{\mathrm{c}})$, 获得密网格块边界界面 (图 11.1 中的 $ABCD$) 上的 $f_i^{+,\mathrm{f}}(\boldsymbol{x}, (n+0.5)\delta_{\mathrm{c}})$。

⑨ 在密网格块中迁移。

⑩ 在密网格块中碰撞, 获得所有密网格块中网格点上的 $f_i^{+,\mathrm{f}}(\boldsymbol{x}, (n+1)\delta_{\mathrm{c}})$。

迭代步骤② ∼ ⑩, 直到达到收敛标准。宏观密度 ρ 和动量 $\rho\boldsymbol{u}$ 是在每个碰撞步骤之前获得的。为简单起见, 上述步骤中未指出这一点。在上述过程中, 插值方法和粗、细网格之间碰撞后的状态 f_i^+ 转换都很重要。以上采用的不同网格分布函数转换关系与 Filippova 等 (1998) 提出的方法相同。

为了在粗网格和细网格的界面上获得相同的速度并使 $Re_{\mathrm{f}} = Re_{\mathrm{c}}$, 两个网格上的运动学黏性系数应满足 $\nu_{\mathrm{f}} = \nu_{\mathrm{c}}$, 这导致

$$\tau_{\mathrm{f}} - 0.5 = n(\tau_{\mathrm{c}} - 0.5) \tag{11.1}$$

其中 n 是时间步长或粗、细网格间距的比值, $n = \delta x_{\mathrm{c}}/\delta x_{\mathrm{f}} = \delta t_{\mathrm{c}}/\delta t_{\mathrm{f}}$。为了确保界面上的速度和压力的连续, 我们有

$$f_i^{\mathrm{eq,c}} = f_i^{\mathrm{eq,f}} \tag{11.2}$$

分布函数可分为平衡分量和非平衡分量, 如下所示:

$$f_i = f_i^{\mathrm{eq}} + f_i^{\mathrm{neq}} \tag{11.3}$$

在小 δt 极限下的连续物理空间 $(\boldsymbol{x}, t)$ 的假设下, LBE 可以在 Taylor 级数中相对于小 δt 展开如下:

$$\delta t \left[\frac{\partial}{\partial t} + e_{i\alpha} \frac{\partial}{\partial x_\alpha} \right] f_i + \frac{\delta t^2}{2} \left[\frac{\partial}{\partial t} + e_{i\alpha} \frac{\partial}{\partial x_\alpha} \right]^2 f_i - \frac{1}{\tau} [f_i^{\mathrm{eq}} - f_i] = O\left(\delta t^3\right) \tag{11.4}$$

将式 (11.3) 代入式 (11.4), 我们得到

$$f_i^{\mathrm{neq}} = -\tau \delta t \left[\frac{\partial}{\partial t} + e_{i\alpha} \frac{\partial}{\partial x_\alpha} \right] f_i^{\mathrm{eq}} + O\left(\delta t^2\right) \tag{11.5}$$

由于时间和空间导数在两个不同网格之间的界面上是连续的, 忽略了 $O(\delta t^2)$ 项, 由等式 (11.5) 可以得到

$$f_i^{\mathrm{neq,c}} = n\left(\tau_{\mathrm{c}}/\tau_{\mathrm{f}}\right) f_i^{\mathrm{neq,f}} \tag{11.6}$$

由于 $\delta t_{\mathrm{c}}/\delta t_{\mathrm{f}} = n$, 通过重新缩放非平衡态分布函数, 后分布函数从细网格到粗网格的过渡可以写成

$$f_i^{+,\mathrm{c}} = f_i^{\mathrm{eq,c}} + \left(1 - \frac{1}{\tau_{\mathrm{c}}}\right) f_i^{\mathrm{neq,c}} = f_i^{\mathrm{eq,f}} + \frac{(\tau_{\mathrm{c}}-1)n}{\tau_{\mathrm{f}}} f_i^{\mathrm{neq,f}} \tag{11.7}$$

类似地, 后分布函数从粗网格到细网格的过渡可以写成

$$f_i^{+,\mathrm{f}} = f_i^{\mathrm{eq,c}} + \frac{\tau_\mathrm{f}-1}{\tau_\mathrm{c}n} f_i^{\mathrm{neq,c}} \tag{11.8}$$

根据 Filippova 等 (2000) 的分析, f_i^{neq} 表达式中出现的未正确重新缩放高阶项 $O(\delta t^3)$ 可以忽略。从图 11.1 中我们可以看到, 在表面 $ABCD$ 中, 对于由 "•" 表示的网格, 根据上述等式 (11.8), 很容易获得从粗网格块上转换过来的密网格碰撞后的分布函数 f_i^+。然而, 对于由圆圈和小方框表示的网格点, 求 f_i^+ 并不那么直接, 需要使用插值方法。

简单的双线性插值用于获得图 11.1 中由圆圈和小方框表示的网格的 f_i^+。例如, 在图 11.2 中, 通过转换关系 (式 (11.8)), 在点 A,B,C,D 上 $f_i^{\mathrm{neq}}(\boldsymbol{x}_A), f_i^{\mathrm{neq}}(\boldsymbol{x}_B), f_i^{\mathrm{neq}}(\boldsymbol{x}_C)$ 和 $f_i^{\mathrm{neq}}(\boldsymbol{x}_D)$ 是已知的。E 是密网格块边界中的网格点。为了得到未知的 $f_i^{\mathrm{neq}}(\boldsymbol{x}_E)$, 首先定义两个参数 t 和 u 来描述点 E 的位置, $t \equiv (x_E - x_A)/(x_D - x_A), u \equiv (y_E - y_A)/(y_B - y_A)$, 通常 t 和 u 都在 0 和 1 之间。$f_i^{\mathrm{neq}}(\boldsymbol{x}_E)$ 可以通过下面的双线性公式获得:

$$f_i^{+,\mathrm{f}}(\boldsymbol{x}_E) = (1-t)(1-u)f_i^{+,\mathrm{f}}(\boldsymbol{x}_A) + (1-t)uf_i^{+,\mathrm{f}}(\boldsymbol{x}_B) + tuf_i^{+,\mathrm{f}}(\boldsymbol{x}_C) + t(1-u)f_i^{+,\mathrm{f}}(\boldsymbol{x}_D) \tag{11.9}$$

双线性插值是二维曲面中最简单的插值。在某些情况下可能会遇到 t 或 u 在 $[-0.5,0]$ 或 $[1,1.5]$ 范围内的情况。注意, 即使 t 和 u 在 $[-0.5,1.5]$ 范围内, 也可以获得插值结果。

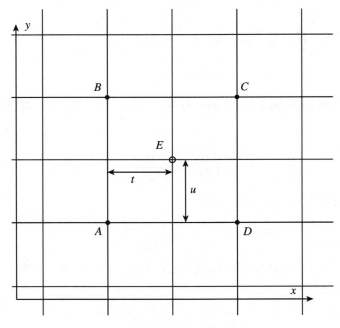

图 11.2 双线性插值示意图

11.2　非均匀网格中的 LBM

尽管传统的均匀 Cartesian 网格下 LBM 在许多实际应用中取得了巨大的成功, 但传统 LBM 仍然受限于物理空间均匀网格。对于许多实际复杂壁面流动问题, 贴体非结构化网格或无网格方法通常是首选, 因为它可以更准确地描述曲面边界, 并更有效地利用计算资源。

理论上, 由于分布函数在物理空间中是连续的, 没有必要保持网格均匀性。为了更有效地实现任意复杂几何边界流动的模拟, 在这一部分, 我们介绍任意非结构化 LBM 方法 (Shu et al., 2001), 它基于传统的 LBM, 利用了 Taylor 级数展开、Runge-Kutta 方法的思想和最小二乘法。TLLBM 最终形式是一个代数公式, 其中系数只取决于网格点的坐标和格子速度, 任意非结构化事先画好且不是动网格的话, 那些系数可提前计算好并一直有效。

11.2.1　插值 LBM

为了解决标准 LBM 在应用于复杂几何边界流动和使用非均匀网格方面的困难, 插值 LBM 方法 (ISLBM) 由 He 等于 1996 年提出。ISLBM 的基本思想是迁移这一步网格点上的 "颗粒"(概率密度分布函数各分量) 按照 D2Q9 速度模型 "流" 到网格点周围 8 个位置, 这些位置不一定与周围计算网格点重合, 如图 11.3 所示。因此, 各个计算网格点上的概率密度分布函数值需要通过插值来得到。与标准 LBM 相比, ISLBM 在每个时间步都要进行插值, 因此需要更多的计算量。为了稳定计算, 通常需要迎风插值。

11.2.2　微分 LBM

我们知道二维情形下的格子 Boltzmann 方程为

$$f_\alpha\left(x+e_{\alpha x}\Delta t, y+e_{\alpha y}\Delta t, t+\Delta t\right) - f_\alpha(x,y,t) = \left[f_\alpha^{\mathrm{eq}}(x,y,t) - f_\alpha(x,y,t)\right]/\tau \tag{11.10}$$

其中 $\alpha = 0, 1, \cdots, 8$。将上式左边第一项在时间和空间上进行一阶 Taylor 级数展开, 我们可以得到

$$\frac{\partial f_\alpha}{\partial t} + e_{\alpha x}\frac{\partial f_\alpha}{\partial x} + e_{\alpha y}\frac{\partial f_\alpha}{\partial y} = \frac{f_\alpha^{\mathrm{eq}}(x,y,t) - f_\alpha(x,y,t)}{\tau \cdot \Delta t} \tag{11.11}$$

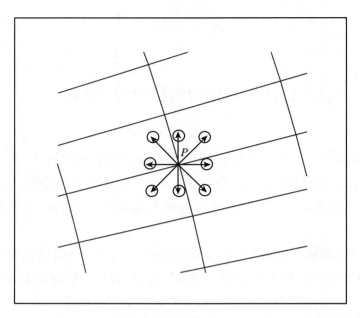

图 11.3 插值 LBM 示意图, 圆圈表示从计算网格点 P 迁移出去的 f_i 分量 (D2Q9 模型) 到达的位置。由于计算网格并非是规则均匀的 Cartesian 网格, 这些圆圈不再刚好与周围计算网格点 (背景网格细线的交点) 重合

以上偏导数 $\left(\dfrac{\partial f_\alpha}{\partial x}, \dfrac{\partial f_\alpha}{\partial y}\right)$ 中 f_α 指的是 $f_\alpha(x,y,t)$。注意到式 (11.11) 为波状方程, 可采用常规的有限差分格式、有限体积方法和有限元方法进行求解。需要注意的是, 在应用有限差分方案时, 需要对复杂几何形状的计算域进行坐标变换。一般需要利用迎风格式才能得到稳定解。该方法的两大缺点是: 在高 Re 下人工黏性太大; 失去标准 LBM 的主要优势。研究发现, 以上差分 LBM 人工黏性大实际上是由一阶 Taylor 级数展开造成的。因此, 应用二阶 Taylor 级数在空间展开 (不需要在时间上展开到二阶), Chew 等 (2002) 给出

$$
\begin{aligned}
& f_\alpha\left(x+\Delta x, y+\Delta y, t+\Delta t\right) + f_\alpha\left(x+e_{\alpha x}\Delta t, y+e_{\alpha y}\Delta t, t+\Delta t\right) - f_\alpha\left(x+\Delta x, y+\Delta y, t+\Delta t\right) \\
& = f_\alpha\left(x+\Delta x, y+\Delta y, t+\Delta t\right) + \left(e_{\alpha x}\Delta t - \Delta x\right)\frac{\partial f_\alpha}{\partial x} + \left(e_{\alpha y}\Delta t - \Delta y\right)\frac{\partial f_\alpha}{\partial y} \\
& \quad + \frac{1}{2}\left(e_{\alpha x}\Delta t - \Delta x\right)^2\frac{\partial^2 f_\alpha}{\partial x^2} + \frac{1}{2}\left(e_{\alpha y}\Delta t - \Delta y\right)^2\frac{\partial^2 f_\alpha}{\partial y^2} \\
& \quad + \left(e_{\alpha x}\Delta t - \Delta x\right)\left(e_{\alpha y}\Delta t - \Delta y\right)\frac{\partial^2 f_\alpha}{\partial x\,\partial y} \\
& = f_\alpha(x,y,t) + \left[f_\alpha^{\mathrm{eq}}(x,y,t) - f_\alpha(x,y,t)\right]/\tau
\end{aligned}
$$

$$(11.12)$$

以上偏导数 $\left(\dfrac{\partial f_\alpha}{\partial x}, \dfrac{\partial f_\alpha}{\partial y}\ \text{等}\right)$ 中 f_α 指的是 $f_\alpha(x+\Delta x, y+\Delta y, t+\Delta t)$, 这里为了书写方便进行了简化。观察 LBE(式 (11.10)), 我们可以知道, 与式 (11.11) 不同, 上式

是 $f_\alpha(x+e_{\alpha x}\Delta t, y+e_{\alpha y}\Delta t, t+\Delta t)$ 在 $f_\alpha(x+\Delta x, y+\Delta y, t+\Delta t)$ 附近进行了展开。求解上面的偏微分方程, 可以得到计算网格点 $(x+\Delta x, y+\Delta y)$ 上下一时刻的未知数 $f_\alpha(x+\Delta x, y+\Delta y, t+\Delta t)$, 于是可以求解非结构网格下的 LBE。该微分 LBM 可用于模拟高 Reynolds 数下的黏性流动, 但是计算效率低。

11.2.3　Taylor 展开和最小二乘法 Boltzmann 方法 (TLLBM)

我们考虑二维情况。如图 11.4 所示, 为简单起见, 我们用 A 表示网格点位置 (x_A, y_A, t), 用 A' 表示位置 $(x_A+e_{\alpha x}\Delta t, y_A+e_{\alpha y}\Delta t, t+\Delta t)$, 用 P 表示位置 $(x_P, y_P, t+\Delta t)$, 其中 $x_P = x_A+\Delta x, y_P = y_A+\Delta y$, 它是计算网格点 A 邻近的计算网格点。根据 LBE, 我们有

$$f_\alpha(A', t+\Delta t) = f_\alpha(A, t) + [f_\alpha^{\mathrm{eq}}(A, t) - f_\alpha(A, t)]/\tau \tag{11.13}$$

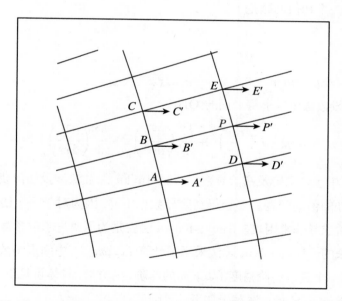

图 11.4　TLLBM 示意图, 沿着 $\boldsymbol{e}_1$ 方向, 从计算网格点 A, B, C, D, E, P 迁移出去的 f_1 分量 (D2Q9 模型) 经 Δt 时间分别到达 A', B', C', D', E', P'

对于一般情况, A' 可能与网格点 P 不重合。利用 Taylor 级数展开式, $f_\alpha(A', t+\Delta t)$ 的函数值可以利用 P 点的函数值来估算 (截断误差为二阶):

$$f_\alpha(A', t+\Delta t) = f_\alpha(P, t+\Delta t) + \Delta x_A \frac{\partial f_\alpha(P, t+\Delta t)}{\partial x} + \Delta y_A \frac{\partial f_\alpha(P, t+\Delta t)}{\partial y}$$
$$+ O\left[(\Delta x_A)^2, (\Delta y_A)^2\right] \tag{11.14}$$

式 (11.14) 中 $\Delta x_A = x_A + e_{\alpha x}\Delta t - x_P$, $\Delta y_A = y_A + e_{\alpha j}\Delta t - y_P$。注意，上式存在二阶截断误差。将方程 (11.14) 代入方程 (11.13)，得到

$$f_\alpha(P, t+\Delta t) + \Delta x_A \frac{\partial f_\alpha(P, t+\Delta t)}{\partial x} + \Delta y_A \frac{\partial f_\alpha(P, t+\Delta t)}{\partial y} = f_\alpha(A, t) + \frac{f_\alpha^{eq}(A, t) - f_\alpha(A, t)}{\tau}$$

(11.15)

式 (11.14) 为一阶微分方程，只涉及 A, P 两个网格点。采用均匀网格时，$\Delta x_A = \Delta y_A = 0$，式 (11.14) 退化为标准的 LBE。解式 (11.14) 可得到所有网格点上的概率密度分布函数值。TLLBM 设法采用显式格式来求 $f_\alpha(P, t+\Delta t)$。Shu 等 (2001) 的想法来自 Runge-Kutta 法。

11.2.4 Runge-Kutta 法

常微分方程 (ordinary differential equation, ODE) 的一般形式为：对于常微分方程的数值解，我们考虑一个初值问题是

$$\frac{\mathrm{d}y}{\mathrm{d}x} = f(x, y), \quad y(x_0) = y_0$$

(11.16)

寻求在离散点 $x_n = x_0 + nh, n = 0, 1, 2, \cdots$ 上的近似值 y_n。

采用 Taylor 级数法可以求解上面的 ODE：

$$y_{n+1} = y_n + h\left(\frac{\mathrm{d}y}{\mathrm{d}x}\right)_n + \frac{h^2}{2}\left(\frac{\mathrm{d}^2y}{\mathrm{d}x^2}\right)_n + \frac{h^3}{6}\left(\frac{\mathrm{d}^3y}{\mathrm{d}x^3}\right)_n + \cdots$$

(11.17)

但式 (11.17) 中包含二阶及高阶导数。可见 Taylor 级数法涉及如何获得不同阶导数来更新函数在下一处的值的问题。要获得高阶导数也不易，因为对于一个给定的带有复杂表达式的 ODE，高阶求导非常困难。Runge-Kutta 法就是为了改进求解常微分方程的 Taylor 级数法而发展起来的。Runge-Kutta 法采用了计算 (x_n, x_{n+1}) 中间点函数值的方法来获得高阶导数值，形成一个具有高阶精度 (如下面的四阶) 的方案，具体可见下一段的讲解。

典型的四阶 Runge-Kutta 法基于如下计算公式：

$$y_{n+1} = y_n + \frac{h}{6}(k_1 + 2k_2 + 2k_3 + k_4)$$

(11.18)

其中

$$\begin{aligned}
k_1 &= f_n = f(x_n, y_n) \\
k_2 &= f\left(x_n + \frac{h}{2}, y_n + \frac{h}{2}k_1\right) \\
k_3 &= f\left(x_n + \frac{h}{2}, y_n + \frac{h}{2}k_2\right) \\
k_4 &= f(x_n + h, y_n + hk_3)
\end{aligned}$$

(11.19)

以上四阶 Runge-Kutta 法要求每个求 y_{n+1} 步骤对斜率进行 4 次评估。Runge-Kutta 法通过在每次迭代中简单地添加固定步长 ($h/2$ 或 h) 来迭代 x 值。 y 迭代公式则是 4 个系数的加权平均值。 k_1 和 k_4 在加权平均中的权重为 1/6, 而 k_2 和 k_3 的权重为 1/3, 这与加权平均一样, 权重 1/6, 1/3, 1/3 和 1/6 之和为 1。那么加权平均中使用的 k_i 值是什么？ k_1 只是 Euler 的预测, 代表 x_n 处的 $f(x,y)$ 的斜率。 k_2 在预测区间中点处进行评估, 并在该中点处给出解曲线斜率的估计值。 k_3 有一个与 k_2 非常相似的公式, 除了之前计算中用的是 k_1, 现在是 k_2。本质上, 这里的 f 值仍是预测区间中点处解的斜率的另一个估计值。这一次, 中点的 y 值不是基于 Euler 的预测, 而是基于已有的 k_2 来预测的。 k_4 在 x_n+h 处计算 f, x_n+h 位于预测区间的最右侧。它是预测区间最右侧处斜率的估计值。

实际上 Runge-Kutta 法中的系数可以通过待定系数法来确定, 比如设定一般的四阶 Runge-Kutta 法表达式为

$$y_{n+1} = y_n + hb_1k_1 + hb_2k_2 + hb_3k_3 + hb_4k_4 \tag{11.20}$$

其中

$$
\begin{aligned}
k_1 &= f(x_n, y_n) \\
k_2 &= f(x_n + c_2h, y_n + a_{2,1}k_1) \\
k_3 &= f(x_n + c_3h, y_n + a_{3,1}k_1 + a_{3,2}k_2) \\
k_4 &= f(x_n + c_4h, y_n + a_{4,1}k_1 + a_{4,2}k_2 + a_{4,3}k_3)
\end{aligned}
\tag{11.21}
$$

为求其中的系数, 需要上面 y_{n+1} 的表达式与其 Taylor 级数展开至截断误差 $O(h^5)$ 的表达式中的系数相匹配, 这样可以得到 $b_1, \cdots, b_4$; $a_{2,1}, \cdots, a_{4,3}$ 等待定系数。当然其中可能会有一两个自由系数可以自主选择, 因此四阶 Runge-Kutta 法的表达式也有多种。具体可以参见相关教科书。

基于 Taylor 级数展开的 LBM 这个想法, 我们看看方程 (11.14)。我们知道, 在时间水平 $t+\Delta t$ 时, 概率密度分布函数及其在网格点 P 处的导数都是未知数。因此, 式 (11.14) 共有 3 个未知数。为了解出这 3 个未知数, 我们需要 3 个方程。然而, 式 (11.14) 仅提供了一个方程。我们需要另外两个方程来封闭方程组。如图 11.4 所示, 我们可以看到, 沿 α 方向, 在时间水平 t 上的两个网格点 B, P 将流向在时间层 $t+\Delta t$ 上的新位置 B', P'。这些新位置的概率密度分布函数可以通过标准 LBE 计算出来：

$$f_\alpha(P', t+\Delta t) = f_\alpha(P,t) + [f_\alpha^{\text{eq}}(P,t) - f_\alpha(P,t)]/\tau \tag{11.22}$$

$$f_\alpha(B', t+\Delta t) = f_\alpha(B,t) + [f_\alpha^{\text{eq}}(B,t) - f_\alpha(B,t)]/\tau \tag{11.23}$$

通过对一阶导数项进行截断的 Taylor 级数展开, 上述方程中的 $f_\alpha(P', t+\Delta t)$, $f_\alpha(B', t+\Delta t)$ 可以用网格点 P 处的该函数及其导数来逼近, 从而将式 (11.22)、

式 (11.23) 简化为

$$f_\alpha(P,t+\Delta t) + \Delta x_P \frac{\partial f_\alpha(P,t+\Delta t)}{\partial x} + \Delta y_P \frac{\partial f_\alpha(P,t+\Delta t)}{\partial y} = f_\alpha(P,t) + \frac{f_\alpha^{\text{eq}}(P,t) - f_\alpha(P,t)}{\tau}$$

(11.24)

$$f_\alpha(P,t+\Delta t) + \Delta x_B \frac{\partial f_\alpha(P,t+\Delta t)}{\partial x} + \Delta y_B \frac{\partial f_\alpha(P,t+\Delta t)}{\partial y} = f_\alpha(B,t) + \frac{f_\alpha^{\text{eq}}(B,t) - f_\alpha(B,t)}{\tau}$$

(11.25)

其中 $\Delta x_P = e_{\alpha x}\Delta t$, $\Delta y_P = e_{\alpha y}\Delta t$, $\Delta x_B = x_B + e_{\alpha x}\Delta t - x_P$, $\Delta y_B = y_B + e_{\alpha y}\Delta t - y_P$, 3 个方程 (11.14),(11.24),(11.25) 组成一个线性方程组, 可求解 3 个未知数。这里给出了该方程组的解:

$$f_\alpha(P,t+\Delta t) = \Delta_P/\Delta \tag{11.26}$$

其中

$$\Delta = \Delta x_A \Delta y_B - \Delta x_B \Delta y_A + \Delta x_B \Delta y_P - \Delta x_P \Delta y_B + \Delta x_P \Delta y_A - \Delta x_A \Delta y_P$$

$$\Delta_P = (\Delta x_A \Delta y_B - \Delta x_B \Delta y_A) g_{\alpha,P} + (\Delta x_B \Delta y_P - \Delta x_P \Delta y_B) g_{\alpha,A} + (\Delta x_P \Delta y_A - \Delta x_A \Delta y_P) g_{\alpha,B}$$

其中

$$g_{\alpha,P} = f_\alpha(P,t) + [f_\alpha^{\text{eq}}(P,t) - f_\alpha(P,t)]/\tau$$
$$g_{\alpha,A} = f_\alpha(A,t) + [f_\alpha^{\text{eq}}(A,t) - f_\alpha(A,t)]/\tau \tag{11.27}$$
$$g_{\alpha,B} = f_\alpha(B,t) + [f_\alpha^{\text{eq}}(B,t) - f_\alpha(B,t)]/\tau$$

需要注意的是, $g_{\alpha,P}$, $g_{\alpha,A}$ 和 $g_{\alpha,B}$ 实际上分别是分布函数 f_α 于时间 t 在网格点 P, A, B 上碰撞后的状态。式 (11.26) 具有二阶截断误差, 可能会引入较大的数值耗散。为了提高数值计算的精度, 需要将 Taylor 级数展开到二阶导数项。对于二维情况, 这个展开涉及 6 个未知数, 即一个待求的 $t+\Delta t$ 时刻的分布函数、两个一阶导数、3 个二阶导数。为了解出这些未知数, 我们需要 6 个方程来封闭方程组。这可以通过在 6 点处应用二阶 Taylor 级数展开来实现。如图 11.4 所示, 在时间 t 上的 6 个网格点 P, A, B, C, D, E 上的 "粒子" 将 "迁移" 到 $t+\Delta t$ 时间层的新位置 P', A', B', C', D', E'。这些新位置的分布函数可以通过标准 LBE 计算出来。然后利用分布函数在这些新位置的二阶 Taylor 级数展开及其在网格点 P 处的导数, 可以得到下列方程组:

$$g_{\alpha,i} = \{s_{\alpha:i,i}\}^{\text{T}} \{V_\alpha\} = \sum_{j=1}^{6} s_{\alpha:i,j} V_{\alpha:j}, \quad i = P,A,B,C,D,E \tag{11.28}$$

其中

$$g_{\alpha:i} = f_{\alpha(x_i,y_i,t)} + \left(f_{\alpha(x_i,y_i,t)}^{\text{eq}} - f_{\alpha(x_i,y_i,t)}\right)/\tau$$
$$\{s_{\alpha:i}\}^{\text{T}} = \left\{1, \Delta x_i, \Delta y_i, (\Delta x_i)^2/2, (\Delta y_i)^2/2, \Delta x_i \Delta y_i\right\}$$

$$\{V_\alpha\} = \{f_\alpha, \partial f_\alpha/\partial x, \partial f_\alpha/\partial y, \partial^2 f_\alpha/\partial x^2, \partial^2 f_\alpha/\partial^2 y, \partial^2 f_\alpha/\partial x\,\partial y\}^{\mathrm{T}}$$

$g_{\alpha:i}$ 是 f_α 于时间 t 在第 i 个网格点 ($i = P, A, B, C, D, E$ 这 6 个点) 上碰撞后的分布函数，$\{s_{\alpha:i}\}^{\mathrm{T}}$ 是一个单纯由网格点坐标决定的含 6 个元素的向量，V_α 是 $t + \Delta t$ 时刻网格点 P 待求的 6 个未知数组成的向量。$S_{\alpha:i,j}$ 是第 j 个单元的矢量 $\{s_{\alpha:i}\}^{\mathrm{T}}$。$V_{\alpha:j}$ 是向量的 V_α 的第 j 个元素。我们的目标是求解 V_α 的第一个元素，式 (11.28) 可以写成如下矩阵形式：

$$\{g_\alpha\} = \{g_{\alpha:P}, g_{\alpha:A}, g_{\alpha:B}, g_{\alpha:C}, g_{\alpha:D}, g_{\alpha:E}\}^{\mathrm{T}} \tag{11.29}$$

其中

$$[S_\alpha] = [s_{\alpha:i,j}] = \begin{bmatrix} \{s_{\alpha:P}\}^{\mathrm{T}} \\ \{s_{\alpha:A}\}^{\mathrm{T}} \\ \{s_{\alpha:B}\}^{\mathrm{T}} \\ \{s_{\alpha:C}\}^{\mathrm{T}} \\ \{s_{\alpha:D}\}^{\mathrm{T}} \\ \{s_{\alpha:E}\}^{\mathrm{T}} \end{bmatrix} = \begin{bmatrix} 1 & \Delta x_P & \Delta y_P & (\Delta x_P)^2/2 & (\Delta y_P)^2/2 & \Delta x_P \Delta y_P \\ 1 & \Delta x_A & \Delta y_A & (\Delta x_A)^2/2 & (\Delta y_A)^2/2 & \Delta x_A \Delta y_A \\ 1 & \Delta x_B & \Delta y_B & (\Delta x_B)^2/2 & (\Delta y_B)^2/2 & \Delta x_B \Delta y_B \\ 1 & \Delta x_C & \Delta y_C & (\Delta x_C)^2/2 & (\Delta y_C)^2/2 & \Delta x_C \Delta y_C \\ 1 & \Delta x_D & \Delta y_D & (\Delta x_D)^2/2 & (\Delta y_D)^2/2 & \Delta x_D \Delta y_D \\ 1 & \Delta x_E & \Delta y_E & (\Delta x_E)^2/2 & (\Delta y_E)^2/2 & \Delta x_E \Delta y_E \end{bmatrix} \tag{11.30}$$

$$\begin{aligned} \Delta x_C &= x_C + e_{\alpha x}\Delta t - x_P, & \Delta y_C &= y_C + e_{\alpha y}\Delta t - y_P \\ \Delta x_D &= x_D + e_{\alpha x}\Delta t - x_P, & \Delta y_D &= y_D + e_{\alpha y}\Delta t - y_P \\ \Delta x_E &= x_E + e_{\alpha x}\Delta t - x_P, & \Delta y_E &= y_E + e_{\alpha y}\Delta t - y_P \end{aligned} \tag{11.31}$$

其中 $\Delta x_P, \Delta y_P, \Delta x_A, \Delta y_A, \Delta x_B, \Delta y_B$ 的表达式之前已经给出。由于 $[S_\alpha]$ 是一个 6×6 维矩阵，因此很难得到方程 (11.29) 的解的解析表达式。我们需要用一个数值算法来得到解。需要注意的是，矩阵 $[S_\alpha]$ 只依赖于网格点的坐标，该坐标可以一次性计算并存储起来，以便在所有时间层求解方程 (11.29) 时使用。

在实际应用中，发现矩阵 $[S_\alpha]$ 可能是奇异的或病态的。为了克服这一困难，并确保该方法更一般化，我们引入最小二乘法，通过方程 (11.28) 来优化逼近。式 (11.28) 有 6 个未知数 (向量 V_α 的元素)。如果式 (11.28) 应用于超过 6 个网格点，则系统是超定的。对于这种情况，可以用最小二乘法确定未知向量。为简便起见，设网格点 P 表示为索引 $i = 0$，其相邻点表示为索引 $i = 1, 2, \cdots, N$，其中 N 为 P 周围相邻点的个数，应大于 5。在每一点，我们可以用式 (11.28) 定义一个误差，即

$$\mathrm{err}_{\alpha:i} = g_{\alpha:i} - \sum_{j=1}^{6} s_{\alpha:i,j} V_{\alpha:j}, \quad i = 0, 1, 2, \cdots, N \tag{11.32}$$

所有误差的平方和定义为

$$E_\alpha = \sum_{i=0}^{N} \mathrm{err}_{\alpha:i}^2 = \sum_{i=0}^{N} \left(g_{\alpha:i} - \sum_{j=1}^{6} s_{\alpha:i,j} V_{\alpha:j} \right)^2 \tag{11.33}$$

我们注意到

$$[S_\alpha]^{\mathrm{T}}[S_\alpha]\{V_\alpha\} = [S_\alpha]^{\mathrm{T}}\{g_\alpha\} \tag{11.34}$$

其中 $[S_\alpha]$ 是 $(N+1)\times 6$ 的矩阵，具体形式如下：

$$[S_\alpha] = \begin{bmatrix} 1 & \Delta x_0 & \Delta y_0 & (\Delta x_0)^2/2 & (\Delta y_0)^2/2 & \Delta x_0 \Delta y_0 \\ 1 & \Delta x_1 & \Delta y_1 & (\Delta x_1)^2/2 & (\Delta y_1)^2/2 & \Delta x_1 \Delta y_1 \\ - & - & - & - & - & - \\ - & - & - & - & - & - \\ - & - & - & - & - & - \\ 1 & \Delta x_N & \Delta y_N & (\Delta x_N)^2/2 & (\Delta y_N)^2/2 & \Delta x_N \Delta y_N \end{bmatrix}_{(N+1)\times 6} \tag{11.35}$$

且有

$$\{g_\alpha\} = \{g_{\alpha:0}, g_{\alpha:1}, \cdots, g_{\alpha:N}\}^{\mathrm{T}} \tag{11.36}$$

矩阵 $[S_\alpha]$ 中的 Δx 和 Δy 代表：

$$\begin{aligned} \Delta x_0 = e_{\alpha x}\Delta t, \quad \Delta y_0 = e_{\alpha y}\Delta t \\ \Delta x_i = x_i + e_{\alpha x}\Delta t - x_0, \quad \Delta y_i = y_i + e_{\alpha y}\Delta t - y_0, \quad i = 1,2,\cdots,N \end{aligned} \tag{11.37}$$

显然，计算模拟前画好网格且格子 Boltzmann 方法中速度模型和时间步长确定，矩阵 $[S_\alpha]$ 就确定了。由式 (11.34) 可以得到

$$\{V_\alpha\} = \left([S_\alpha]^{\mathrm{T}}[S_\alpha]\right)^{-1}[S_\alpha]^{\mathrm{T}}\{g_\alpha\} = [A_\alpha]\{g_\alpha\} \tag{11.38}$$

$[A_\alpha]$ 是 $6\times(N+1)$ 维的矩阵，根据式 (11.38)，有

$$f_\alpha(x_0, y_0, t+\Delta t) = V_{\alpha:1} = \sum_{j=1}^{N+1} a_{\alpha:1,j} g_{\alpha:j-1} \tag{11.39}$$

其中，$a_{\alpha:1,j}$ 为矩阵 $[A_\alpha]$ 的第 1 行元素，可在应用 LBM 之前计算好。因此，与标准 LBE 相比，引入的计算工作量很小。请注意，函数 g 是在时间 t 上计算的。因此，式 (11.39) 实际上是一个显式形式，用于更新在 $t+\Delta t$ 时刻任何网格点上的分布函数。在上述过程中，对相邻点的选取没有要求。也就是说，式 (11.39) 与网格结构无关。它只需要知道网格点的坐标。由此，我们可以说式 (11.39) 基本上属于无网格形式。

TLLBM 空间精度是二阶的。详细的精度分析可以参考文献 (Shu et al., 2001)。

为了展示 TLLBM 对复杂几何形状问题的效率，我们考虑了低 Reynolds 数下圆柱周围的流动。这个问题如图 11.5 所示。在这个算例中，基于上游速度 U_∞ 和气缸直径 D，我们选取 Reynolds 数 $\left(Re = \dfrac{U_\infty D}{\nu}\right)$ 为 20 和 40。远场边界设置在距离圆柱体中心 50.5

倍直径远处, 采用 241×181 O 形网格 (典型网格如图 11.5(a) 所示)。在这种网格分布下, 以 $\dfrac{D}{2U_\infty}$ 为单位的时间步长等于 0.00375, 最大网格拉伸比 $r_{\max}$(定义为最大网格间距与最小网格间距之比) 为 160.7。在模拟中需要 3 个边界条件: 一个是在圆柱表面, 在无滑移边界处使用半反弹格式; 一个是在尾迹的中心线 (切割线), 这里施加了周期性边界条件; 还有一个在远场 r_∞, 使用无限远场边界条件, 让密度分布函数始终等于平衡态分布函数。最初, 假设流场为无旋有势场。自由流速度 U 设置为 0.15。为方便起见, 本节中使用的所有变量均为无量纲变量, 定义为

$$\bar{\boldsymbol{u}} = \frac{\boldsymbol{u}}{c}, \quad (\bar{x}, \bar{y}) = \left(\frac{x}{R}, \frac{y}{R}\right), \quad \bar{\rho} = \frac{\rho}{\rho_0}, \quad \bar{t} = \frac{tc}{\Delta r_{\min}}$$

计算域的网格由 $I_{\max} \times J_{\max}$ 的非均匀 O 形结构化网格构成, 每个网格点的 Cartesian 坐标为

$$x_{i,j} = r\cos(2\pi\xi)$$
$$y_{i,j} = -r\sin(2\pi\xi) \tag{11.40}$$

其中

$$r = r_0 + (r_\infty - r_0)\left\{1 - \frac{1}{\chi}\arctan[(1-\eta)\tan\chi]\right\}$$
$$\xi = (i-1)/(I_{\max}-1) \tag{11.41}$$
$$\eta = (j-2)/(J_{\max}-2)$$

$r_0 = 1$ 是圆柱的半径, r_∞ 是计算域外边界, χ 是控制网格拉伸的参数, j 代表径向网格点的指标, 网格在周向是均匀的。时间步

$$\Delta_t = \delta r_{\min} = r_{\eta=1/(J_{\max}-1)} - r_0 \tag{11.42}$$

这里注意, 为了便于边界处理和计算, 我们在圆柱体边界内引入了网格层 ($j = 1$ 网格)。

下面的程序是圆柱绕流测试算例。相关结果如图 11.5(b) 所示。

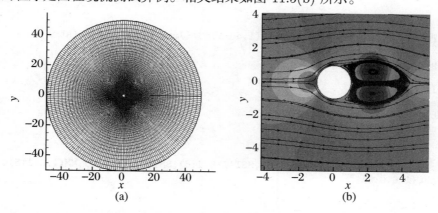

图 11.5　圆柱绕流测试算例。(a) 计算网格示意图 (小圆柱位于中心); (b) 圆柱附近压力场及流线

整个程序包括 main.f90 和 amodule.f90 两个文件

```fortran
! 下面是 main.f90 的内容
program main
use variable
implicit none

!!!!!!!!!!!init grid
call mesh()
call matrix_A()

cc = dx/dt
ee_c = cc*ee

call init()
CALL write_result()

do step=1,10000
    write (*,*) step
    call collision()
    call str_TL()
    call boundary()
    call cptmacro()
    if(mod(step,500) == 0)then
        call write_result()
    endif
enddo
    end program main

!!!!computational mesh
subroutine mesh()
use variable
implicit none
real(8) :: x,y,pi
pi=dacos(-1.d0)
do i=1,Imax
    do j=1,Jmax
        x=real(i-1)/real(Imax-1)
        y=real(j-2)/real(Jmax-2)
        rr(j)=r0+(rmax-r0)*(  1.d0-1.d0/str*datan( (1.d0-y)*dtan(str) )  )
        xDim(i,j)=rr(j)*dcos(2.d0*pi*x)
        yDim(i,j)=-rr(j)*dsin(2.d0*pi*x)
    enddo
enddo

dx=(rmax-r0)*(  1.d0-1.d0/str*datan( (1.d0-1.d0/(Jmax-1.d0) )*dtan(str) )  )
dt=dx
    end subroutine mesh

!get matrix[S]
subroutine matrix_A()
use variable
implicit none

integer :: im,jm,n,ip,jp,x,y,z
real(8) :: S_T(1:6,0:8),S_TB(1:6,1:6),SST(1:6,1:6),SST_T(1:6,1:6),MM(1:6,1:6),&
    Aalpha(1:6,0:8)

do i=1,Imax-1
    do j=1,Jmax
        do k=0,8
            xx(i,j,k)=xDim(i,j)+dx*real(ee(k,1))
```

```
                     yy(i,j,k)=yDim(i,j)+dx*real(ee(k,2))
             enddo
       enddo
enddo
!! m is then number of TLLBM points
!k denotes the specific direction, i.e., \alpha in the above formula
do k=0,8
do i=1,Imax-1
   do j=2,Jmax-1
      do m=0,8
         im=i+ee(m,1)
         jm=j+ee(m,2)
         if(im .LT. 1)then
         im=Imax-1
         elseif(im .GT. Imax-1)then
         im=1
         endif

         SS(m,1)=1.d0
         SS(m,2)=xx(im,jm,k)-xDim(i,j)
         SS(m,3)=yy(im,jm,k)-yDim(i,j)
         SS(m,4)=SS(m,2)*SS(m,2)/2.d0
         SS(m,5)=SS(m,3)*SS(m,3)/2.d0
         SS(m,6)=SS(m,2)*SS(m,3)
         enddo

         S_T=TRANSPOSE(SS)
         SST=MATMUL(S_T,SS)
!!!!!!!!! 计算 SST 逆变换矩阵 SST_T
         MM=SST
         SST_T=0.D0
         do x=1,6
            SST_T(x,x)=1
         enddo

         do x=1,6
            SST_T(x,:)=SST_T(x,:)/MM(x,x)
            MM(x,x:6)=MM(x,x:6)/MM(x,x)
            do y=x+1,6
               do z=1,6
                  SST_T(y,z)=SST_T(y,z)-SST_T(x,z)*MM(y,x)
               enddo
               MM(y,x:6)=MM(y,x:6)-MM(x,x:6)*MM(y,x)
            enddo
          enddo

         do x=6,1,-1
            do y=x-1,1,-1
               do z=1,6
                   SST_T(y,z)=SST_T(y,z)-SST_T(x,z)*MM(y,x)
               enddo
            enddo
         enddo
            Aalpha(1:6,0:8) =MATMUL(SST_T,S_T)
            AA(k,i,j,0:8)=Aalpha(1,0:8)
         enddo
      enddo
enddo
 end subroutine matrix_A

!!! initialization
subroutine init()
```

```fortran
use variable
implicit none
Cs2 = cc*cc/3.d0
omega = 1.d0/tau

do i=1,Imax-1
    do j=2,Jmax
        if(j .EQ. 2)then
            u(i,j,1:2) = 0.d0
        else
            u(i,j,1) = u_init
            u(i,j,2) = 0.d0
        endif
        do k=0,8
          edotu = ( ee_c(k,1)*u(i,j,1) + ee_c(k,2)*u(i,j,2) )
          usq = u(i,j,1)*u(i,j,1) + u(i,j,2)*u(i,j,2)
    ggg(i,j,k) = wt(k)*den*(1.d0 + edotu/Cs2 + edotu*edotu/(2.d0*Cs2*Cs2) - usq/(2.d0*Cs2))
        enddo
          rho(i,j) = den
          pre(i,j) = rho(i,j)* Cs2
    enddo
enddo

do i=1,Imax-1
    do k=0,8
        ggg(i,1,k)=ggg(i,3,oppo(k))
    enddo
enddo
end subroutine init


!!!!!!!!!!!!!!!!collision
subroutine collision()
use variable
implicit none
real*8 eq(0:8), coeff, g_1(1:Imax,0:8)
coeff=(rr(Jmax)-rr(Jmax-1))/(rr(Jmax-1)-rr(Jmax-2))
    do j=2,Jmax-2
      do i=1,Imax-1
      usq = u(i,j,1)*u(i,j,1) + u(i,j,2)*u(i,j,2)
      do k=0,8
      edotu = (ee_c(k,1)*u(i,j,1) + ee_c(k,2)*u(i,j,2))
    eq(k) = wt(k)*rho(i,j)*(1.d0 + edotu/Cs2 + edotu*edotu/2.d0/Cs2/Cs2 - usq/2.d0/Cs2 )
      ggg(i,j,k) = ggg(i,j,k)-omega*(ggg(i,j,k)-eq(k))
      if(j==Jmax-2) g_1(i,k)=   ggg(i,j,k)- eq(k)
      enddo
     enddo
    enddo

    j=Jmax-1  ! outmost layer boundary condition
    do i =1, Imax-1
      do k=0,8
      edotu = (ee_c(k,1)*u(i,j,1) + ee_c(k,2)*u(i,j,2))
    eq(k) = wt(k)*rho(i,j)*(1.d0 + edotu/Cs2 + edotu*edotu/2.d0/Cs2/Cs2 - usq/2.d0/Cs2 )
      ggg(i,j,k) = eq(k)+ g_1(i,k)
      ggg(i,Jmax,k) =   ggg(i,j,k)
  !(1.d0+coeff)*ggg(i,Jmax-1,k)- coeff*ggg(i,Jmax-2,k)
      enddo
      enddo
    end subroutine collision
```

```
!! stream and TLLBM
subroutine str_TL()
use variable
implicit none
integer :: im,jm,ip
real(8) :: g_hlp(1:Imax,1:Jmax,0:8), g_alpha(0:8)

do i=1,Imax
    do j=1,Jmax
        do k=0,8
        g_hlp(i,j,k)=ggg(i,j,k)
        enddo
    enddo
enddo

do i=1,Imax-1
    do j=2,Jmax-1
        do k=0,8
            ggg(i,j,k)=0.d0    ! specific direction k
            do m=0,8
                im=i+ee(m,1)
                jm=j+ee(m,2)
                if(im .LT. 1)then
                    im=Imax-1
                elseif(im .GT. Imax-1)then
                    im=1
                endif
                ggg(i,j,k)=ggg(i,j,k)+AA(k,i,j,m)*g_hlp(im,jm,k)
            enddo
        enddo
    enddo
enddo
end subroutine str_TL

!!!!!! boundary
subroutine boundary()
use variable
implicit none
do i=1,Imax-1
    do k=0,8
        ggg(i,1,k)=ggg(i,3,oppo(k))
    enddo
enddo
end subroutine boundary

!!!!!!!!!!! cptmacro
subroutine cptmacro()
use variable
implicit none
do j=1,Jmax
    do i=1,Imax
            rho(i,j) = sum(ggg(i,j,:))
            u(i,j,1) = dot_product(ggg(i,j,:),ee_c(:,1))/rho(i,j)
            u(i,j,2) = dot_product(ggg(i,j,:),ee_c(:,2))/rho(i,j)
            pre(i,j) = rho(i,j)*Cs2
    enddo
enddo
    j=Jmax-1  ! outmost layer boundary condition
    do i =1, Imax-1
        rho(i,j)=rho(i,j-1)
        u(i,j,1) = u_init
        u(i,j,2) = 0.d0
```

```
        enddo
end subroutine cptmacro

!!!!!!!!!!! output
subroutine write_result()
use variable
implicit none

do j=1,Jmax
    u(Imax,j,1:2)=u(1,j,1:2)
    rho(Imax,j)=rho(1,j)
    pre(Imax,j)=pre(1,j)
enddo

write (filename,*) step
open(11,file='cylind'//adjustl(trim(filename))//'.plt')
write(11,*) 'VARIABLES = X, Y, u, v, den, pre'
write(11,*) 'ZONE I=', Imax, ', J=', Jmax-1, ', F=POINT'
do j=2,Jmax
    do i=1,Imax
        write(11,*) xDim(i,j),yDim(i,j),u(i,j,1),u(i,j,2),rho(i,j),pre(i,j)
    enddo
enddo
close(11)
end subroutine write_result

!========================================================
以下是 amodule.f90 文件内容
MODULE variable

integer,    parameter  ::  Imax=241,Jmax=181
real(8),    parameter  ::  r0=1.d0,rmax=50.d0,str=1.5d0
integer,    parameter  ::  SpcDim = 2, LBMDim = 8
integer,    parameter  ::  ee(0:LBMDim, 1:SpcDim) = reshape( [&
                    0, 1, 0,-1, 0, 1,-1,-1, 1,&
                    0, 0, 1, 0,-1, 1, 1,-1,-1 ],[LBMDim+1,SpcDim])
integer,    parameter  ::  oppo(0:LBMDim) = [0, 3, 4, 1, 2, 7, 8, 5, 6]
real(8),    parameter  ::  wt(0:LBMDim) = [&
                4.0d0/ 9.0d0,1.0d0/ 9.0d0,1.0d0/ 9.0d0,1.0d0/ 9.0d0,1.0d0/ 9.0d0, &
                        1.0d0/36.0d0,1.0d0/36.0d0,1.0d0/36.0d0,1.0d0/36.0d0 ]
real(8),    parameter  ::  den = 1.d0,tau = 0.8d0,u_init = 0.15d0

real(8)                ::  xDim(1:Imax,1:Jmax),yDim(1:Imax,1:Jmax),xx(1:Imax,1:Jmax,0:8),
        yy(1:Imax,1:Jmax,0:8), rr(Jmax)
real(8)                ::  SS(0:8,1:6),AA(0:8,1:Imax,2:Jmax-1,0:8), x_b(1:Imax,0:8,
        1:6),y_b(1:Imax,0:8,1:6)
real(8)                ::  ee_c(0:lbmDim,1:2),dt,dx
integer                ::  step,k,m,ik,jk,i,j
real(8)                ::  cc,Cs2,Re
real(8)                ::  mu,omega,edotu,usq
real(8)                ::  rho(1:Imax,1:Jmax),pre(1:Imax,1:Jmax),u(1:Imax,1:Jmax,1:2),
        ggg(1:Imax,1:Jmax,0:LBMDim)
real(8)                ::  u_bef(1:Imax,1:Jmax,1:2)
integer                ::  strmDir(0:lbmDim,1:2),obst(1:Imax,1:Jmax)
Character(len=30)      ::  filename
end MODULE
```

附录 A Hermite 多项式展开

A.1 Hermite 多项式的定义和性质

先定义如下形式的权函数 (也称生成函数):

$$\omega(x) = \frac{1}{\sqrt{2\pi}} \mathrm{e}^{-x^2/2} \tag{A.1}$$

则 n 阶的一维 Hermite 多项式可以构造为

$$H^{(n)}(x) = (-1)^n \frac{1}{\omega(x)} \frac{\mathrm{d}^n}{\mathrm{d}x^n} \omega(x) \tag{A.2}$$

前 6 个一维 Hermite 多项式分别是

$$\begin{aligned}
&H^{(0)}(x) = 1, && H^{(1)}(x) = x \\
&H^{(2)}(x) = x^2 - 1, && H^{(3)}(x) = x^3 - 3x \\
&H^{(4)}(x) = x^4 - 6x^2 + 3, && H^{(5)}(x) = x^5 - 10x^3 + 15x
\end{aligned} \tag{A.3}$$

类似地, 我们可以定义 D 维空间中的 Hermite 多项式:

$$\boldsymbol{H}^{(n)}(\boldsymbol{x}) = (-1)^n \frac{1}{\omega(\boldsymbol{x})} \boldsymbol{\nabla}^{(n)} \omega(\boldsymbol{x}) \tag{A.4}$$

$$\omega(\boldsymbol{x}) = \frac{1}{(2\pi)^{D/2}} \mathrm{e}^{-\boldsymbol{x}^2/2} \tag{A.5}$$

其中, $\boldsymbol{H}^{(n)}, \boldsymbol{\nabla}^{(n)}$ 是秩为 n 的张量, 其分量分别记为 $H^{(n)}_{\alpha_1 \cdots \alpha_n}$ 和 $\nabla^{(n)}_{\alpha_1 \cdots \alpha_n}$, 其中 $\alpha_1, \cdots, \alpha_n$ 为空间坐标, 比如对于二维空间, $\alpha_1, \cdots, \alpha_n \in \{x, y\}$。另外, $\nabla^{(n)}_{\alpha_1 \cdots \alpha_n}$ 就是 n 阶空间导数:

$$\nabla^{(n)}_{\alpha_1 \cdots \alpha_n} = \frac{\partial}{\partial x_{\alpha_1}} \cdots \frac{\partial}{\partial x_{\alpha_n}} \tag{A.6}$$

假设求导可以交换次序, 则一些混合导数是相等的, 比如 $\nabla^{(2)}_{xy} = \nabla^{(2)}_{yx} = \frac{\partial}{\partial x} \frac{\partial}{\partial y} = \frac{\partial}{\partial y} \frac{\partial}{\partial x}$。再有 $\nabla^{(2)}_{xx} = \frac{\partial}{\partial x} \frac{\partial}{\partial x}, \nabla^{(2)}_{yy} = \frac{\partial}{\partial y} \frac{\partial}{\partial y}$, 利用定义式 (A.4), 我们可以得到二维空间中的 Hermite

多项式为

$$H_x^{(0)} = 1$$

$$H_x^{(1)} = -\frac{1}{\mathrm{e}^{-(x^2+y^2)/2}} \, \partial_x \mathrm{e}^{-(x^2+y^2)/2} = x$$

$$H_y^{(1)} = -\frac{1}{\mathrm{e}^{-(x^2+y^2)/2}} \, \partial_y \mathrm{e}^{-(x^2+y^2)/2} = y$$

$$H_{xx}^{(2)} = \frac{1}{\mathrm{e}^{-(x^2+y^2)/2}} \, \partial_x \, \partial_x \mathrm{e}^{-(x^2+y^2)/2} = x^2 - 1 \qquad \text{(A.7)}$$

$$H_{xy}^{(2)} = H_{yx}^{(2)} = \frac{1}{\mathrm{e}^{-(x^2+y^2)/2}} \, \partial_x \, \partial_y \mathrm{e}^{-(x^2+y^2)/2} = xy$$

$$H_{yy}^{(2)} = \frac{1}{\mathrm{e}^{-(x^2+y^2)/2}} \, \partial_y \, \partial_y \mathrm{e}^{-(x^2+y^2)/2} = y^2 - 1$$

$$\cdots$$

Hermite 多项式具有如下重要的性质：

首先是正交性。一维 Hermite 多项式的正交性可表述为

$$\int_{-\infty}^{\infty} \omega(x) H^{(n)}(x) H^{(m)}(x) \mathrm{d}x = n! \delta_{nm}^{(2)} \qquad \text{(A.8)}$$

其中 $\delta_{nm}^{(2)}$ 就是通常使用的 Kronecker 符号。D 维 Hermite 多项式的正交性可表述为

$$\int \omega(\boldsymbol{x}) H_{\boldsymbol{\alpha}}^{(n)}(\boldsymbol{x}) H_{\boldsymbol{\beta}}^{(m)}(\boldsymbol{x}) \mathrm{d}^D x = \prod_{i=1}^{D} n_i! \delta_{nm}^{(2)} \delta_{\boldsymbol{\alpha}\boldsymbol{\beta}}^{(n+m)} \qquad \text{(A.9)}$$

其中 $\delta_{\boldsymbol{\alpha}\boldsymbol{\beta}}^{(n+m)}$ 为广义的 Kronecker 符号，只有当 $\boldsymbol{\alpha} = (\alpha_1, \cdots, \alpha_n)$ 是 $\boldsymbol{\beta} = (\beta_1, \cdots, \beta_m)$ 的一个排列时，$\delta_{\boldsymbol{\alpha}\boldsymbol{\beta}}^{(n+m)}$ 才等于 1，否则为 0。比如，(x, x, z, y) 是 (y, x, z, x) 的一个排列，而 (x, y, x, y) 不是。n_x, n_y, n_z 分别是 x, y, z 在 $\boldsymbol{\alpha}$ 中出现的次数。对于三维空间，式 (A.9) 变为

$$\int \omega(\boldsymbol{x}) H_{\boldsymbol{\alpha}}^{(n)}(\boldsymbol{x}) H_{\boldsymbol{\beta}}^{(m)}(\boldsymbol{x}) \mathrm{d}^3 x = n_x! n_y! n_z! \delta_{nm}^{(2)} \delta_{\boldsymbol{\alpha}\boldsymbol{\beta}}^{(n+m)} \qquad \text{(A.10)}$$

具体地，对于式 (A.10) 有以下等式成立：

$$\int \omega(x) H_x^{(1)}(x) H_y^{(1)}(x) \mathrm{d}^3 x = 0$$
$$\int \omega(x) H_{xy}^{(2)}(\boldsymbol{x}) H_{xx}^{(2)}(\boldsymbol{x}) \mathrm{d}^3 x = 0 \qquad \text{(A.11)}$$

这是因为 $\boldsymbol{\alpha}$ 不是 $\boldsymbol{\beta}$ 的排列。

$$\int \omega(\boldsymbol{x}) H_x^{(1)}(\boldsymbol{x}) H_{xy}^{(2)}(\boldsymbol{x}) \mathrm{d}^3 x = 0 \qquad \text{(A.12)}$$

这是因为阶数 m 和 n 不相等。有些积分不为 0，比如

$$\int \omega(\boldsymbol{x}) H_x^{(1)}(\boldsymbol{x}) H_x^{(1)}(\boldsymbol{x}) \mathrm{d}^3 x = 1! = 1$$
$$\int \omega(\boldsymbol{x}) H_{xxx}^{(3)}(\boldsymbol{x}) H_{xxx}^{(3)}(\boldsymbol{x}) \mathrm{d}^3 x = 3! = 6 \qquad \text{(A.13)}$$
$$\int \omega(\boldsymbol{x}) H_{xxy}^{(3)}(\boldsymbol{x}) H_{xyx}^{(3)}(\boldsymbol{x}) \mathrm{d}^3 x = 2! 1! = 2$$

其次, Hermite 多项式还具有完备性, 即: 任何足够连续的函数 $f(x) \in \mathbf{R}$ 都可以表示为 Hermite 多项式的级数。比如对于一维情况, 有

$$f(x) = \omega(x) \sum_{n=0}^{\infty} \frac{1}{n!} a^{(n)} H^{(n)}(x), \quad a^{(n)} = \int f(x) H^{(n)}(x) \mathrm{d}x \tag{A.14}$$

扩展到 D 维, 有

$$f(\boldsymbol{x}) = \omega(\boldsymbol{x}) \sum_{n=0}^{\infty} \frac{1}{n!} \boldsymbol{a}^{(n)} \cdot \boldsymbol{H}^{(n)}(\boldsymbol{x}), \quad \boldsymbol{a}^{(n)} = \int f(\boldsymbol{x}) \boldsymbol{H}^{(n)}(\boldsymbol{x}) \mathrm{d}^D x \tag{A.15}$$

其中系数 $\boldsymbol{a}^{(n)}$ 也是秩为 n 的张量, $\boldsymbol{a}^{(n)} \cdot \boldsymbol{H}^{(n)}$ 表示完全缩并 $a^{(n)}_{\alpha_1 \cdots \alpha_n} H^{(n)}_{\alpha_1 \cdots \alpha_n}$。

A.2 平衡态分布函数的 Hermite 级数展开

下面我们把平衡态分布函数用 Hermite 级数 (A.15) 在速度空间 $\boldsymbol{\xi}$ 中进行展开, 可得

$$f^{\mathrm{eq}}(\rho, \boldsymbol{u}, \theta, \boldsymbol{\xi}) = \omega(\xi) \sum_{n=0}^{\infty} \frac{1}{n!} \boldsymbol{a}^{(n),\mathrm{eq}}(\rho, \boldsymbol{u}, \theta) \cdot \boldsymbol{H}^{(n)}(\xi) \tag{A.16}$$

其中

$$\boldsymbol{a}^{(n),\mathrm{eq}}(\rho, \boldsymbol{u}, \theta) = \int f^{\mathrm{eq}}(\rho, \boldsymbol{u}, \theta, \boldsymbol{\xi}) \boldsymbol{H}^{(n)}(\xi) \mathrm{d}^d \xi \tag{A.17}$$

注意到平衡态分布函数 f^{eq} 与权函数 (A.5) 有着相同的形式, 即

$$f^{\mathrm{eq}}(\rho, \boldsymbol{u}, \theta, \boldsymbol{\xi}) = \frac{\rho}{(2\pi\theta)^{D/2}} \mathrm{e}^{-(\boldsymbol{\xi}-\boldsymbol{u})^2/(2\theta)} = \frac{\rho}{\theta^{D/2}} \omega\left(\frac{\boldsymbol{\xi}-\boldsymbol{u}}{\sqrt{\theta}}\right) \tag{A.18}$$

因此, 我们可以计算展开式的系数:

$$\begin{aligned} \boldsymbol{a}^{(n),\mathrm{eq}} &= \frac{\rho}{\theta^{D/2}} \int \omega\left(\frac{\boldsymbol{\xi}-\boldsymbol{u}}{\sqrt{\theta}}\right) \boldsymbol{H}^{(n)}(\boldsymbol{\xi}) \mathrm{d}^D \xi \\ &= \rho \int \omega(\boldsymbol{\eta}) \boldsymbol{H}^{(n)}(\sqrt{\theta}\boldsymbol{\eta} + \boldsymbol{u}) \mathrm{d}^D \eta \end{aligned} \tag{A.19}$$

其中 $\boldsymbol{\eta} = (\boldsymbol{\xi}-\boldsymbol{u})/\sqrt{\theta}$。很容易计算前几阶系数, 以二维情况 $D = 2$ 为例:

当 $n = 0$ 时,

$$\begin{aligned} a^{(0),\mathrm{eq}} &= \rho \int \omega(\boldsymbol{\eta}) \boldsymbol{H}^{(0)}(\sqrt{\theta}\boldsymbol{\eta} + \boldsymbol{u}) \mathrm{d}^2 \eta \\ &= \rho \int \omega(\boldsymbol{\eta}) \cdot 1 \mathrm{d}^2 \eta \\ &= \frac{\rho}{2\pi} \iint \mathrm{e}^{-(\eta_x^2 + \eta_y^2)/2} \mathrm{d}\eta_x \mathrm{d}\eta_y \\ &= \rho \end{aligned} \tag{A.20}$$

注意, 式中用到积分 $\int_{-\infty}^{\infty} e^{-x^2/2} dx = \sqrt{2\pi}$。

当 $n=1$ 时,

$$
\begin{aligned}
a_x^{(1),\text{eq}} &= \rho \int \omega(\boldsymbol{\eta}) \boldsymbol{H}_x^{(0)}(\sqrt{\theta}\boldsymbol{\eta}+\boldsymbol{u}) d^2\eta \\
&= \frac{\rho}{2\pi} \iint e^{-(\eta_x^2+\eta_y^2)/2}(\sqrt{\theta}\eta_x+u_x) d\eta_x d\eta_y \\
&= \frac{\rho}{2\pi} \int e^{-\eta_y^2/2} d\eta_y \int e^{-\eta_x^2/2}(\sqrt{\theta}\eta_x+u_x) d\eta_x \\
&= \frac{\rho}{2\pi} \cdot \sqrt{2\pi} \cdot u_x \sqrt{2\pi} \\
&= \rho u_x
\end{aligned}
\tag{A.21}
$$

注意到式中 $e^{-\eta_x^2/2}\eta_x$ 为奇函数, 因此其积分为 0。同理可得

$$
a_y^{(1),\text{eq}} = \rho u_y
\tag{A.22}
$$

当 $n=2$ 时,

$$
\begin{aligned}
a_{xx}^{(2),\text{eq}} &= \rho \int \omega(\boldsymbol{\eta}) \boldsymbol{H}_{xx}^{(0)}(\sqrt{\theta}\boldsymbol{\eta}+\boldsymbol{u}) d^2\eta \\
&= \frac{\rho}{2\pi} \iint e^{-(\eta_x^2+\eta_y^2)/2} \left[\left(\sqrt{\theta}\eta_x+u_x\right)^2 - 1\right] d\eta_x d\eta_y \\
&= \frac{\rho}{2\pi} \int e^{-\eta_y^2/2} d\eta_y \int e^{-\eta_x^2/2} \left(\theta\eta_x^2 + 2\sqrt{\theta}\eta_x u_x + u_x^2 - 1\right) d\eta_x \\
&= \frac{\rho}{2\pi} \cdot \sqrt{2\pi} \cdot \sqrt{2\pi} \left(u_x^2 + \theta - 1\right) \\
&= \rho \left(u_x^2 + \theta - 1\right)
\end{aligned}
\tag{A.23}
$$

同理可得

$$
\begin{aligned}
a_{xy}^{(2),\text{eq}} &= \rho u_x u_y \\
a_{yy}^{(2),\text{eq}} &= \rho \left(u_y^2 + \theta - 1\right)
\end{aligned}
\tag{A.24}
$$

总的来说, 前几阶展开式系数为

$$
\begin{aligned}
a^{(0),\text{eq}} &= \rho \\
a_\alpha^{(1),\text{eq}} &= \rho u_\alpha \\
a_{\alpha\beta}^{(2),\text{eq}} &= \rho \left[u_\alpha u_\beta + (\theta-1)\delta_{\alpha\beta}\right] \\
a_{\alpha\beta\gamma}^{(3),\text{eq}} &= \rho \left[u_\alpha u_\beta u_\gamma + (\theta-1)\left(\delta_{\alpha\beta}u_\gamma + \delta_{\beta\gamma}u_\alpha + \delta_{\gamma\alpha}u_\beta\right)\right]
\end{aligned}
\tag{A.25}
$$

可以看到 Hermite 级数展开式的系数与守恒量 (密度、动量和能量) 直接相关, 这就是 Hermite 级数展开对 Boltzmann 方程如此有用的原因之一。反过来, 守恒量可以用展开式的系数表示为

$$
\begin{aligned}
a^{(0),\text{eq}} &= \int f^{\text{eq}} d^D\xi = \rho = \int f d^D\xi = a^{(0)} \\
a_\alpha^{(1),\text{eq}} &= \int f^{\text{eq}}\xi_\alpha d^D\xi = \rho u_\alpha = \int f\xi_\alpha d^D\xi = a_\alpha^{(1)} \\
\frac{a_{\alpha\alpha}^{(2),\text{eq}} + \rho D}{2} &= \int f^{\text{eq}} \frac{|\xi|^2}{2} d^D\xi = \rho E = \int f \frac{|\xi|^2}{2} d^D\xi = \frac{a_{\alpha\alpha}^{(2)} + \rho D}{2}
\end{aligned}
\tag{A.26}
$$

所以前 3 个展开系数 $(n = 0, 1, 2)$ 就可以满足守恒定律并足以用来恢复宏观方程, 不需要考虑更高阶项, 这显著减少了数值计算的工作量。当然, 一些学者也指出, 包含更高阶的展开项可以提高数值稳定性和精度。把前 3 项系数 (A.25) 代入平衡态分布函数的 Hermite 级数展开式 (A.16) 且只保留到这 3 项, 可得

$$
\begin{aligned}
f^{\mathrm{eq}}(\rho, \boldsymbol{u}, \theta, \boldsymbol{\xi}) &\approx \omega(\boldsymbol{\xi}) \rho \left\{ 1 + \xi_\alpha u_\alpha + \left[u_\alpha u_\beta + (\theta - 1) \delta_{\alpha\beta} \right] (\xi_\alpha \xi_\beta - \delta_{\alpha\beta}) \right\} \\
&= \omega(\boldsymbol{\xi}) \rho Q(\boldsymbol{u}, \theta, \boldsymbol{\xi})
\end{aligned}
\tag{A.27}
$$

A.3 平衡态分布函数的速度离散

通过前面的介绍, 我们已经知道平衡态分布函数 $f^{\mathrm{eq}}(\boldsymbol{\xi})$ 与 Hermite 权函数 $\omega(\boldsymbol{\xi})$ 有着相同的形式, 因此 Hermite 级数展开是一种很合适的展开方法。使用 Hermite 级数的另一个重要原因是通过在少量离散点上取积分函数值来计算某些函数的积分, 即采用高斯型求积公式, 可以自然地实现对速度的离散。因此, 下面我们先对高斯型求积公式作一简要介绍。

为了讲清楚高斯积分, 我们先得知道关于代数精度的定义。

定义: 记 $[a, b]$ 上以 $\{x_i\}_{i=0}^n$ 为积分节点的数值积分公式

$$
I_n(f) = \sum_{i=0}^n \alpha_i f(x_i)
$$

若 $I_n(f)$ 满足误差 $E_n(x^k) = I(x^k) - I_n(x^k) = 0$, $k = 0, 1, \cdots, m$, 而误差 $E_n(x^{m+1}) \neq 0$, 则称数值积分公式 $I_n(f)$ 具有 m 阶代数精度。

在进行数值积分时, 可以采用插值求积公式

$$
\int_a^b f(x) \mathrm{d}x = \sum_{i=0}^n \alpha_i f(x_i)
\tag{A.28}
$$

其中给定了 $n+1$ 个节点 $(x_0, x_1, \cdots, x_n)$, 该求积公式至少有 n 次代数精度。

如果在积分区间中积分节点可以自由地选取, 那么通过适当选取这些积分节点, 可使求积公式具有 $2n+1$ 次代数精度, 这时就构成了**高斯型求积公式**, 这样的节点 x_i 称为**高斯点**, α_i 为**高斯系数**, 高斯点和高斯系数是待定的未知数, 上面公式 (A.28) 中总共有 $2n+2$ 个待定的未知数。

当然这些待定的未知数可以通过求解方程组的方式来得到。以两个节点为例, 考虑积分

$$
\int_{-1}^1 f(x) \mathrm{d}x = A_0 f(x_0) + A_1 f(x_1)
\tag{A.29}
$$

上式有两个节点 x_0, x_1, 有 x_0, x_1, A_0, A_1 4 个未知参数 ($n=1$, 未知参数有 $2n+2=4$ 个)。如果上式是高斯型求积公式, 即有 $2n+1=3$ 次代数精度, 则它对 $f(x)=1, x, x^2, x^3$ 准确成立, 因此可以得到以下 4 个方程:

$$\begin{cases} A_0 + A_1 = 2 \\ A_0 x_0 + A_1 x_1 = 0 \\ A_0 x_0^2 + A_1 x_1^2 = \dfrac{2}{3} \\ A_0 x_0^3 + A_1 x_1^3 = 0 \end{cases} \tag{A.30}$$

这是一个非线性方程组, 由其中的第 2 个和第 4 个式子可知

$$A_0 x_0 = -A_1 x_1$$
$$A_0 x_0^3 = -A_1 x_1^3 \tag{A.31}$$

所以 $x_0^2 = x_1^2$, 代入第 3 式, 得 $(A_0 + A_1)x_0^2 = \dfrac{2}{3}$, 再将第 1 式代入, 有 $2x_0^2 = \dfrac{2}{3}$, 故方程组 (A.30) 的解为

$$x_0 = -\frac{1}{\sqrt{3}}, \quad x_1 = \frac{1}{\sqrt{3}} \tag{A.32}$$
$$A_0 = A_1 = 1$$

当 n 较大时, 用上述待定系数法, 通过解非线性方程组来求解高斯点和求积系数是不容易做到的。不过, 求积公式节点 (高斯点) 一经确定, 相应的求积系数就确定了, 因此关键在于确定节点。可以证明高斯点满足以下基本特性:

定理 节点 x_i $(i=0,1,2,\cdots,n)$ 为高斯点的充分必要条件是以这些点为零点的多项式

$$\omega_{n+1}(x) = \prod_{i=0}^{n}(x - x_i) \tag{A.33}$$

与任意次数不超过 n 的多项式 $P(x)$ 均正交, 即

$$\int_a^b P(x)\omega_{n+1}(x)\mathrm{d}x = 0 \tag{A.34}$$

将高斯型求积公式与 Hermite 多项式结合起来, 就构成了 Gauss-Hermite 求积法则。以一维最高阶次为 N 的多项式 $P^{(N)}(x)$ 为例, 积分 $\int \omega(x)P^{(N)}(x)\mathrm{d}x$ 可以通过考虑某些点 x_i 上的积分函数值来精确计算, 即

$$\int_{-\infty}^{+\infty} \omega(x)P^{(N)}(x)\mathrm{d}x = \sum_{i=1}^{n} \omega_i P^{(N)}(x_i) \tag{A.35}$$

$$\omega_i = \frac{n!}{\left[nH^{(n-1)}(x_i)\right]^2} \tag{A.36}$$

其中高斯点 x_i 是 Hermite 多项式 $H^{(n)}(x)$ 的根, 即 $H^{(n)}(x_i)=0$。另外, 为了精确积分最高次 N 阶多项式, 至少需要 $n=\dfrac{N+1}{2}$ 个高斯点 x_i。

下面我们使用 Gauss-Hermite 求积法则来计算 Hermite 级数展开的系数。由式 (A.17) 和式 (A.27) 可得

$$\boldsymbol{a}^{(n),\mathrm{eq}} = \int f^{\mathrm{eq}}(\boldsymbol{\xi})\boldsymbol{H}^{(n)}(\boldsymbol{\xi})\mathrm{d}^D\boldsymbol{\xi} = \rho\int\omega(\boldsymbol{\xi})Q(\boldsymbol{\xi})\boldsymbol{H}^{(n)}(\boldsymbol{\xi})\mathrm{d}^D\xi \tag{A.37}$$

令 $\boldsymbol{R}(\boldsymbol{\xi}) = Q(\boldsymbol{\xi})\boldsymbol{H}^{(n)}(\boldsymbol{\xi})$，根据 Gauss-Hermite 求积法则，可得

$$\boldsymbol{a}^{(n),\mathrm{eq}} = \rho\int\omega(\boldsymbol{\xi})\boldsymbol{R}(\boldsymbol{\xi})\mathrm{d}^D\xi = \rho\sum_{i=1}^n\omega_i\boldsymbol{R}(\boldsymbol{\xi}_i) = \rho\sum_{i=1}^n\omega_iQ(\boldsymbol{\xi}_i)\boldsymbol{H}^{(n)}(\boldsymbol{\xi}_i) \tag{A.38}$$

这就是离散的 Hermite 级数展开，其中 n 是所需的高斯点 $\boldsymbol{\xi}_i$(离散速度) 的个数。为了满足守恒律，必须确保最高阶的多项式可以正确积分。从式 (A.26) 可以看到最高阶多项式与能量有关，并与二阶 Hermite 多项式相关联。通过式 (A.27) 可以看到 $Q(\boldsymbol{\xi}_i)$ 也是二阶的，因此 $\boldsymbol{R}(\boldsymbol{\xi})$ 是四阶的 ($N=4$)。因为 $n\geqslant\dfrac{N+1}{2}$，所以 n 至少为 3，且 $\boldsymbol{\xi}_i$ 是 $\boldsymbol{H}^{(3)}(\xi_{i\alpha})=0$ 的根。这样，我们就自然地得到了离散速度 $\boldsymbol{\xi}_i$。

数值积分中需要至少 3 个高斯点，也可以从下面这个事实看出来。从连续 Boltzmann 方程到 N-S 方程的推导过程 (式 (3.43)) 需要用到 f^{eq} 的三阶矩，因此数值积分 $\int\mathrm{e}^{-\xi^2}\xi^5\mathrm{d}\xi$ 必须严格成立 (这里多项式的最高阶次是 5，注意 f^{eq} Taylor 展开以后多项式最高阶是 ξ^2 项)。

可以定义与 $\boldsymbol{\xi}_i$ 相关联的离散平衡态分布函数

$$f_i^{\mathrm{eq}} = \omega_i\rho(\boldsymbol{x},t)Q\left(\boldsymbol{u}(\boldsymbol{x},t),\theta(\boldsymbol{x},t),\boldsymbol{\xi}_i\right) \tag{A.39}$$

根据式 (A.27) 可得

$$f_i^{\mathrm{eq}} = \omega_i\rho\left\{1 + \xi_{i\alpha}u_\alpha + \frac{1}{2}\left[u_\alpha u_\beta + (\theta-1)\delta_{\alpha\beta}\right](\xi_{i\alpha}\xi_{i\beta} - \delta_{\alpha\beta})\right\} \tag{A.40}$$

注意，离散平衡态分布函数 $\{f_i^{\mathrm{eq}}(\boldsymbol{\xi}_i)\}$ 和连续平衡态分布函数 $f^{\mathrm{eq}}(\boldsymbol{\xi}_i)$ 一样满足守恒律 (质量、动量和能量守恒)。式 (A.40) 可以进一步简化。首先考虑等温假设，即 $\theta=1$，这样温度项就从式 (A.40) 中除去。再考虑到很多离散速度中都包含因子 $\sqrt{3}$，可以定义一个新的离散速度

$$\boldsymbol{e}_i = \frac{\boldsymbol{\xi}_i}{\sqrt{3}} \tag{A.41}$$

这样，离散平衡态分布函数最终可以表示为

$$f_i^{\mathrm{eq}} = \omega_i\rho\left[1 + \frac{e_{i\alpha}u_\alpha}{c_{\mathrm{s}}^2} + \frac{u_\alpha u_\beta\left(e_{i\alpha}e_{i\beta} - c_{\mathrm{s}}^2\delta_{\alpha\beta}\right)}{2c_{\mathrm{s}}^4}\right] \tag{A.42}$$

其中 c_{s} 为声速。

附录 B 方腔顶盖流 LBM 计算程序

```fortran
!*********************************
! 定义参数
!*********************************
module para
integer,parameter :: lx= 128, ly= lx

real*8 :: feq(0:8,-1:lx+1,-1:ly+1),f(0:8,-1:lx+1,-1:ly+1),ff(0:8,-1:lx+1,-1:ly+1)
real*8 :: u(0:lx,0:ly),v(0:lx,0:ly) ,p(0:lx,0:ly) ,rho(0:lx,0:ly),
          st_f(0:lx,0:ly), st_f1(0:lx,0:ly)
real*8 :: Re,omgea,nu,U0,cs2, con_u

!D2Q9 模型参数
real*8,parameter :: ex(0:8) = [0.d0, 1.d0, 0.d0, -1.d0, 0.d0, 1.d0, -1.d0, -1.d0, 1.d0], &
                    ey(0:8) = [0.d0, 0.d0, 1.d0, 0.d0, -1.d0, 1.d0, 1.d0, -1.d0, -1.d0], &
                    w(0:8)  = [4.d0/9.d0, 1.d0/9.d0, 1.d0/9.d0, 1.d0/9.d0, 1.d0/9.d0, &
                    1.d0/36.d0, 1.d0/36.d0, 1.d0/36.d0, 1.d0/36.d0]


end module para

!*********************************
! 主程序
!*********************************
program main
use para
implicit none
integer:: t,i,j
real*8 :: err

call system('mkdir output')
! 初始化，参数计算
call initial()
! 输出重要参数
open(100,file='./output/check_para.dat')
write(100,'(A,I10)')    'Lx    =',lx
write(100,'(A,I10)')    'Ly    =',ly
write(100,'(A,F20.10)')'Re    =',Re
write(100,'(A,F20.10)')'U     =',U0
write(100,'(A,F20.10)')'nu    =',nu
write(100,'(A,F20.10)')'omgea=',omgea
close(100)

open(100,file='./output/converg.dat')
close(100)

err = 1.d0
t = 0
!* 主循环 *
```

```fortran
do while( dabs(err) > 1.0d-6 )
    t = t + 1
    call collesion()   ! 碰撞
    call streaming()   ! 迁移
    call boundary()    ! 边界条件
    call macros()      ! 计算宏观量

    ! 收敛判据
    if( mod(t, 50)==0 ) call convergence(t, err)
    if( mod(t,100)==0 ) write(*,'(A,I10,A,D20.10)')'t = ',t,'       err = ',err
end do

! 输出水平中心线与竖直中心线处的速度
open(100,file='./output/velocity.dat')
write(100,'(A)')'x        V       U       y'
do i=0,lx
    write(100,'(4D20.10)')dble(i)/dble(lx), v(i,ly/2)/U0, u(lx/2,i)/U0, &
        dble(i)/dble(lx)
end do
close(100)

! 流函数
st_f(0:lx,0) = 0.d0
do j = 1,ly
    st_f(0:lx,j) = st_f(0:lx,j-1) + 0.5d0*( u(0:lx,j) + u(0:lx,j-1) )
enddo
! 流函数 1
st_f1(0,0:ly) = 0.d0
do i = 1,lx
    st_f1(i,0:ly) = st_f1(i-1,0:ly) - 0.5d0*( v(i,0:ly) + v(i-1,0:ly) )
enddo
! 压强
p(0:lx,0:ly) = cs2*rho(0:lx,0:ly)

call write_results()        ! 输出流场

end

!*********************************
! 初始化参数、流场
!*********************************
subroutine initial()
use para
implicit none
real*8 :: Usqr, ue
integer:: i,j,k

Re = 400.0d0
U0 = 0.1d0
nu = U0*dble(lx) / Re
omgea = 1.0d0/(0.5d0+3.0d0*nu)
cs2 = 1.d0/3.d0

con_u = 0.d0
! 初始化流场
do i=0,lx
do j=0,ly
    u(i,j)=0.0d0
    if ( j==ly ) u(i,j)= U0
    v(i,j)=0.0d0
    rho(i,j)=1.0d0
```

```fortran
        con_u = con_u + u(i,j)**2 + v(i,j)**2
end do
end do

do i=0,lx
do j=0,ly
    Usqr = u(i,j)*u(i,j)+v(i,j)*v(i,j)
    do k=0,8
        ue= u(i,j)*ex(k)+v(i,j)*ey(k)
        f(k,i,j)= w(k)*rho(i,j)* ( 1.d0 + 3.0d0*ue  + 9.0d0/2.0d0*ue*ue -
                3.0d0/2.0d0*Usqr )
        ff(k,i,j)= w(k)*rho(i,j)*( 1.d0 + 3.0d0*ue  + 9.0d0/2.0d0*ue*ue -
                3.0d0/2.0d0*Usqr )
    end do
end do
end do

end

!**********************************
! 收敛判据子程序
!**********************************
subroutine convergence(t, err)
use para
implicit none
real*8 con_u1, err
integer i,j,t

con_u1 = 0.d0
do i=0,lx
do j=0,ly
    con_u1 = con_u1 + u(i,j)**2 + v(i,j)**2
end do
end do

err = (con_u1 - con_u) / con_u
open(100,file='./output/converg.dat',position='append')
write(100,'(I8,D20.10)')t, err
close(100)
con_u = con_u1
end

!**********************************
! 碰撞
!**********************************
subroutine collesion()
use para
implicit none
real*8 :: Usqr, ue
integer:: i,j,k

do i=0,lx
do j=0,ly
    Usqr = u(i,j)*u(i,j) + v(i,j)*v(i,j)
    do k=0,8
        ue = u(i,j)*ex(k) + v(i,j)*ey(k)
        feq(k,i,j) = w(k)*rho(i,j)*( 1.d0 + 3.0d0*ue + 9.0d0/2.0d0*ue*ue -
                3.0d0/2.0d0*Usqr )
        ff(k,i,j)  = f(k,i,j)*(1.0d0-omgea) + omgea*feq(k,i,j)
    end do
end do
end do
```

```fortran
end

!*********************************
! 迁移
!*********************************
subroutine streaming()
use para
implicit none
integer:: i,j, i_1, i_0, j_1, j_0

do i=0,lx
do j=0,ly

    i_1=i+1
    i_0=i-1
    j_1=j+1
    j_0=j-1

    f(0,i,j)     = ff(0,i,j)
    f(1,i_1,j)   = ff(1,i,j)
    f(2,i,j_1)   = ff(2,i,j)
    f(3,i_0,j)   = ff(3,i,j)
    f(4,i,j_0)   = ff(4,i,j)
    f(5,i_1,j_1) = ff(5,i,j)
    f(6,i_0,j_1) = ff(6,i,j)
    f(7,i_0,j_0) = ff(7,i,j)
    f(8,i_1,j_0) = ff(8,i,j)

enddo
enddo
end


!*********************************
! 边界条件
!*********************************
subroutine boundary()
use para
implicit none

! 上边界, Zou-He, Non--equilibrium Bounce-back Scheme
rho(0:lx,ly)= f(0,0:lx,ly) + f(1,0:lx,ly) + f(3,0:lx,ly) + &
              2.0d0*( f(2,0:lx,ly)+f(6,0:lx,ly)+f(5,0:lx,ly) )
f(4,0:lx,ly)= f(2,0:lx,ly)
f(7,0:lx,ly)= f(5,0:lx,ly) - U0*rho(0:lx,ly)/6.0d0
f(8,0:lx,ly)= f(6,0:lx,ly) + U0*rho(0:lx,ly)/6.0d0

! 下边界, Bounce--back Scheme
f(2,0:lx,0)= f(4,0:lx,0)
f(5,0:lx,0)= f(7,0:lx,0)
f(6,0:lx,0)= f(8,0:lx,0)

! 左边界, Bounce--back Scheme
f(1,0,1:ly-1)= f(3,0,1:ly-1)
f(5,0,1:ly-1)= f(7,0,1:ly-1)
f(8,0,1:ly-1)= f(6,0,1:ly-1)

! 右边界, Bounce--back Scheme
f(3,lx,1:ly-1)= f(1,lx,1:ly-1)
f(7,lx,1:ly-1)= f(5,lx,1:ly-1)
f(6,lx,1:ly-1)= f(8,lx,1:ly-1)

end
```

```fortran
!***********************************
! 计算宏观量
!***********************************
subroutine macros()
use para
implicit none
real*8 sum_f, sum_fex, sum_fey
integer i,j,k

do i=0,lx
do j=0,ly

    sum_f  = 0.0d0
    sum_fex= 0.0d0
    sum_fey= 0.0d0

    do k=0,8
        sum_f   = f(k,i,j) + sum_f
        sum_fex = ex(k)*f(k,i,j) + sum_fex
        sum_fey = ey(k)*f(k,i,j) + sum_fey
    end do
    rho(i,j)= sum_f
    u(i,j)  = sum_fex/rho(i,j)
    v(i,j)  = sum_fey/rho(i,j)
end do
end do

end


!***********************************
! 输出流场
!***********************************
subroutine write_results()
use para
implicit none
integer:: x,y
real*8 :: vor

open(100,file='./output/Flow.plt')
write(100,*) 'variables = x, y, ux, uy, p, vor, st_f, st_f1'
write(100,*) 'zone j=', lx+1, ', k=', ly+1, ',f=point'

do y=0,ly
    do x=0,lx
        if(x>0 .and. x<lx .and. y>0 .and. y<ly)then
            vor = -( (u(x,y+1) -u(x,y-1)) -  (v(x+1,y) -v(x-1,y)) )
        else
            vor=0.d0
        endif
        write(100,'(10D20.10)')dble(x),dble(y),u(x,y),v(x,y),p(x,y),vor,
            st_f(x,y),st_f1(x,y)
    enddo
enddo

close(100)
end
```

附录 C　格式精度的度量

在前面的章节中, 我们介绍了各种数值格式, 衡量它们的优劣的一个重要指标是精度。比如, 全反弹格式只有一阶精度, 而半反弹格式有二阶精度, 因此我们通常认为半反弹格式更好。那么该如何度量某一格式精度呢?

在理论上, 可以通过 Taylor 展开分析格式的精度。比如, 在近似一阶导数时, 若采用向前差分格式

$$\frac{u_{i+1} - u_i}{\Delta x} = \left(\frac{\partial u}{\partial x}\right)_i + \left(\frac{\partial^2 u}{\partial x^2}\right)_i \frac{\Delta x}{2} + \cdots \tag{C.1}$$

式中用到了下面的 Taylor 展开:

$$u_{i+1} = u_i + \left(\frac{\partial u}{\partial x}\right)_i \Delta x + \left(\frac{\partial^2 u}{\partial x^2}\right)_i \frac{\Delta x^2}{2} + \cdots \tag{C.2}$$

则向前差分格式的精度为一阶, 类似地可以得到中心差分格式的精度为二阶。

在数值计算中, 精度可以用数值解与解析解之差的范数来衡量:

1 范数:

$$L_1 = \frac{1}{N} \sum_{i,j} |\psi_{i,j} - \overline{\psi}_{i,j}| \tag{C.3}$$

2 范数:

$$L_2 = \sqrt{\frac{1}{N} \sum_{i,j} (\psi_{i,j} - \overline{\psi}_{i,j})^2} \tag{C.4}$$

其中, $\psi_{i,j}$ 为数值解, $\overline{\psi}_{i,j}$ 为理论解或者来源于文献的对照精确解, N 为网格点总数。 L_1 和 L_2 在数量上的差别对分析误差并不重要, 根据具体的问题选择适当的范数即可。显然, L_1 和 L_2 与网格间距有关, 在对数坐标中画出 L_1 或 L_2 与网格间距之间的关系, 如图 C.1 所示, 斜率就是所用格式的精度。

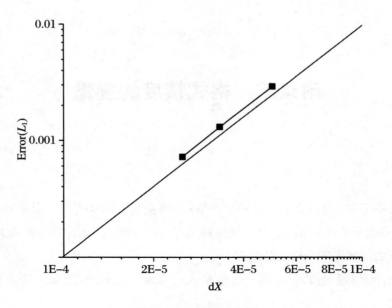

图 C.1　空间精度的评估

附录 D　人工可压缩性方法

D.1　简　介

人工可压缩性 (拟压缩性) 方法 (artificial compressibility method) 旨在通过人为降低流体中声波的速度来降低可压缩 N-S 方程的刚度。这种方法由 Chorin(1967) 最早提出，是作为不可压缩 N-S 方程的替代方法而开发的，因为它避免了求解 Poisson 方程。

人工可压缩性方法在公式性质和后续数值算法上都与压力投影法有很大不同。在人工可压缩性方法中，压力的虚拟时间导数被添加到连续性方程中，这样从不可压缩的 N-S 方程修改而来的方程组可以通过伪时间行进来隐式求解。达到稳态解时，恢复原始方程。为了获得较高的时间精度，可以在每个时间级别采用迭代技术，这相当于在每个时间级别求解稳态控制方程。使用大的人工可压缩性参数在整个计算域中快速传播人工波，并且质量守恒方程的残差不必非常小，时间精确解模拟所花时间可以控制在比稳态计算高大约一个数量级的范围内。在人工可压缩性方法中，不必在每个时间步严格执行质量守恒，这在迭代期间提供了鲁棒性。

实际上，LBM 也是一种人工可压缩性方法，下面我们对这一方法作简要的介绍，并用它来模拟方腔流问题。

不可压缩的 N-S 方程为

$$\frac{\partial \boldsymbol{u}}{\partial t} + (\boldsymbol{u} \cdot \nabla)\boldsymbol{u} = -\frac{1}{\rho_0}\nabla p + \nu \Delta \boldsymbol{u} \tag{D.1}$$

$$\nabla \cdot \boldsymbol{u} = 0 \tag{D.2}$$

用常规的有限差分方法求解上述方程时，遇到的主要问题是需要求解压力 Poisson 方程，这需要消耗大量的时间，尤其是对三维问题，并且难以为压力 Poisson 方程提供适当的边界条件。解决该问题的途径之一是引入涡量 ω 和流函数 ψ，其中 $\boldsymbol{u} = \left(\dfrac{\partial \psi}{\partial y}, -\dfrac{\partial \psi}{\partial x}\right)$，$\Delta \psi = -\omega$，进而消去动量方程 (D.1) 中的压力项，使连续性方程 (D.2) 自动满足。这称为涡量-流函数方法，但是它只适用于处理二维问题。

Chorin(1967) 提出一种全新的方法来避免求解压力 Poisson 方程，他把连续性方程

(D.2) 替换为

$$\delta \frac{\partial p}{\partial t} + \nabla \cdot \boldsymbol{u} = 0 \tag{D.3}$$

其中, $p = \rho/\delta$, ρ 为人工密度 (artificial density), δ 为人工可压缩性参数, δ 与声速 c 的关系为

$$c^2 = \frac{1}{\delta} \tag{D.4}$$

因此, 压力与密度满足

$$p = \rho c^2 \tag{D.5}$$

这与 LBM 中的 $p = \rho c_s^2$ 相同, 因此说 LBM 也是一种人工可压缩性方法。

对于稳态问题, 最终的解与时间无关, 即方程 (D.1) 左边速度的时间导数项消失, N-S 方程变为

$$(\boldsymbol{u} \cdot \nabla)\boldsymbol{u} = -\frac{1}{\rho_0} \nabla p + \nu \Delta \boldsymbol{u} \tag{D.6}$$

$$\nabla \cdot \boldsymbol{u} = 0 \tag{D.7}$$

因此, 如果方程 (D.1) 与 (D.3) 的解最终收敛到与时间无关, 即方程 (D.3) 左边压力的时间导数项也消失, 那么该解也应该是方程 (D.6) 与 (D.7) 的解。从这一角度来看, δ 类似于一个松弛参数。

D.2　处理方腔顶盖流问题

下面我们介绍如何用人工可压缩性方法模拟方腔顶盖流问题。问题模型已经在 5.3 节中作了详细的介绍, 这里不再赘述。为了便于离散, 先将 N-S 方程写成分量形式:

$$\frac{\partial u}{\partial t} + \frac{\partial u^2}{\partial x} + \frac{\partial (uv)}{\partial y} = -\frac{\partial p}{\partial x} + \frac{1}{Re}\left(\frac{\partial^2 u}{\partial x^2} + \frac{\partial^2 u}{\partial y^2}\right)$$

$$\frac{\partial v}{\partial t} + \frac{\partial (uv)}{\partial x} + \frac{\partial v^2}{\partial y} = -\frac{\partial p}{\partial y} + \frac{1}{Re}\left(\frac{\partial^2 v}{\partial x^2} + \frac{\partial^2 v}{\partial y^2}\right) \tag{D.8}$$

$$\frac{1}{\delta}\frac{\partial p}{\partial t} + \frac{\partial u}{\partial x} + \frac{\partial v}{\partial y} = 0$$

如图 D.1 所示, 在交错网格上进行方程的离散, 其中压力定义在网格中心, 而速度定义在网格面上。对于某一个单元, 如图 D.2 所示, 以 x 方向动量方程为例, 具体的离散方式如下:

时间导数项采用前插格式：

$$\frac{\partial u}{\partial t} = \frac{u^{\text{new}} - u}{\mathrm{d}t} \tag{D.9}$$

其中 u^{new} 和 u 分别为下一时刻和当前时刻 x 方向速度。

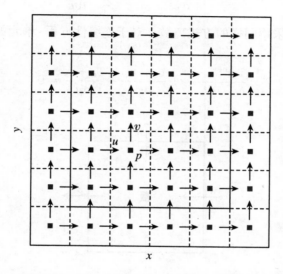

图 D.1　交错网格示意图。实心点代表压力, 箭头代表速度, 粗线方框代表边界, 方框外的节点为虚拟点

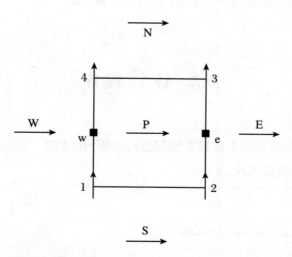

图 D.2　以速度为中心的网格单元示意图。实心点代表压力, 箭头代表速度

其他项采用中心差分格式:

$$\frac{\partial uu}{\partial x} = \frac{u_{\mathrm{E}}^2 - u_{\mathrm{W}}^2}{2\mathrm{d}x}$$

$$\frac{\partial uv}{\partial y} = \frac{\dfrac{u_{\mathrm{P}} + u_{\mathrm{N}}}{2}\dfrac{v_3 + v_4}{2} - \dfrac{u_{\mathrm{P}} + u_{\mathrm{S}}}{2}\dfrac{v_1 + v_2}{2}}{\mathrm{d}y}$$

$$\frac{\partial p}{\partial x} = \frac{p_{\mathrm{e}} - p_{\mathrm{w}}}{\mathrm{d}x}$$ (D.10)

$$\nabla^2 u = \frac{u_{\mathrm{E}} - 2u_{\mathrm{P}} + u_{\mathrm{W}}}{\mathrm{d}x^2} + \frac{u_{\mathrm{N}} - 2u_{\mathrm{P}} + u_{\mathrm{S}}}{\mathrm{d}y^2}$$

对 y 方向的动量方程采用同样的方式离散。对于连续性方程, 单元如图 D.3 所示, 离散形式为

$$\frac{1}{\delta}\frac{p^{\mathrm{new}} - p}{\mathrm{d}t} + \frac{u_{\mathrm{e}} - u_{\mathrm{w}}}{\mathrm{d}x} + \frac{v_{\mathrm{n}} - v_{\mathrm{s}}}{\mathrm{d}y} = 0$$ (D.11)

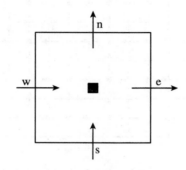

图 D.3 以压力为中心的网格单元示意图。实心点代表压力, 箭头代表速度

处理边界条件时, 在计算域的最外层设置一层虚拟点, 令虚拟点和相邻的计算节点的平均速度为它们之间的壁面速度即可。对于压力, 因为壁面是无穿透的, 所以壁面处的法向压力梯度为零。因此, 虚拟点的压力等于相邻的计算节点的压力。

D.3 计 算 程 序

用人工可压缩性方法处理方腔顶盖流问题的计算程序如下, 程序运行结果如图 5.2 所示, 同 LBM 模拟的结果作比较。

```
program main
implicit none
integer :: l,m,iteration,ioutput,fileno
parameter(l=201,m=201)
real*8 :: p(l+1,m+1)
real*8 :: u(l,m+1),v(l+1,m)
```

```
real*8 :: dx,dy,dt,error,Re

open(unit=101,file='error.dat',status='unknown')
close(101)
Re=100d0
ioutput=100000
dx=1d0/(l-1)
dy=dx
dt=1d-5

call flow_initial(l,m,dx,dy,u,v,p)
call output(l,m,dx,dy,u,v,p,0)
do iteration=1,5000000
    call NS_solver(l,m,dx,dy,dt,Re,u,v,p,error)
    if(mod(iteration,100).eq.0)then
        open(unit=101,file='error.dat',position='append')
        write(101,'(A,I10,A,D20.10)')'step=',iteration,'    error=',error
        close(101)
        if(mod(iteration,1000).eq.0)then
           write(*,'(A,I10,A,D20.10)')'step=',iteration,'    error=',error
        endif
    endif
    if(mod(iteration,ioutput).eq.0)then
        fileno=iteration/ioutput
        call output(l,m,dx,dy,u,v,p,fileno)
    endif
enddo
end


subroutine flow_initial(l,m,dx,dy,u,v,p)
implicit none
integer :: l,m,i,j
real*8 :: p(l+1,m+1)
real*8 :: u(l,m+1),v(l+1,m)
real*8 :: dx,dy,dt
do i=1,l
do j=1,m
    u(i,j)=0d0
enddo
enddo
do i=1,l
    u(i,m+1)=2d0-u(i,m)
enddo
do i=1,l+1
do j=1,m
    v(i,j)=0d0
enddo
enddo
do i=1,l+1
do j=1,m+1
    p(i,j)=0d0
enddo
enddo
endsubroutine flow_initial

subroutine NS_solver(l,m,dx,dy,dt,Re,u,v,p,error)
implicit none
integer :: l,m,i,j
real*8 :: p(l+1,m+1)
real*8 :: u(l,m+1),v(l+1,m)
real*8 :: dx,dy,dt,error,temp
```

```fortran
real*8 :: u_bottom,u_top,v_left,v_right
real*8 :: x_con1,x_con2,px,x_diff
real*8 :: y_con1,y_con2,py,y_diff
real*8 :: delta=4.5d0,Re

u_bottom=0d0;u_top=1d0
v_left=0d0;v_right=0d0
!!!!!! x direction momentum equation
do i=2,l-1
do j=2,m
    x_con1 = -(u(i+1,j)*u(i+1,j)-u(i-1,j)*u(i-1,j))/2d0/dx
    x_con2 = -((u(i,j)+u(i,j+1))/2d0*(v(i,j)+v(i+1,j))/2d0- &
             (u(i,j-1)+u(i,j))/2d0*(v(i,j-1)+v(i+1,j-1))/2d0)/dy
    px     = -(p(i+1,j)-p(i,j))/dx
    x_diff = 1d0/Re*((u(i+1,j)-2d0*u(i,j)+u(i-1,j))/dx/dx+ &
             (u(i,j+1)-2d0*u(i,j)+u(i,j-1))/dy/dy)
    u(i,j) = u(i,j)+dt*(x_con1+x_con2+px+x_diff)
enddo
enddo
do j=1,m+1
    u(1,j)=0d0
    u(l,j)=0d0
enddo
do i=1,l
    u(i,1)   =2d0*u_bottom-u(i,2)
    u(i,m+1)=2d0*u_top-u(i,m)
enddo

!!!!!! y direction momentum equation
do i=2,l
do j=2,m-1
    y_con1 = -((u(i,j)+u(i,j+1))/2d0*(v(i,j)+v(i+1,j))/2d0- &
             (u(i-1,j)+u(i-1,j+1))/2d0*(v(i-1,j)+v(i,j))/2d0)/dx
    y_con2 = -(v(i,j+1)*v(i,j+1)-v(i,j-1)*v(i,j-1))/2d0/dy
    py     = -(p(i,j+1)-p(i,j))/dy
    y_diff = 1d0/Re*((v(i+1,j)-2d0*v(i,j)+v(i-1,j))/dx/dx+&
             (v(i,j+1)-2d0*v(i,j)+v(i,j-1))/dy/dy)
    v(i,j) = v(i,j)+dt*(y_con1+y_con2+py+y_diff)
enddo
enddo
do j=1,m
    v(1,j)   =2d0*v_left-v(2,j)
    v(l+1,j)=2d0*v_right-v(l,j)
enddo
do i=1,l+1
    v(i,1)=0d0
    v(i,m)=0d0
enddo

!!!!!! continuity equation
do i=2,l
do j=2,m
    p(i,j)=p(i,j)-delta*dt*((u(i,j)-u(i-1,j))/dx+ &
           (v(i,j)-v(i,j-1))/dy)
enddo
enddo
do i=1,l+1
    p(i,1)=p(i,2)
    p(i,m+1)=p(i,m)
enddo
do j=1,m+1
    p(1,j)=p(2,j)
```

```
    p(l+1,j)=p(l,j)
enddo
!!!!!!!!!!!!error
error=0d0
do i=2,l
do j=2,m
    temp =(u(i,j)-u(i-1,j))/dx+(v(i,j)-v(i,j-1))/dy
    error=error+dabs(temp)
enddo
enddo
error=error/(l-1d0)**2d0
endsubroutine NS_solver

subroutine output(l,m,dx,dy,u,v,p,fileno)
implicit none
integer :: l,m,i,j,fileno
real*8 :: p(l+1,m+1)
real*8 :: u(l,m+1),v(l+1,m)
real*8 :: dx,dy,dt
real*8 :: x,y,uc,vc
integer, parameter:: nameLen = 5
character (LEN=nameLen):: fileName

write(filename,'(I5)')fileno
fileName = adjustr(fileName)
do  i=1,nameLen
    if(fileName(i:i)==' ')fileName(i:i)='0'
enddo
open(100,file='Flow'//trim(fileName)//'.plt',status='unknown')
write(100,*) 'TITLE="Cavity"'
write(100,*) 'VARIABLES="X" "Y" "U" "V" "P"'
write(100,*) 'ZONE T="Cavity" I= ',l-1,'J= ',m-1,'f=point'

do j=2,m
do i=2,l
    x =(i-1.5)*dx
    y =(j-1.5)*dy
    uc=(u(i,j)+u(i-1,j))/2d0
    vc=(v(i,j)+v(i,j-1))/2d0
    write(100,*) real(x),real(y),real(uc),real(vc),real(p(i,j))
enddo
enddo
close(100)

open(100,file='Vel'//trim(fileName)//'.plt')
write(100,*) 'VARIABLES="X" "V" "U" "Y"'
do i=2,l
    x =dble(i-1.5)*dx
    write(100,'(4D20.10)')x, v(i,m/2), u(l/2,i), x
enddo
close(100)
end subroutine output
```

附录 E 通过高斯积分公式得到 D2Q7 离散速度模型

平衡态分布函数的矩为

$$
\begin{aligned}
I &= \int \psi(\boldsymbol{\xi}) f^{\mathrm{eq}} \mathrm{d}\boldsymbol{\xi} \\
&= \frac{\rho}{(2\pi RT)^{D/2}} \int \psi(\boldsymbol{\xi}) \exp\left(-\frac{\boldsymbol{\xi}^2}{2RT}\right) \times \left[1 + \frac{(\boldsymbol{\xi} \cdot \boldsymbol{u})}{RT} + \frac{(\boldsymbol{\xi} \cdot \boldsymbol{u})^2}{2(RT)^2} - \frac{\boldsymbol{u}^2}{2RT}\right] \mathrm{d}\boldsymbol{\xi}
\end{aligned}
\tag{E.1}
$$

其中, D 是空间维度, $\psi(\boldsymbol{\xi})$ 是 $\boldsymbol{\xi}$ 的多项式。上面的积分具有以下形式:

$$
\int \mathrm{e}^{-x^2} \psi(x) \mathrm{d}x
\tag{E.2}
$$

可以用高斯型求积公式进行数值计算。

7 速度分量 (Q7) 模型是在二维 $(D=2)$ 三角格子空间上构建的。三角形晶格具有流体力学所必需的旋转对称性。这里使用了速度 $\boldsymbol{\xi}$ 空间的极坐标, 即 (ξ,θ)。为了简单起见, 但不失一般性, 假设

$$
\begin{aligned}
\psi_{m,n}(\boldsymbol{\xi}) &= \xi_x^m \xi_y^n \\
&= (\xi^m \cos^m \theta)(\xi^n \sin^n \theta) \\
&= \left(\sqrt{2RT}\right)^{m+n} \zeta^{m+n} \cos^m \theta \sin^n \theta
\end{aligned}
\tag{E.3}
$$

其中, $\xi_x = \xi\cos\theta, \xi_y = \xi\sin\theta$ 为在直角坐标系中 $\boldsymbol{\xi}$ 的 x,y 分量, $\zeta = \xi/\sqrt{2RT}$, m,n 为整数。因此方程 (E.1) 中的积分变成

$$
\begin{aligned}
I &= \int \psi_{m,n}(\boldsymbol{\xi}) f^{\mathrm{eq}} \mathrm{d}\boldsymbol{\xi} \\
&= \frac{\rho}{\pi} (\sqrt{2RT})^{m+n} \int_0^{2\pi} \int_0^{\infty} \mathrm{e}^{-\zeta^2} \zeta^{m+n} \cos^m \theta \sin^n \theta \\
&\quad \times \left[1 + \frac{2\zeta(\hat{\boldsymbol{e}} \cdot \boldsymbol{u})}{\sqrt{2RT}} + \frac{\zeta^2(\hat{\boldsymbol{e}} \cdot \boldsymbol{u})^2}{RT} - \frac{\boldsymbol{u}^2}{2RT}\right] \mathrm{d}\theta \mathrm{d}\zeta
\end{aligned}
\tag{E.4}
$$

其中, $\hat{\boldsymbol{e}} = (\cos\theta, \sin\theta)$。

为了得到三角格子空间上 7 分量的格子 Boltzmann 方程, 角度变量 θ 必须在区间 $[0,2\pi)$ 内均匀离散成 6 个部分, 即 $\mathrm{d}\theta = \dfrac{\pi}{3}$, 因此 $\theta_\alpha = (\alpha-1)\pi/3$, $\alpha = \{1,2,\cdots,6\}$。由于 θ

的离散化, 对于 $(m+n) \leqslant 5$, 我们有

$$\int_0^{2\pi} \cos^m \theta \sin^n \theta \mathrm{d}\theta = \begin{cases} \dfrac{\pi}{3} \sum_{\alpha=1}^6 \cos^m \theta_\alpha \sin^n \theta_\alpha, & m+n \text{ 为偶数} \\ 0, & m+n \text{ 为奇数} \end{cases} \tag{E.5}$$

利用上式, 如果 $m+n$ 为偶数, 则有

$$I = \frac{\rho}{3} (\sqrt{2RT})^{m+n} \sum_{\alpha=1}^6 \cos^m \theta_\alpha \sin^n \theta_\alpha \left[\left(1 - \frac{\boldsymbol{u}^2}{2RT} \right) I_{m+n} + \frac{(\hat{\boldsymbol{e}}_\alpha \cdot \boldsymbol{u})^2}{RT} I_{m+n+2} \right] \tag{E.6}$$

如果 $m+n$ 为奇数, 则 $m+n+1$ 为偶数, 有

$$I = \frac{\rho}{3} (\sqrt{2RT})^{m+n} \sum_{\alpha=1}^6 \cos^m \theta_\alpha \sin^n \theta_\alpha \frac{2(\hat{\boldsymbol{e}}_\alpha \cdot \boldsymbol{u})}{\sqrt{2RT}} I_{m+n+1} \tag{E.7}$$

在以上两式中 $\hat{\boldsymbol{e}}_\alpha = (\cos \theta_\alpha, \sin \theta_\alpha)$, 并且

$$I_m = \int_0^{+\infty} \left(\zeta e^{-\zeta^2} \right) \zeta^m \mathrm{d}\zeta \tag{E.8}$$

是关于权重函数 $\zeta e^{-\zeta^2}$ 的 m 阶矩。

由于 7 分量模型只有两种速度 $(n=2)$, 其中一种速度固定为 0, 因此很明显, 计算 I_m 积分的高斯积分节点应为 $\zeta_0 = 0$ 和 $\zeta_1 = \gamma^{-1}$, 其中 γ 是可调的正参数。Radau-Gauss 公式是计算积分 I_m 的自然选择:

$$I_m = \omega_0 \zeta_0^m + \sum_{j=1}^n \omega_j \zeta_j^m \tag{E.9}$$

这里 ω_0, ω_1 是高斯积分系数。

对于 7 分量模型, $n=1$, 需要计算的积分是 I_0, I_2 和 I_4。由于积分 I 的对称性, I_1 和 I_3 不起任何作用, 如方程 (E.6) 和 (E.7) 所示。因此, 我们得到

$$\begin{aligned} I_0 &= \omega_0 + \omega_1 = 1/2 \\ I_2 &= \omega_1 \gamma^{-2} = 1/2 \\ I_4 &= \omega_1 \gamma^{-4} = 1 \end{aligned} \tag{E.10}$$

解得

$$\begin{aligned} \omega_0 &= 1/4 \\ \omega_1 &= 1/4 \\ \gamma &= 1/\sqrt{2} \end{aligned} \tag{E.11}$$

注意 $\zeta_1 = 1/\gamma = \sqrt{2}$。因此, 可得

$$I_m = \frac{1}{4} (\zeta_0^m + \zeta_1^m), \quad m = 0, 2, 4 \tag{E.12}$$

注意到上述 I_m 的求积对于 $m = 0, 2, 4$ 是精确的。因此, 以下等式对于 $m+n \leqslant 5$ 也是精确的:

$$
\begin{aligned}
I =& \frac{\rho}{\pi}\frac{\pi}{3}(\sqrt{2RT})^{m+n}\sum_{\alpha=1}^{6}\cos^m\theta_\alpha\sin^n\theta_\alpha\left[\left(1-\frac{\boldsymbol{u}^2}{2RT}\right)\right.\\
&\times\frac{1}{4}\left(\zeta_0^{m+n}+\zeta_1^{m+n}\right)+\frac{2\left(\hat{\boldsymbol{e}}_\alpha\cdot\boldsymbol{u}\right)}{\sqrt{2RT}}\frac{1}{4}\left(\zeta_0^{m+n+1}+\zeta_1^{m+n+1}\right)\\
&\left.+\frac{(\hat{\boldsymbol{e}}_\alpha\cdot\boldsymbol{u})^2}{RT}\frac{1}{4}\left(\zeta_0^{m+n+2}+\zeta_1^{m+n+2}\right)\right]\\
=&\frac{\rho}{12}(\sqrt{2RT})^{m+n}\sum_{\alpha=1}^{6}\cos^m\theta_\alpha\sin^n\theta_\alpha\left[\left(1-\frac{\boldsymbol{u}^2}{2RT}\right)\zeta_0^{m+n}+\frac{2\left(\hat{\boldsymbol{e}}_\alpha\cdot\boldsymbol{u}\right)}{\sqrt{2RT}}\zeta_0^{m+n+1}\right.\\
&\left.+\frac{(\hat{\boldsymbol{e}}_\alpha\cdot\boldsymbol{u})^2}{RT}\zeta_0^{m+n+2}\right]+\frac{\rho}{12}(\sqrt{2RT})^{m+n}\sum_{\alpha=1}^{6}\cos^m\theta_\alpha\sin^n\theta_\alpha\left[\left(1-\frac{\boldsymbol{u}^2}{2RT}\right)\zeta_1^{m+n}\right.\\
&\left.+\frac{2\left(\hat{\boldsymbol{e}}_\alpha\cdot\boldsymbol{u}\right)}{\sqrt{2RT}}\zeta_1^{m+n+1}+\frac{(\hat{\boldsymbol{e}}_\alpha\cdot\boldsymbol{u})^2}{RT}\zeta_1^{m+n+2}\right]\\
=&\frac{\rho}{2}\psi_{m,n}(\boldsymbol{\xi}_0)\left(1-\frac{\boldsymbol{u}^2}{2RT}\right)+\frac{\rho}{12}\sum_{\alpha=1}^{6}\psi_{m,n}(\boldsymbol{\xi}_\alpha)\times\left[1+\frac{\boldsymbol{\xi}_\alpha\cdot\boldsymbol{u}}{RT}+\frac{(\boldsymbol{\xi}_\alpha\cdot\boldsymbol{u})^2}{2(RT)^2}-\frac{\boldsymbol{u}^2}{2RT}\right]\\
=&\sum_{\alpha=0}^{6}\psi_{m,n}(\boldsymbol{\xi}_\alpha)f_\alpha^{\mathrm{eq}} \qquad\qquad\qquad\qquad\qquad\qquad\qquad\qquad\quad (\mathrm{E.13})
\end{aligned}
$$

其中, $\|\boldsymbol{\xi}_0\|=\sqrt{2RT}\zeta_0=0$, $\boldsymbol{\xi}_\alpha=\sqrt{2RT}\zeta_1\hat{\boldsymbol{e}}_\alpha=2\sqrt{RT}\hat{\boldsymbol{e}}_\alpha$。注意到 $\zeta_0=0$, 若 $m+n>0$, 则 $\zeta_0^{m+n}=0$。但是有时我们需要求 0 阶矩, 即 $m+n=0$ 情形, 所以上面式子的推导中保留了 $\left(1-\dfrac{\boldsymbol{u}^2}{2RT}\right)\zeta_0^{m+n}$ 而去除了 $\dfrac{2\left(\hat{\boldsymbol{e}}_\alpha\cdot\boldsymbol{u}\right)}{\sqrt{2RT}}\zeta_0^{m+n+1}$ 和 $\dfrac{(\hat{\boldsymbol{e}}_\alpha\cdot\boldsymbol{u})^2}{RT}\zeta_0^{m+n+2}$ 这两项 (因为这两项都为 0)。

我们接着定义常数 $c=2\sqrt{RT}$ 为格子速度, 则 $\boldsymbol{\xi}_\alpha=2\sqrt{RT}\hat{\boldsymbol{e}}_\alpha=c\hat{\boldsymbol{e}}_\alpha$。于是, 根据上式可以直接得到 7 分量模型的平衡态分布函数是

$$
f_\alpha^{\mathrm{eq}}=\omega_\alpha\rho\left[1+\frac{4\left(\boldsymbol{\xi}_\alpha\cdot\boldsymbol{u}\right)}{c^2}+\frac{8\left(\boldsymbol{\xi}_\alpha\cdot\boldsymbol{u}\right)^2}{c^4}-\frac{2\boldsymbol{u}^2}{c^2}\right] \qquad\qquad (\mathrm{E.14})
$$

其中, $\alpha\in\{0,1,2,\cdots,6\}$, $c=\dfrac{\delta_x}{\delta_t}$ 是格子速度, 离散速度为

$$
\boldsymbol{\xi}_\alpha=\begin{cases}c(0,0), & \alpha=0\\ c\left(\cos\theta_\alpha,\sin\theta_\alpha\right), & \theta_\alpha=(\alpha-1)\pi/3, \quad \alpha=1,2,\cdots,6\end{cases} \qquad (\mathrm{E.15})
$$

权系数为

$$
\omega_\alpha=\begin{cases}1/2, & \alpha=0\\ 1/12, & \alpha=1,2,\cdots,6\end{cases} \qquad\qquad\qquad\qquad (\mathrm{E.16})
$$

若定义格子声速 $c_{\mathrm{s}}=\dfrac{c}{2}$, 则 f_α^{eq} 可以进一步表示为更一般的形式:

$$
f_\alpha^{\mathrm{eq}}=\omega_\alpha\rho\left[1+\frac{\boldsymbol{\xi}_\alpha\cdot\boldsymbol{u}}{c_{\mathrm{s}}^2}+\frac{(\boldsymbol{\xi}_\alpha\cdot\boldsymbol{u})^2}{2c_{\mathrm{s}}^4}-\frac{\boldsymbol{u}^2}{2c_{\mathrm{s}}^2}\right] \qquad\qquad (\mathrm{E.17})
$$

通常 $\boldsymbol{\xi}_\alpha$ 也写作 $\boldsymbol{e}_\alpha$。

附录 F 高斯积分

本书使用到的一些标准一维高斯积分有

$$\int_{-\infty}^{\infty} e^{-ax^2} dx = \sqrt{\frac{\pi}{a}}$$

$$\int_{-\infty}^{\infty} x^2 e^{-ax^2} dx = \frac{\sqrt{\pi}}{2} a^{-3/2} \qquad \text{(F.1)}$$

$$\int_{-\infty}^{\infty} x^4 e^{-ax^2} dx = \frac{3\sqrt{\pi}}{4} a^{-5/2}$$

利用一维积分可以推导三维积分:

$$\int_{-\infty}^{\infty} \int_{-\infty}^{\infty} \int_{-\infty}^{\infty} dxdydz e^{-a(x^2+y^2+z^2)} = \int_{-\infty}^{\infty} e^{-ax^2} dx \int_{-\infty}^{\infty} e^{-ay^2} dy \int_{-\infty}^{\infty} e^{-az^2} dz = \left(\frac{\pi}{a}\right)^{3/2}$$

$$\text{(F.2)}$$

我们可能还会用到

$$\int_{-\infty}^{\infty} \int_{-\infty}^{\infty} \int_{-\infty}^{\infty} dxdydz \left(x^2+y^2+z^2\right) e^{-a(x^2+y^2+z^2)}$$

$$= \int_{-\infty}^{\infty} x^2 e^{-ax^2} dx \int_{-\infty}^{\infty} e^{-ay^2} dy \int_{-\infty}^{\infty} e^{-az^2} dz$$

$$+ \int_{-\infty}^{\infty} e^{-ax^2} dx \int_{-\infty}^{\infty} y^2 e^{-ay^2} dy \int_{-\infty}^{\infty} e^{-az^2} dz$$

$$+ \int_{-\infty}^{\infty} e^{-ax^2} dx \int_{-\infty}^{\infty} e^{-ay^2} dy \int_{-\infty}^{\infty} z^2 e^{-az^2} dz$$

$$= \frac{3}{2a} \left(\frac{\pi}{a}\right)^{3/2} \qquad \text{(F.3)}$$

除此之外, 还有

$$\int_{-\infty}^{\infty} \int_{-\infty}^{\infty} \int_{-\infty}^{\infty} dxdydz x^2 \left(x^2+y^2+z^2\right) e^{-a(x^2+y^2+z^2)}$$

$$= \int_{-\infty}^{\infty} x^4 e^{-ax^2} dx \int_{-\infty}^{\infty} e^{-ay^2} dy \int_{-\infty}^{\infty} e^{-az^2} dz$$

$$+ \int_{-\infty}^{\infty} x^2 e^{-ax^2} dx \int_{-\infty}^{\infty} y^2 e^{-ay^2} dy \int_{-\infty}^{\infty} e^{-az^2} dz$$

$$+ \int_{-\infty}^{\infty} x^2 e^{-ax^2} dx \int_{-\infty}^{\infty} e^{-ay^2} dy \int_{-\infty}^{\infty} z^2 e^{-az^2} dz$$

$$= \frac{3}{(2a)^2} \left(\frac{\pi}{a}\right)^{3/2} + \frac{1}{(2a)^2} \left(\frac{\pi}{a}\right)^{3/2} + \frac{1}{(2a)^2} \left(\frac{\pi}{a}\right)^{3/2}$$

$$= \frac{5}{(2a)^2} \left(\frac{\pi}{a}\right)^{3/2} \qquad \text{(F.4)}$$

参 考 文 献

Ahrenholz B, Toelke J, Lehmann P, et al. 2008. Prediction of capillary hysteresis in a porous material using lattice-Boltzmann methods and comparison to experimental data and a morphological pore network model[J]. Adv. in Water Resources, 31(9): 1151-1173.

Amati G, Succi S, Benzi R. 1997. Turbulent channel flow simulations using a coarse-grained extension of the lattice Boltzmann method[J]. Fluid Dynamics Research, 19(5): 289-302.

Amaya-Bower L, Lee T. 2010. Single bubble rising dynamics for moderate reynolds number using lattice Boltzmann method[J]. Computers & Fluids, 39(7): 1191-1207.

Angelopoulos A, Paunov V, Burganos V, et al. 1998. Lattice Boltzmann simulation of nonideal vapor-liquid flow in porous media[J]. Physical Review E, 57(3): 3237.

Atkins P. 1978. Physical chemistry[M]. WH Freeman and Company.

Benzi R, Biferale L, Sbragaglia M, et al. 2006. Mesoscopic modeling of a two-phase flow in the presence of boundaries: The contact angle[J]. Physical Review E, 74(2): 021509.

Benzi R, Sbragaglia M, Succi S, et al. 2009. Mesoscopic lattice Boltzmann modeling of soft-glassy systems: theory and simulations[J]. The Journal of Chemical Physics, 131(10): 104903.

Bhaga D, Weber M. 1981. Bubbles in viscous liquids: shapes, wakes and velocities[J]. J. Fluid Mech., 105: 61-85.

Biferale L, Perlekar P, Sbragaglia M, et al. 2012. Convection in multiphase fluid flows using lattice Boltzmann methods[J]. Physical Review Letters, 108(10): 104502.

Bouzidi M, Firdaouss M, Lallemand P. 2001. Momentum transfer of a Boltzmann-lattice fluid with boundaries[J]. Phys. Fluids, 13(1): 3452-3459.

Boyd J, Buick J, Cosgrove J, et al. 2005. Application of the lattice Boltzmann model to simulated stenosis growth in a two-dimensional carotid artery[J]. Physics in Medicine and Biology, 50(20): 4783.

Briant A J, Yeomans J M. 2004a. Lattice Boltzmann simulations of contact line motion. ii. binary fluids[J]. Physical Review E, 69(3): 031603.

Briant A J, Papatzacos P, Yeomans J M. 2002. Lattice Boltzmann simulations of contact line motion in a liquid-gas system[J]. Phil. Transactions of the Royal Society of London Series Amathe. Phys. and Engineer. Sciences, 360(1792): 485-495.

Briant A J, Wagner A J, Yeomans J M. 2004b. Lattice Boltzmann simulations of contact line motion. i. liquid-gas systems[J]. Physical Review E, 69(3): 031602.

Buick J M, Greated C A. 2000. Gravity in a lattice Boltzmann model[J]. Physical Review E,61(5): 5307-5320.

Cahn J, Hilliard J. 1958. Free energy of a nonuniform system. i. interfacial free energy[J]. J. Chem. Phys., 28: 258-267.

Carnahan N F, Starling K E. 1969. Equation of state for nonattracting rigid spheres[J]. The Journal of Chemical Physics, 51(2): 635-636.

Chan T, Srivastava S, Marchand A, et al. 2013. Hydrodynamics of air entrainment by moving contact lines[J]. Physics of Fluids, 25(7): 074105.

Chao J H, Mei R W, Singh R, et al. 2011. A filter-based, mass-conserving lattice Boltzmann method for immiscible multiphase flows[J]. Int. J. for Numerical Methods in Fluids, 66(5): 622-647.

Chen I, Kang Q, Mu Y, et al. 2014. A critical review of the pseudopotential multiphase lat- tice Boltzmann model: Methods and applications[J]. International Journal of Heat and Mass Transfer, 76: 210-236.

Chen S, Doolen G D. 1998. Lattice Boltzmann method for fluid flows[J]. Annual Review of Fluid Mechanics, 30: 329-364.

Chen S, Martinez D, Mei R. 1996. On boundary conditions in lattice Boltzmann methods[J].Physics of Fluids, 8(9): 2527-2536.

Chen Z, Shu C, Tan D. 2018. Immersed boundary-simplified lattice Boltzmann method for incompressible viscous flows[J]. Physics of Fluids, 30(5): 053601.

Chiu P H, Lin Y T. 2011. A conservative phase field method for solving incompressible two-phase flows[J]. Journal of Computational Physics, 230(1): 185-204.

Chorin A J. 1967. A numerical method for solving incompressible viscous flow problems[J]. Journal of Computational Physics, 2(1): 12-26.

Chun B, Ladd A J C. 2007. Interpolated boundary condition for lattice Boltzmann simulations of flows in narrow gaps[J]. Phys. Rev. E, 75(6): 066705.

De Gennes P. 1985. Wetting: statics and dynamics[J]. Rev. Mod. Phys., 57(3): 827-863.

Denniston C, Orlandini E, Yeomans J. 2001. Lattice Boltzmann simulations of liquid crystal hydrodynamics[J]. Physical Review E, 63(5): 056702.

Dupuis A, Yeomans J M. 2004. Lattice Boltzmann modelling of droplets on chemically heterogeneous surfaces[J]. Future Generation Computer Systems, 20(6): 993-1001.

Evans R. 1979. The nature of the liquid-vapour interface and other topics in the statistical mechanics of non-uniform, classical fluids[J]. Adv. Phys., 28(2): 143-200.

Fakhari A, Rahimian M H. 2010. Phase-field modeling by the method of lattice Boltzmann equations[J]. Physical Review E, 81(3): 036707.

Fakhari A, Mitchell T, Leonardi C, et al. 2017. Improved locality of the phase-field lattice-Boltzmann model for immiscible fluids at high density ratios[J]. Physical Review E, 96(5): 053301.

Falcucci G, Ubertini S, Succi S. 2010. Lattice Boltzmann simulations of phase-separating flows at large density ratios: the case of doubly-attractive pseudo-potentials[J]. Soft Matter, 6(18): 4357-4365.

Falcucci G, Ubertini S, Bella G, et al. 2013. Lattice Boltzmann simulation of cavitating flows[J]. Communications in Computational Physics, 13(3): 685-695.

Filippova O, Hänel D. 1998. Grid refinement for lattice-BGK models[J]. Journal of Computational Physics, 147(1): 219-228.

Filippova O, Hänel D. 2000. Acceleration of lattice-BGK schemes with grid refinement[J]. Journal of Computational Physics, 165(2): 407-427.

Finn R. 2006. The contact angle in capillarity[J]. Physics of Fluids, 18(4): 047102.

Frank X, Funfschilling D, Midoux N, et al. 2005. Bubbles in a viscous liquid: lattice Boltzmann simulation and experimental validation[J]. Journal of Fluid Mechanics, 546: 113-122.

Frisch U, Hasslacher B, Pomeau Y. 1986. Lattice-gas automata for the navier-stokes equation[J]. Phys. Rev. Lett, 56(14): 1505.

Frisch U, D'humieres D, Hasslacher B, et al. 1987. Lattice gas hydrodynamics in two and three dimensions[J]. Complex Systems, 1(4): 649-708.

Ginzbourg I, Adler P. 1994. Boundary flow condition analysis for the three-dimensional lattice Boltzmann model[J]. Journal de Physique II, 4(2): 191-214.

Ginzburg I, Dhumieres D. 2003. Multi-reflection boundary conditions for lattice Boltzmann models[J]. Phys. Rev. E, 68(6): 066614.

Gong S, Cheng P. 2012. A lattice Boltzmann method for simulation of liquid vapor phase-change heat transfer[J]. International Journal of Heat and Mass Transfer, 55(17): 4923-4927.

Gonnella G, Orlandini E, Yeomans J. 1997. Spinodal decomposition to a lamellar phase: effects of hydrodynamic flow[J]. Physical Review Letters, 78(9): 1695.

Gross M, Moradi N, Zikos G, et al. 2011. Shear stress in nonideal fluid lattice Boltzmann simulations[J]. Physical Review E, 83(1): 017701.

Grubert D, Yeomans J M. 1999. Mesoscale modeling of contact line dynamics[J]. Computer Physics Communications, 121: 236-239.

Grunau D, Chen S, Eggert K. 1993. A lattice Boltzmann model for multiphase fluid flows [J]. Physics of Fluids A: Fluid Dynamics (1989-1993), 5(10): 2557-2562.

Gunstensen A K, Rothman D H, Zaleski S, et al. 1991. Lattice Boltzmann model of immiscible fluids[J]. Physical Review A, 43(8): 4320-4327.

Guo Z, Zheng C, Shi B. 2002a. Non-equilibrium extrapolation method for velocity and pressure boundary conditions in the lattice Boltzmann method[J]. Chin. Phys., 11(6): 366.

Guo Z, Zheng C, Shi B. 2002b. An extrapolation method for boundary conditions in lattice Boltzmann method[J]. Phys. Fluids, 14(6): 2007-2010.

Guo Z L, Zheng C G, Shi B C. 2002c. Discrete lattice effects on the forcing term in the lattice Boltzmann method[J]. Physical Review E, 65(4): 046308.

Guo Z, Shu C. 2013. Lattice Boltzmann method and its applications in engineering (advances in computational fluid dynamics)[M]. World Scientific Publishing Company.

Hao L, Cheng P. 2009. Lattice Boltzmann simulations of liquid droplet dynamic behavior on a hydrophobic surface of a gas flow channel[J]. Journal of Power Sources, 190(2): 435-446.

Hao L, Cheng P. 2010. Lattice Boltzmann simulations of water transport in gas diffusion layer of a polymer electrolyte membrane fuel cell[J]. Journal of Power Sources, 195(12): 3870-3881.

Házi G, Márkus A. 2008. Modeling heat transfer in supercritical fluid using the lattice Boltzmann method[J]. Physical Review E, 77(2): 026305.

Házi G, Márkus A. 2009. On the bubble departure diameter and release frequency based on numerical simulation results[J]. International Journal of Heat and Mass Transfer, 52(5): 1472-1480.

Házi G, Imre A R, Mayer G, et al. 2002. Lattice Boltzmann methods for two-phase flow modeling[J]. Annals of Nuclear Energy, 29(12): 1421-1453.

He X Y, Doolen G D. 2002. Thermodynamic foundations of kinetic theory and lattice Boltzmann models for multiphase flows[J]. Journal of Statistical Physics, 107(1-2): 309-328.

He X Y, Zou Q S, Luo L S, et al. 1997a. Analytic solutions of simple flows and analysis of nonslip boundary conditions for the lattice Boltzmann BGK model[J]. Journal of Statistical Physics, 87 (1-2): 115-136.

He X Y, Shan X W, Doolen G D. 1998. Discrete Boltzmann equation model for nonideal gases[J]. Physical Review E, 57(1): R13-R16.

He X Y, Chen S Y, Zhang R Y. 1999. A lattice Boltzmann scheme for incompressible multiphase flow and its application in simulation of Rayleigh-Taylor instability[J]. Journal of Computational Physics, 152(2): 642-663.

He X, Doolen G. 1997b. Lattice Boltzmann method on curvilinear coordinates system: flow around a circular cylinder[J]. Journal of Computational Physics, 134(2): 306-315.

He X, Luo L S. 1997c. Theory of the lattice Boltzmann method: From the Boltzmann equation to the lattice Boltzmann equation[J]. Phys. Rev. E., 56: 6811-6817.

Higuera F, Succi S, Benzi R. 1989. Lattice gas dynamics with enhanced collisions[J]. EPL (Europhysics Letters), 9(4): 345.

Holdych D J, Rovas D, Georgiadis J G, et al. 1998. An improved hydrodynamics formulation for multiphase flow lattice-Boltzmann models[J]. Int. Journal of Modern Physics C, 9(8): 1393-1404.

Holdych D, Georgiadis J, Buckius R. 2001. Migration of a van der Waals bubble: lattice Boltzmann formulation[J]. Physics of Fluids, 13(4): 817-825.

Hou S L, Shan X W, Zou Q S, et al. 1997. Evaluation of two lattice Boltzmann models for multiphase flows[J]. Journal of Computational Physics, 138(2): 695-713.

Hou S, Zou Q, Chen S, et al. 1995. Simulation of cavity flow by the lattice Boltzmann method [J]. Journal of Computational Physics, 118(2): 329-347.

Huang H B, Lu X Y. 2009a. Relative permeabilities and coupling effects in steady-state gas-liquid flow in porous media: A lattice Boltzmann study[J]. Physics of Fluids, 21(9): 092104.

Huang H B, Krafczyk M, Lu X Y. 2011a. Forcing term in single-phase and Shan-Chen-type multiphase lattice Boltzmann models[J]. Physical Review E, 84(4): 046710.

Huang H B, Wang L, Lu X Y. 2011b. Evaluation of three lattice Boltzmann models for multi- phase flows in porous media[J]. Computers & Mathematics with Applications, 61(12): 3606-3617.

Huang H B, Huang J J, Lu X Y, et al. 2013. On simulations of high-density ratio flows using color-gradient multiphase lattice Boltzmann models[J]. International Journal of Modern Physics C, 24(4): 1350021.

Huang H, Sukop M, Lu X. 2015. Multiphase lattice Boltzmann methods: Theory and application [M]. John Wiley & Sons.

Huang H, Thorne D T, Schaap M G, et al. 2007. Proposed approximation for contact angles in Shan-Chen-type multicomponent multiphase lattice Boltzmann models[J]. Physical Review E, 76(6): 066701.

Huang H, Krafczyk M, Lu X. 2011c. Forcing term in single-phase and Shan-Chen-type mul- tiphase lattice Boltzmann models[J]. Physical Review E, 84(4): 046710.

Huang H, Huang J J, Lu X Y. 2014. Study of immiscible displacements in porous media using a color-gradient-based multiphase lattice Boltzmann method[J]. Computers & Fluids, 93: 164-172.

Huang J J, Shu C, Chew Y T. 2009b. Mobility-dependent bifurcations in capillarity-driven two-phase fluid systems by using a lattice Boltzmann phase-field model[J]. International Journal for Numerical Methods in Fluids, 60(2): 203-225.

Hyväluoma J, Koponen A, Raiskinmäki P, et al. 2007. Droplets on inclined rough surfaces[J]. The European Physical Journal E: Soft Matter and Biological Physics, 23(3): 289-293.

Hyväluoma J, Harting J. 2008. Slip flow over structured surfaces with entrapped microbubbles[J]. Physical Review Letters, 100(24): 246001.

Inamuro T, Ogata T, Tajima S, et al. 2004. A lattice Boltzmann method for incompressible two-phase flows with large density differences[J]. Journal of Computational Physics, 198(2): 628-644.

Inamuro T, Yoshino M, Ogino F. 1995. A non-slip boundary condition for lattice Boltzmann simulations[J]. Physics of Fluids, 7(12): 2928-2930.

Inamuro T, Konishi N, Ogino F. 2000. A galilean invariant model of the lattice Boltzmann method for multiphase fluid flows using free-energy approach[J]. Computer Physics Communications, 129(1): 32-45.

Jacqmin D. 1999. Calculation of two-phase Navier-Stokes flows using phase-field modeling[J]. Journal of Computational Physics, 155: 96-127.

Joshi A S, Sun Y. 2009. Multiphase lattice Boltzmann method for particle suspensions[J]. Physical Review E, 79(6): 066703.

Joshi A S, Sun Y. 2010. Wetting dynamics and particle deposition for an evaporating colloidal drop: A lattice Boltzmann study[J]. Physical Review E, 82(4): 041401.

Junk M, Klar A, Luo L S. 2005. Asymptotic analysis of the lattice Boltzmann equation[J]. Journal of Computational Physics, 210(2): 676-704.

Kalarakis A, Burganos V, Payatakes A. 2002. Galilean-invariant lattice-Boltzmann simulation of liquid-vapor interface dynamics[J]. Physical Review E, 65(5): 056702.

Kang Q J, Zhang D X, Chen S Y. 2002. Displacement of a two-dimensional immiscible droplet in a channel[J]. Physics of Fluids, 14(9): 3203-3214.

Kang Q J, Zhang D X, Chen S Y. 2005. Displacement of a three-dimensional immiscible droplet in a duct[J]. Journal of Fluid Mechanics, 545: 41-66.

Kendon V M, Cates M E, Pagonabarraga I, et al. 2001. Inertial effects in three-dimensional spinodal decomposition of a symmetric binary fluid mixture: a lattice Boltzmann study[J]. Journal of Fluid Mechanics, 440: 147-203.

Kikkinides E, Yiotis A, Kainourgiakis M, et al. 2008. Thermodynamic consistency of liquid-gas lattice Boltzmann methods: Interfacial property issues[J]. Physical Review E, 78 (3): 036702.

Krüger T, Kusumaatmaja H, Kuzmin A, et al. 2017. The lattice Boltzmann method[J]. Springer International Publishing, 10(978-3): 4-15.

Kuksenok O, Yeomans J, Balazs A C. 2002. Using patterned substrates to promote mixing in microchannels[J]. Physical Review E, 65(3): 031502.

Kupershtokh A L, Medvedev D A, Karpov D I. 2009. On equations of state in a lattice Boltzmann method[J]. Computers & Mathematics with Applications, 58(5): 965-974.

Kusumaatmaja H, Yeomans J M. 2007. Controlling drop size and polydispersity using chemically patterned surfaces[J]. Langmuir, 23(2): 956-959.

Kusumaatmaja H, Yeomans J M. 2009. Anisotropic hysteresis on ratcheted superhydrophobic surfaces[J]. Soft Matter, 5(14): 2704-2707.

Kusumaatmaja H, Leopoldes J, Dupuis A, et al. 2006. Drop dynamics on chemically patterned surfaces[J]. EPL (Europhysics Letters), 73(5): 740.

Kusumaatmaja H, Vrancken R, Bastiaansen C, et al. 2008. Anisotropic drop morphologies on corrugated surfaces[J]. Langmuir, 24(14): 7299-7308.

Ladd A J C, Verberg R. 2001. Lattice-Boltzmann simulations of particle-fluid suspensions[J]. Journal of Statistical Physics, 104(5-6): 1191-1251.

Ladd A J. 1994a. Numerical simulations of particulate suspensions via a discretized Boltzmann equation. part 1. theoretical foundation[J]. Journal of Fluid Mechanics, 271: 285-309.

Ladd A J. 1994b. Numerical simulations of particulate suspensions via a discretized Boltzmann equation. part 2. numerical results[J]. Journal of Fluid Mechanics, 271: 311-339.

Lai M C, Peskin C S. 2000a. An immersed boundary method with formal second-order accuracy and reduced numerical viscosity[J]. Journal of Computational Physics, 160(2): 705-719.

Lai M C, Peskin C S. 2000b. An immersed boundary method with formal second-order accuracy and reduced numerical viscosity[J]. Journal of Computational Physics, 160(2): 705-719.

Lallemand P, Luo L S. 2000. Theory of the lattice Boltzmann method: Dispersion, dissipation, isotropy, galilean invariance, and stability[J]. Physical Review E, 61(6): 6546-6562.

Lallemand P, Luo L S, Peng Y. 2007. A lattice Boltzmann front-tracking method for interface dynamics with surface tension in two dimensions[J]. Journal of Computational Physics, 226(2): 1367-1384.

Lamura A, Gonnella G, Yeomans J. 1999. A lattice Boltzmann model of ternary fluid mixtures[J]. EPL (Europhysics Letters), 45(3): 314.

Langaas K, Yeomans J M. 2000. Lattice Boltzmann simulation of a binary fluid with different phase viscosities and its application to fingering in two dimensions[J]. European Physical Journal B, 15(1): 133-141.

Latva-kokko M, Rothman D. 2005. Static contact angle in lattice Boltzmann models of immiscible fluids[J]. Physical Review E, 72(4): 046701.

Lee T, Fischer P F. 2006. Eliminating parasitic currents in the lattice Boltzmann equation method for nonideal gases[J]. Physical Review E, 74(4): 046709.

Lee T, Lin C L. 2005. A stable discretization of the lattice Boltzmann equation for simulation of incompressible two-phase flows at high density ratio[J]. Journal of Computational Physics, 206(1): 16-47.

Lee T, Liu L. 2010. Lattice Boltzmann simulations of micron-scale drop impact on dry surfaces [J]. Journal of Computational Physics, 229(20): 8045-8063.

Leopoldes J, Dupuis A, Bucknall D, et al. 2003. Jetting micron-scale droplets onto chemically heterogeneous surfaces[J]. Langmuir, 19(23): 9818-9822.

Li Q, Wagner A. 2007. Symmetric free-energy-based multicomponent lattice Boltzmann method [J]. Physical Review E, 76(3): 036701.

Liu H H, Valocchi A J, Kang Q J, et al. 2013. Pore-scale simulations of gas displacing liquid in a homogeneous pore network using the lattice Boltzmann method[J]. Transport in Porous Media, 99(3): 555-580.

Liu H H, Valocchi A, Kang Q. 2012. Three-dimensional lattice Boltzmann model for immiscible two-phase flow simulations[J]. Physical Review E, 85(4): 046309.

Liu S, Zhang C, Ghahfarokhi R B. 2021. A review of lattice-Boltzmann models coupled with geochemical modeling applied for simulation of advanced waterflooding and enhanced oil recovery processes[J]. Energy & Fuels, 35(17): 13535-13549.

Luo L S. 1998. Unified theory of lattice Boltzmann models for nonideal gases[J]. Physical Review Letters, 81(8): 1618-1621.

Marson F, Thorimbert Y, Chopard B, et al. 2021. Enhanced single-node boundary condition for the lattice Boltzmann method[J]. Phys. Rev. E, 103(5): 053308.

Martys N S, Chen H D. 1996. Simulation of multicomponent fluids in complex three-dimensional geometries by the lattice Boltzmann method[J]. Physical Review E, 53(1): 743-750.

Mccracken M E, Abraham J. 2005. Multiple-relaxation-time lattice-Boltzmann model for multiphase flow[J]. Physical Review E, 71(3): 036701.

Mcnamara G R, Zanetti G. 1988. Use of the Boltzmann equation to simulate lattice-gas automata[J]. Physical Review Letters, 61(20): 2332.

Mei R, Shyy W, Yu D, et al. 2000. Lattice Boltzmann method for 3-d flows with curved boundary [J]. J. Comput. Phys., 161(2): 680-699.

Nannelli F, Succi S. 1992. The lattice Boltzmann equation on irregular lattices[J]. Journal of Statistical Physics, 68(3): 401-407.

Niu X D, Munekata T, Hyodo S A, et al. 2007. An investigation of water-gas transport processes in the gas-diffusion-layer of a pem fuel cell by a multiphase multiple-relaxation-time lattice Boltzmann model[J]. Journal of Power Sources, 172(2): 542-552.

Noble D R, Chen S, Georgiadis J G, et al. 1995. A consistent hydrodynamic boundary condition for the lattice Boltzmann method[J]. Physics of Fluids, 7(1): 203-209.

Nourgaliev R R, Dinh T N, Theofanous T, et al. 2003. The lattice Boltzmann equation method: theoretical interpretation, numerics and implications[J]. International Journal of Multiphase Flow, 29(1): 117-169.

Nourgaliev R, Dinh T N, Sehgal B. 2002. On lattice Boltzmann modeling of phase transition in an isothermal non-ideal fluid[J]. Nuclear Engineering and Design, 211(2): 153-171.

Palmer B J, Rector D R. 2000. Lattice-Boltzmann algorithm for simulating thermal two-phase flow[J]. Physical Review E, 61(5): 5295.

Pan C, Hilpert M, Miller C T. 2004. Lattice-Boltzmann simulation of two-phase flow in porous media[J]. Water Resources Research, 40(1): W01501.

Peskin C S. 1972. Flow patterns around heart valves: A numerical method[J]. Journal of Computational Physics, 10(2): 252-271.

Peskin C S. 1977. Numerical analysis of blood flow in the heart[J]. Journal of Computational Physics, 25(3): 220-252.

Peskin C S. 2002. The immersed boundary method[J]. Acta Numerica, 11: 479-517.

Pooley C, Kusumaatmaja H, Yeomans J. 2008. Contact line dynamics in binary lattice Boltzmann simulations[J]. Physical Review E, 78(5): 056709.

Qian J, Law C. 1997. Regimes of coalescence and separation in droplet collision[J]. J. Fluid Mech., 331: 59-80.

Qian Y, D' Humières D, Lallemand P. 1992. Lattice BGK models for navier-stokes equation[J]. EPL (Europhysics Letters), 17(6): 479.

Raabe D. 2004. Overview of the lattice Boltzmann method for nano- and microscale fluid dynamics in materials science and engineering[J]. Modelling and Simulation in Materials Science and Engineering, 12(6): R13.

Raiskinmäki P, Koponen A, Merikoski J, et al. 2000. Spreading dynamics of three-dimensional droplets by the lattice-Boltzmann method[J]. Computational Materials Science, 18(1): 7-12.

Rothman D, Keller J. 1988. Immiscible cellular-automaton fluids[J]. J. Stat. Phys., 52(3/4): 1119-1127.

Rothman D, Zaleski S. 1997. Lattice-gas cellular automata: Simple models of complex hydrodynamics[M]. Cambridge.

Rowlinson J, Widom B. 1982. Molecular theory of capillarity[M]. Clarendon Press, Oxford.

Sankaranarayanan K, Shan X, Kevrekidis I G, et al. 2002. Analysis of drag and virtual mass forces in bubbly suspensions using an implicit formulation of the lattice Boltzmann method[J]. Journal of Fluid Mechanics, 452: 61-96.

Sankaranarayanan K, Kevrekidis I, Sundaresan S, et al. 2003. A comparative study of lattice Boltzmann and front-tracking finite-difference methods for bubble simulations [J]. International journal of multiphase flow, 29(1): 109-116.

Sbragaglia M, Benzi R, Biferale L, et al. 2006. Surface roughness-hydrophobicity coupling in microchannel and nanochannel flows[J]. Physical review letters, 97(20): 204503.

Sbragaglia M, Benzi R, Biferale L, et al. 2007. Generalized lattice Boltzmann method with multi-range pseudopotential[J]. Physical Review E, 75(2): 026702.

Scardovelli R, Zaleski S. 1999. Direct numerical simulation of free-surface and interfacial flow[J]. Annu. Rev. Fluid Mech., 31: 567-603.

Schaap M G, Porter M L, Christensen B S B, et al. 2007. Comparison of pressure-saturation characteristics derived from computed tomography and lattice Boltzmann simulations[J]. Water Resources Research, 43(12): W12S06.

Schreiber R, Keller H B. 1983. Driven cavity flows by efficient numerical techniques[J]. Journal of Computational Physics, 49(2): 310-333.

Shan X, Chen H. 1994. Simulation of nonideal gases and liquid-gas phase transitions by the lattice Boltzmann equation[J]. Physical Review E, 49(4): 2941-2948.

Shan X W, Chen H D. 1993. Lattice Boltzmann model for simulating flows with multiple phases and components[J]. Physical Review E, 47(3): 1815-1819.

Shan X W, Doolen G. 1995. Multicomponent lattice-Boltzmann model with interparticle interaction[J]. Journal of Statistical Physics, 81(1-2): 379-393.

Shan X W, Yuan X F, Chen H D. 2006a. Kinetic theory representation of hydrodynamics: a way beyond the Navier-Stokes equation[J]. Journal of Fluid Mechanics, 550: 413-441.

Shan X. 2006b. Analysis and reduction of the spurious current in a class of multiphase lattice Boltzmann models[J]. Physical Review E, 73(4): 047701.

Shan X. 2008. Pressure tensor calculation in a class of nonideal gas lattice Boltzmann models[J]. Physical Review E, 77(6): 066702.

Shao J, Shu C, Huang H, et al. 2014. Free-energy-based lattice Boltzmann model for the simulation of multiphase flows with density contrast[J]. Physical Review E, 89(3): 033309.

Shu C, Chew Y, Niu X. 2001. Least-squares-based lattice Boltzmann method: a meshless approach for simulation of flows with complex geometry[J]. Physical Review E, 64(4): 045701.

Sofonea V, Mecke K. 1999. Morphological characterization of spinodal decomposition kinetics[J]. The European Physical Journal B-Condensed Matter and Complex Systems, 8(1): 99-112.

Sofonea V, Lamura A, Gonnella G, et al. 2004. Finite-difference lattice Boltzmann model with flux limiters for liquid-vapor systems[J]. Physical Review E, 70(4): 046702.

Sterling J D, Chen S. 1996. Stability analysis of lattice Boltzmann methods[J]. Journal of Computational Physics, 123(1): 196-206.

Stratford K, Adhikari R, Pagonabarraga I, et al. 2005. Lattice Boltzmann for binary fluids with suspended colloids[J]. Journal of statistical physics, 121(1-2): 163-178.

Succi S. 2001. The lattice Boltzmann equation for fluid dynamics and beyond[M]. Oxford University Press.

Suekane T, Soukawa S, Iwatani S, et al. 2005. Behavior of supercritical CO_2 injected into porous media containing water[J]. Energy, 30(11): 2370-2382.

Sukop M, Thorne D. 2006. Lattice Boltzmann modeling: An introduction for geoscientists and engineers[M]. Springer.

Sukop M C, Or D. 2003. Invasion percolation of single component, multiphase fluids with lattice Boltzmann models[J]. Physica B: Condensed Matter, 338(1): 298-303.

Sukop M C, Or D. 2004. Lattice Boltzmann method for modeling liquid-vapor interface configurations in porous media[J]. Water resources research, 40(1).

Sukop M C, Or D. 2005. Lattice Boltzmann method for homogeneous and heterogeneous cavitation[J]. Physical Review E, 71(4): 046703.

Sun C, Migliorini C, Munn L L. 2003. Red blood cells initiate leukocyte rolling in postcapillary expansions: a lattice Boltzmann analysis[J]. Biophysical Journal, 85(1): 208-222.

Sun Y, Beckermann C. 2007. Sharp interface tracking using the phase-field equation[J]. Journal of Computational Physics, 220(2): 626-653.

Suppa D, Kuksenok O, Balazs A C, et al. 2002. Phase separation of a binary fluid in the presence of immobile particles: A lattice Boltzmann approach[J]. The Journal of Chemical Physics, 116(14): 6305-6310.

Swift M R, Osborn W R, Yeomans J M. 1995. Lattice Boltzmann simulation of nonideal fluids[J]. Physical Review Letters, 75(5): 830-833.

Swift M R, Orlandini E, Osborn W R, et al. 1996. Lattice Boltzmann simulations of liquid-gas and binary fluid systems[J]. Physical Review E, 54(5): 5041-5052.

Takada N, Misawa M, Tomiyama A, et al. 2000. Numerical simulation of two-and three-dimensional two-phase fluid motion by lattice Boltzmann method[J]. Computer Physics Communications, 129(1): 233-246.

Takada N, Misawa M, Tomiyama A, et al. 2001. Simulation of bubble motion under gravity by lattice Boltzmann method[J]. Journal of Nuclear Science and Technology, 38(5): 330-341.

Tao S, He Q, Chen B, et al. 2018. One point second order curved boundary condition for lattice Boltzmann simulation of suspended particles[J]. Comput. Math. Appl., 76(7): 1593-1607.

Teng S, Chen Y, Ohashi H. 2000. Lattice Boltzmann simulation of multiphase fluid flows through the total variation diminishing with artificial compression scheme[J]. International Journal of Heat and Fluid Flow, 21(1): 112-121.

Tiribocchi A, Stella N, Gonnella G, et al. 2009. Hybrid lattice Boltzmann model for binary fluid mixtures[J]. Physical Review E, 80(2): 026701.

Tölke J, Freudiger S, Krafczyk M. 2006. An adaptive scheme for LBE multiphase flow simulations on hierarchical grids[J]. Computers and Fluids, 35: 820-830.

van der Graaf S, Nisisako T, Schroen C, et al. 2006. Lattice Boltzmann simulations of droplet formation in a T-shaped microchannel[J]. Langmuir, 22(9): 4144-4152.

van der Sman R, van der Graaf S. 2006. Diffuse interface model of surfactant adsorption onto flat and droplet interfaces[J]. Rheologica Acta, 46(1): 3-11.

van der Sman R, van der Graaf S. 2008. Emulsion droplet deformation and breakup with lattice Boltzmann model[J]. Computer Physics Communications, 178(7): 492-504.

Varnik F, Truman P, Wu B, et al. 2008. Wetting gradient induced separation of emulsions: A combined experimental and lattice Boltzmann computer simulation study[J]. Physics of Fluids (1994-present), 20(7): 072104.

Vrancken R J, Kusumaatmaja H, Hermans K, et al. 2009. Fully reversible transition from wenzel to cassie- baxter states on corrugated superhydrophobic surfaces[J]. Langmuir, 26(5): 3335-3341.

Wagner A J. 2006. Thermodynamic consistency of liquid-gas lattice Boltzmann simulations[J]. Physical Review E, 74(5): 056703.

Wagner A, Yeomans J. 1999. Phase separation under shear in two-dimensional binary fluids [J]. Physical Review E, 59(4): 4366.

Wagner A J. 2003. The origin of spurious velocities in lattice Boltzmann[J]. International Journal of Modern Physics B, 17(01-02): 193-196.

Wagner A J, Yeomans J. 1998. Breakdown of scale invariance in the coarsening of phase-separating binary fluids[J]. Physical Review Letters, 80(7): 1429.

Wang H, Yuan X, Liang H, et al. 2019. A brief review of the phase-field-based lattice Boltzmann method for multiphase flows[J]. Capillarity, 2(3): 33-52.

Wang J, Chen L, Kang Q, et al. 2016. The lattice Boltzmann method for isothermal micro- gaseous flow and its application in shale gas flow: A review[J]. International Journal of Heat and Mass Transfer, 95: 94-108.

Wang L, Liu Z, Rajamuni M. 2022. Recent progress of lattice Boltzmann method and its applications in fluid-structure interaction[J]. Proceedings of the Institution of Mechanical Engineers, Part C: Journal of Mechanical Engineering Science: 09544062221077583.

Wolf-Gladrow D. 2000. Lattice-gas cellular automata and lattice Boltzmann models[M]. Springer.

Wolfram S. 1983. Statistical mechanics of cellular automata[J]. Reviews of Modern Physics, 55(3): 601-644.

Wolfram S. 1986. Theory and applications of cellular automata[J]. World Scientific.

Wolfram S. 2002. A new kind of science: volume 5[M]. Wolfram Media Champaign.

Xu A. 2005. Finite-difference lattice-Boltzmann methods for binary fluids[J]. Physical Review E, 71(6): 066706.

Xu A, Gonnella G, Lamura A. 2003. Phase-separating binary fluids under oscillatory shear[J]. Physical Review E, 67(5): 056105.

Xu A, Gonnella G, Lamura A. 2004. Phase separation of incompressible binary fluids with lattice Boltzmann methods[J]. Physica A: Statistical Mechanics and its Applications, 331(1): 10-22.

Xu S, Wang Z J. 2006. An immersed interface method for simulating the interaction of a fluid with moving boundaries[J]. Journal of Computational Physics, 216(2): 454-493.

Young T. 1805. An essay on the cohesion of fluids[J]. Philos. Trans. R. Soc. London, 95: 65-87.

Yu D, Mei R, Luo L S, et al. 2003. Viscous flow computations with the method of lattice Boltzmann equation[J]. Progress in Aerospace Sciences, 39(5): 329-367.

Yu Z, Fan L S. 2010. Multi-relaxation-time interaction-potential-based lattice Boltzmann model for two-phase flow[J]. Physical Review E, 82(4): 046708.

Yuan P, Schaefer L. 2006. Equations of state in a lattice Boltzmann model[J]. Physics of Fluids, 18(4): 042101.

Yusof J M. 1996. Interaction of massive particles with turbulence[M]. Cornell University.

Zhang C, Huang H, Lu X Y. 2020. Effect of trailing-edge shape on the self-propulsive performance of heaving flexible plates[J]. Journal of Fluid Mechanics, 887.

Zhang J. 2011. Lattice Boltzmann method for microfluidics: models and applications[J]. Microfluidics and Nanofluidics, 10(1): 1-28.

Zhang J, Kwok D Y. 2004a. Lattice Boltzmann study on the contact angle and contact line dynamics of liquid-vapor interfaces[J]. Langmuir, 20(19): 8137-8141.

Zhang J, Li B, Kwok D Y. 2004b. Mean-field free-energy approach to the lattice Boltzmann method for liquid-vapor and solid-fluid interfaces[J]. Physical Review E, 69(3): 032602.

Zhang R Y, He X Y, Chen S Y. 2000. Interface and surface tension in incompressible lattice Boltzmann multiphase model[J]. Computer Physics Communications, 129(1-3): 121-130.

Zhang R, Chen H. 2003. Lattice Boltzmann method for simulations of liquid-vapor thermal flows[J]. Physical Review E, 67(6): 066711.

Zhang X, Ni S, He G. 2008. A pressure-correction method and its applications on an unstructured chimera grid[J]. Computers & Fluids, 37(8): 993-1010.

Zhao W, Yong W A. 2017. Single node second order boundary schemes for the lattice Boltzmann method[J]. J. Comput. Phys., 329(6): 1-15.

Zheng H W, Shu C, Chew Y T. 2006. A lattice Boltzmann model for multiphase flows with large density ratio[J]. Journal of Computational Physics, 218(1): 353-371.

Ziegler D P. 1993. Boundary conditions for lattice Boltzmann simulations[J]. Journal of Statistical Physics, 71(5): 1171-1177.

Zou Q S, He X Y. 1997. On pressure and velocity boundary conditions for the lattice Boltzmann BGK model[J]. Physics of Fluids, 9(6): 1591-1598.

曹烈兆, 周子舫. 2015. 热学、热力学与统计物理 [M]. 北京: 科学出版社.

郭照立, 郑楚光. 2009. 格子 Boltzmann 方法的原理及应用 [M]. 北京: 科学出版社.

何雅玲, 王勇, 李庆. 2009. 格子 Boltzmann 方法的理论及应用 [M]. 北京: 科学出版社.